高等职业教育畜牧兽医类专业教材

动 物 病 理

许建国　王传锋　主　编

中国轻工业出版社

图书在版编目（CIP）数据

动物病理 / 许建国，王传锋主编 . — 北京：中国轻工业出版社，2021.8
　　ISBN 978-7-5184-3557-9

　　Ⅰ.①动… Ⅱ.①许… ②王… Ⅲ.①兽医学-病理学-高等职业教育-教材 Ⅳ.①S852.3

中国版本图书馆 CIP 数据核字（2021）第 120018 号

责任编辑：贾　磊　　王昱茜
策划编辑：贾　磊　　　　　　责任终审：李建华　　封面设计：锋尚设计
版式设计：王超男　　　　　　责任校对：朱燕春　　责任监印：张　可

出版发行：中国轻工业出版社（北京东长安街 6 号，邮编：100740）
印　　刷：三河市国英印务有限公司
经　　销：各地新华书店
版　　次：2021 年 8 月第 1 版第 1 次印刷
开　　本：720×1000　1/16　印张：18.5
字　　数：370 千字
书　　号：ISBN 978-7-5184-3557-9　　定价：42.00 元
邮购电话：010-65241695
发行电话：010-85119835　传真：85113293
网　　址：http://www.chlip.com.cn
Email：club@chlip.com.cn
如发现图书残缺请与我社邮购联系调换
200402J2X101ZBW

本教材编写人员

主　编

许建国（新疆农业职业技术学院）
王传锋（江苏农牧科技职业学院）

副主编

季珉珉（上海宠秀宠物美容培训学校）
王永红（乌鲁木齐爱欣动物诊所）
张　翀（内蒙古农业大学职业技术学院）

参　编

李　惠（乌鲁木齐市畜牧水产技术推广中心）
李　丽（乌鲁木齐市米东区畜牧兽医站）
陈　懿（乌鲁木齐市米东区畜牧兽医站）
贾林军（新疆农业职业技术学院）
李泽宇（新疆农业职业技术学院）

主　审

蒋晓新（新疆农业职业技术学院）

前 言

《国务院关于推进兽医管理体制改革的若干意见》中指出，我国要逐步实现执业兽医制度；《全国兽医卫生事业发展规划（2016—2020年）》中明确指出，要加强兽医队伍建设，优化执业兽医队伍发展。《动物病理》教材的编写，力求高职高专学生能够学有所用、打好专业基础，使高职高专学生能够更好地学习其他相关的专业课程及提高执业兽医资格考试的通过率，从而保障我国兽医队伍的基本素质，为我国兽医队伍建设和发展奠定良好的基础。

《动物病理》是畜牧兽医、动物医学类专业的基础核心课程。本教材内容包括：动物疾病概述、应激、血液循环障碍、组织和细胞的损伤、组织和细胞的适应与修复、水盐代谢障碍和酸碱平衡紊乱、炎症、缺氧、发热、败血症、肿瘤、系统病理和病理剖检诊断技术共十三个项目。本教材在项目内容中添加了历年全国执业兽医资格考试真题，使学生能够掌握相关的知识点，提高全国执业兽医资格考试的通过率。教学时建议采取项目式教学和翻转课堂教学相结合的方式，真正达到"教、学、做"一体化。

本教材的编写采取校企合作的方式，专门聘请临床一线的执业兽医师参与编写，使教材达到学以致用的效果。本教材编写分工如下：项目一、项目三和项目四由许建国编写；项目二由王传锋编写；项目五和项目十由季珉珉编写；项目六由王永红编写；项目七由李惠编写；项目八由李丽编写；项目九由贾林军编写；项目十一由陈懿编写；项目十二由张翀编写；项目十三由李泽宇编写。全书由许建国和王传锋统稿，蒋晓新主审。

本教材可供高职高专院校畜牧兽医、动物医学、中兽医、宠物医疗技术、动物防疫与检疫、动物药学、特种动物养殖技术、宠物养护与驯导、畜禽智能化养殖、现代马产业技术专业及相关专业的师生使用，也可作为动物医院、畜牧兽医站、养殖场等相关从业人员的继续教育等和自学参考用书。

由于编者水平所限，书中难免存在疏漏和错误，恳请专家及同行批评指正。

编者
2021 年 4 月

目 录

项目一　动物疾病概述 ……………………………………………………… 1
　子项目一　基本概述 …………………………………………………… 1
　子项目二　病因学概述 ………………………………………………… 6

项目二　应激 ………………………………………………………………… 10
　子项目一　应激基本概述及病理变化 ………………………………… 10
　子项目二　常见应激综合征 …………………………………………… 15

项目三　血液循环障碍 ……………………………………………………… 19
　子项目一　充血 ………………………………………………………… 19
　子项目二　出血 ………………………………………………………… 24
　子项目三　血栓形成 …………………………………………………… 27
　子项目四　栓塞 ………………………………………………………… 32
　子项目五　梗死 ………………………………………………………… 35
　子项目六　弥漫性血管内凝血 ………………………………………… 39
　子项目七　休克 ………………………………………………………… 42

项目四　组织和细胞的损伤 ………………………………………………… 49
　子项目一　变性 ………………………………………………………… 49
　子项目二　坏死与细胞凋亡 …………………………………………… 58
　子项目三　病理性物质沉着 …………………………………………… 66

项目五　组织和细胞的适应与修复 …… 79
子项目一　适应 …… 79
子项目二　修复 …… 86

项目六　水盐代谢障碍和酸碱平衡紊乱 …… 97
子项目一　水肿 …… 97
子项目二　脱水 …… 104
子项目三　酸碱平衡紊乱 …… 108

项目七　炎症 …… 115
子项目一　概述 …… 115
子项目二　炎症介质 …… 118
子项目三　炎症的局部病理变化 …… 125
子项目四　炎症的类型 …… 133
子项目五　炎症的结局 …… 143

项目八　缺氧 …… 146
子项目一　概述 …… 146
子项目二　缺氧的病理变化以及对机体的影响 …… 153

项目九　发热 …… 157
子项目一　概述 …… 157
子项目二　发热经过及热型 …… 160
子项目三　发热对机体的影响及其生物学意义 …… 163

项目十　败血症 …… 167
子项目一　概述 …… 167
子项目二　败血症病理变化及结局 …… 169

项目十一　肿瘤 …… 173
子项目一　概述 …… 173
子项目二　肿瘤的病因、命名及分类 …… 179
子项目三　常见肿瘤的病理变化 …… 184

项目十二　系统病理 ··· 197
子项目一　消化系统病理 ··· 197
子项目二　呼吸系统病理 ··· 209
子项目三　泌尿及生殖系统病理 ··· 221
子项目四　心血管系统病理 ··· 237
子项目五　免疫系统病理 ··· 251
子项目六　神经系统病理 ··· 258

项目十三　病理剖检诊断技术 ··· 265
子项目一　概述 ··· 265
子项目二　病理剖检技术 ··· 268

参考文献 ·· 285

项目一　动物疾病概述

本项目主要介绍常见动物疾病的概念、病因、经过及转归，使执业兽医理解和掌握各种疾病的发生、发展原理和规律的特征，并在临床工作中对疾病做出快速、准确的诊断。

子项目一　基本概述

项目目标

1. 理解动物疾病的概念及特征。
2. 理解动物疾病发展的基本原理和规律。
3. 掌握动物疾病的经过、转归及其特点。

知识准备

（一）动物疾病的概念及特征

动物病理指以解剖学、组织胚胎学、生理学、生物化学、微生物学和免疫学等学科为基础，运用各种方法（包括尸体剖检、活体组织检查、细胞学检查、动物实验、组织和细胞培养等）研究疾病的病因，在病因作用下疾病的发生、发展的过程以及机体在疾病过程中的功能、代谢的改变（病理生理）和形态结构的改变（病理解剖），阐明疾病的本质并做出疾病诊断，为认识和掌握疾病发生、发展规律以及疾病防治提供理论和实践根据。

1. 疾病的概念

疾病指在致病因素作用下，引起的损伤与抗损伤反应，由于自稳调节紊乱，导致体内出现各种功能、代谢和形态结构的改变，临床上表现各种相应的症状、体征和行为异常。疾病是机体内部各系统之间、机体与外界环境之间平衡失调的现象。

2. 疾病的特征

疾病是机体在致病因素作用下发生的损伤与抗损伤的复杂斗争过程。当发生疾病时，由于机体与外环境间的协调关系发生障碍而导致的异常生命活动过程，其发生、发展和转归有一定的规律。动物疾病概念的基本特征如下。

（1）任何疾病的发生都是病因作用的结果，没有病因就没有疾病。

（2）任何疾病都包括损伤和抗损伤的斗争和转化。

（3）任何疾病都是完整统一机体的反应，表现一定的功能、代谢和形态结构的变化，从而产生各种症状及体征。

（4）疾病是正常生命活动基础上产生的一个新过程，与健康有着本质的区别。

（5）疾病是一个有规律的发展过程，任何疾病在不同的发生阶段都有着特定的发生、发展规律。

（6）发生疾病时，动物的生命活动能力减弱，导致其生产能力和经济价值下降，这是动物疾病的重要特征。

（二）动物疾病的发病学

1. 动物疾病发展的基本原理

动物机体受到致病因素作用后，一方面可造成机体病理性的损伤，另一方面又可引起机体的一系列抗损伤反应。这些损伤与抗损伤的反应主要是通过致病因素对组织的直接作用、神经和体液调节功能的改变以及细胞和分子的改变来实现。

（1）致病因素对组织的直接或间接作用　某些致病因素可以直接作用于机体的组织器官，或在侵入机体后选择性地损害某一组织器官。前者如高温引起的烧伤，低温引起的冻伤，强酸、强碱对组织的腐蚀；后者如马日本乙型脑炎病毒侵入机体后，选择性作用于脑组织，引起脑炎等。

（2）致病因素对体液调节功能的改变　在致病因素的作用下，体液可发生量或质的改变，从而导致各种疾病或病理变化的发生。量变的有大出血可引起贫血及失血性休克；质变有体液的酸碱度、电解质含量、氧和二氯化碳及各种营养物质含量、渗透压的增高或降低、激素水平的改变以及抗原抗体复合物的出现等。体液因素中激素的作用最为重要，特别是垂体前叶和肾上腺皮质激素在机体对各种病因的非特异性抗损伤反应中起着相当重要的作用。

（3）致病因素对神经调节功能的改变　某些致病因素或病理产物作用于神

经系统的不同部位可引起神经调节功能的改变而导致疾病的发生及相关的病理变化，可分为致病因素对神经的直接作用和神经反射作用。

①致病因素对神经的直接作用：致病因素可直接作用于中枢神经，引起调节功能的改变，产生相应的疾病或病理变化。如各种脑炎、狂犬病、一氧化碳中毒等。

②神经反射作用：某些刺激物作用于感受器，通过神经反射活动，引起神经调节功能的改变，产生相应的疾病或病理变化。如饲料中毒时出现的呕吐与腹泻；有害气体刺激时引起反射性地呼吸暂停；缺氧时的低氧分压刺激颈动脉体和主动脉体的化学感受器反射性地引起呼吸加深、加快等。

（4）细胞和分子的改变　各种致病因素或病理产物无论通过何种途径引起疾病，在疾病过程中都会以各种形式表现出分子水平上大分子多聚体与小分子的异常，分子水平的异常变化又可不同程度上影响动物正常的生命活动。这使我们对疾病的认识进入了一个新阶段即分子病理学，又称分子医学。

分子病指由于 DNA 遗传性变异引起的蛋白质异常为特征的疾病，包括酶缺陷、血浆蛋白和细胞蛋白缺陷、受体病和膜转运障碍等所致的疾病。

2. 动物疾病发展的基本规律

（1）损伤与抗损伤斗争和转化规律　在致病因素作用于动物机体引起损伤的同时，机体也会表现为抗损伤的作用（防御、适应、修复、代偿），而这些抗损伤反应在一定的情况下，又会引起新的损伤，使损伤和抗损伤这一对矛盾相互发生转化。

【2019年执业兽医资格考试真题】下列属于疾病发生一般机制的是（　　）

　　A. 损伤与抗损伤的斗争　　B. 因果转化　　C. 局部与整体
　　D. 神经体液机制　　E. 病程

（2）因果转化规律　是疾病发生发展的基本规律之一。在原始病因的作用下，引起机体发病并产生了一定的病理损伤变化，即原始病因作用的结果，在一定条件下这个结果又可作为致病原因引起另一个新的病理变化。这种原因和结果交替出现、互相转化，形成了一个锁链式的发展过程，推动疾病的发展。疾病过程中的这种因果交替关系即因果转化规律。

（3）疾病过程中局部与整体的关系　任何疾病的过程都是完整统一机体的复杂反应，这种反应可表现为全身性病理变化或局部病理变化。局部病变对全身可产生影响，而全身功能状态对局部病变亦可产生影响。

（三）动物疾病的经过和转归

疾病从发生、发展到结局的过程称为病程。在整个过程中具有一定的阶段性，通常分为潜伏期、前驱期、症状明显期和转归期四个阶段。

1. 潜伏期

潜伏期又称隐蔽期，指从病因作用于动物机体，直至机体出现第一批症状时的这一段时期。由于病因的特性不同、机体所处的环境及本身的情况不同，故潜伏期长短不一。如狂犬病的潜伏期可长达 1 年以上，猪丹毒是 3~5d，而枪伤的潜伏期往往短到很难计算。在潜伏期中，机体动员各种防御功能与致病因素作斗争，如果防御功能克服致病因素的损害，则机体可不发病。反之致病因素在机体内相对增强，则疾病继续发展而进入下一阶段。

2. 前驱期

前驱期又称先兆期，指从疾病出现最初症状起，到疾病的主要症状开始暴露的这一段时期。此期机体的功能活动及反应均有所改变，出现一些非特异性的临床症状，如精神沉郁、食欲减退、心脏活动及呼吸功能发生的变化、体温升高和劳役或生产力降低等，称之为前驱症状。

【2010 年、2013 年执业兽医资格考试真题】动物疾病发展过程中，从疾病出现最初症状到主要症状开始暴露的时期称为（   ）

A. 潜伏期　　　　　　B. 前驱期　　　　　　C. 临床经过期
D. 转归期　　　　　　E. 濒危期

3. 症状明显期

症状明显期又称临诊经过期，指前驱期后疾病的主要或典型症状充分表现出来的这一段时期。不同的疾病在这一阶段持续的时间和特征性症状也是不一样的。此期患病动物抗损伤功能得到进一步发挥，同时机体因致病因素作用而造成的损伤也表现得相当明显。因此研究此期的机体内功能、代谢和形态结构的改变，对正确诊断和合理治疗疾病有着重要的意义。

【2009 年执业兽医资格考试真题】动物疾病发展不同时期中最具有临床上诊断价值的是（   ）

A. 潜伏期　　　　　　B. 前驱期　　　　　　C. 临床经过期
D. 转归期　　　　　　E. 终结期

4. 转归期

转归期又称终结期，指疾病的结束阶段。有的疾病结束得很快，症状在几小时到一昼夜之内迅速消失，称为骤退；有的则在较长的时间内逐渐消失，称为缓退。在疾病的过程中，有时因抵抗力下降使症状和功能障碍加剧，称为疾病的恶化；若疾病症状在一定时间内暂时减弱或消失，称为减轻。另外，在某些疾病的发生过程中，还会发生并发症。

疾病的转归指疾病过程的发展趋向和结局，取决于致病因素作用于动物机体后发生的损伤与抗损伤反应的力量对比和正确及时的有效治疗。一般可分为完全康复、不完全康复和死亡三种情况。

（1）完全康复　又称痊愈，指致病因素作用停止或消失后，患病动物机体的功能恢复正常，代谢障碍完全消失，形态结构的损伤得以完全修复，疾病的症状全部消除，病理性调节被生理性调节所取代，动物的生产能力也恢复正常。

（2）不完全康复　指患病动物的主要症状已经消失，致病因素对机体的损害作用已经停止，但受损器官的功能和形态结构未完全修复，而是通过其他器官的代偿来维持生命活动。往往遗留下疾病的某些残迹或持久性的变化（后遗症）。这种在疾病之后遗留下的比较稳定的或发展极不明显的形态结构与功能的变化，称为病理状态。在某些情况下，有些疾病在恢复健康后经过一段时间，由于机体状态的改变，又使同样的疾病重新发作，称为再发。

（3）死亡　指动物机体作为一个整体的功能永久性停止，即生命活动的终止或生命有机体完整性的解体。在疾病过程中，由于损伤作用过强，机体的调节功能不足，不能适应生存条件的要求，其抵抗能力已耗竭，动物不能继续生存便发生死亡。

①根据死亡的原因不同可分为自然死亡和病理死亡两种。

自然死亡：指由于机体衰老所致，这种死亡其实比较少见。

病理死亡：指因疾病或暴力引起的死亡，由于重要的生命器官的严重且不可恢复性损害，慢性消耗性疾病引起机体的极度衰竭，或由于失血、休克、窒息、中毒等引起机体组织器官功能失调所致。

②根据死亡的进程不同，动物机体的死亡过程可分为濒死期、临床死亡期及生物学死亡期三个阶段。

濒死期：此期间机体各系统的功能发生严重的障碍，脑干以上的神经中枢功能丧失或出现明显的抑制现象。机体的一切重要功能活动失调，如呼吸时断时续，或出现病理性呼吸、心脏活动障碍、中枢神经系统功能紊乱、反应迟钝、意识模糊、感觉消失、括约肌弛缓致使大小便失禁、血压下降、体温下降等。一般情况下，机体在死亡前有一个濒死阶段，此时患病动物只是垂死并未死亡，称为临终状态，临终状态的持续时间因病而异。凡是事先没有任何症状或先兆突然发生的死亡，即无明显的濒死期，称为急死、骤死或猝死。一般慢性疾病的死亡大多数是逐渐发生的，称为渐死，其临终状态或濒死期较长，可持续数小时至十余小时，甚至 2~3d 不等。

临床死亡期：此期的特征为心跳和呼吸完全停止、反射活动消失以及中枢神经系统高度抑制，但各种组织仍然进行着微弱的代谢过程。临诊死亡是可逆的，在它发生之后的一个极短暂时间内，脑组织尚未遭受到不可逆的破坏，组织细胞还保持着最低水平的代谢，此时，若采取急救方法有复活的可能，过去认为此期只有 6~8min。只有在一切抢救措施确已无效后，才可宣布死亡。

生物学死亡期：指死亡的不可逆阶段。此时大脑皮层、各系统、器官的组织细胞功能和代谢均完全停止，并发生了不可逆的形态和功能的改变，整个机体已不可能复活。但是，对缺氧耐受性强的组织、器官，如皮肤、结缔组织等，在一定时间内仍维持较低水平的代谢过程，随着生物死亡期的发展、代谢的完全终止，则逐渐表现出死亡症状，即尸冷、尸僵、尸斑，最终尸体腐烂并分解。

子项目二　病因学概述

项目目标

1. 理解病因的概念及分类。
2. 掌握常见的外因、内因，及其在疾病发生中的作用特点。
3. 了解影响疾病发生的常见条件。

知识准备

病因指引起某一疾病必不可少的、并决定疾病特异性的特性因素，即疾病发生的原因，又称致病因素。没有病因相应的疾病就不可能发生，没有原因的疾病是不存在的。病因可分为外因和内因两类。对于多数疾病除了病因以外，还有发病条件，即诱因。

（一）疾病发生的外因

1. 生物性因素

生物性因素是动物最常见的致病因素，包括各种病原微生物和寄生虫，可引起各种急、慢性传染性或感染性疾病。这些病因的致病作用主要取决于病原体侵袭宿主的数量、毒力、侵袭力与机体的防御和抵抗能力两种力量的对比。它们致病的共同特点是：

（1）具有一定的选择性　这类致病因素对感染动物的种属、侵入门户、感染途径和作用部位等均有一定的选择性，如猪瘟病毒只感染猪，对其他动物无致病性。

（2）具有一定的特异性　病程有明显的阶段性，病理变化和临床症状有一定的特征性，以及可引起机体产生特异性的免疫反应。

（3）具有明显的潜伏期　生物学因素侵入机体后，先在体内生长繁殖或复制，当达到一定数量和毒力时才能引起机体发病。

（4）具有一定的持续性　生物学因素侵入机体后，在整个病程中不断生长繁殖或复制，持续发挥致病作用。有的病原会随机体的渗出物、分泌物或排泄物排出体外，并具有传染性。

（5）产生有毒的代谢产物　生物学因素侵入机体后，在体内生长繁殖或复制过程中，可产生一些有毒代谢产物，如外毒素、内毒素等，对机体有致病作用。

【2011年执业兽医资格考试真题】属于生物性致病因素的是（　　）
A. 病毒　　　　　　　B. 蛇毒　　　　　　　C. 紫外线
D. 芥子气　　　　　　E. 电磁辐射

2. 化学性因素

化学性毒物根据来源，可分为外源性毒物和内源性毒物两类。外源性毒物包括无机毒物、有机毒物、生物毒物、军用毒物、工业毒物、植物毒物。内源性毒物主要是动物机体内部代谢产生的代谢产物。它们致病的共同特点是：

（1）化学毒物进入机体后，在蓄积一定的量后才会引起机体发病。除慢性中毒外，引起疾病的潜伏期较短。

（2）某些化学物质对机体的组织、器官具有一定的选择性。如一氧化碳能牢固地与血红蛋白结合，使其失去携氧功能。

（3）化学性毒物的致病作用除与毒物本身的性质、剂量等有关外，在一定程度上还取决于毒物的作用部位和动物机体的整体功能状态，包括动物的种类、性别、年龄、营养状况、个体反应以及饲养管理条件等。

（4）在疾病发展过程中连续发挥作用，直至毒物被分解或排出体外才停止对机体的侵害。

【2015年执业兽医资格考试真题】不属于化学性致病因素的是（　　）
A. 强酸、强碱　　　　B. 蛇毒　　　　　　　C. 芥子气
D. 紫外线　　　　　　E. 有机磷农药

【2015年、2018年执业兽医资格考试真题】属于化学性致病因素的是（　　）
A. 高温　　　　　　　B. 紫外线　　　　　　C. 大气压
D. 芥子气　　　　　　E. 电离辐射

3. 物理性因素

物理性因素包括低温、高温、电流、光能、电离辐射、噪声、大气压等。还有来自于体内、外的机械性因素，如暴力可引起创伤、震荡、骨折、脱臼、锐器的切割或钝器的撞击，爆炸波的冲击，体内的肿瘤、异物、寄生虫、结石、脓肿等。它们致病的共同特点是：

（1）大多数物理性致病因素只会引起疾病的发生，不参与疾病以后的发展过程。

（2）对组织没有选择性。

（3）除光能、电离辐射外，一般没有潜伏期，或最多只有几个小时的潜伏期。

（4）致病因素作用的强度、性质、作用部位和范围与引起损伤的程度、性质和后果有直接关系，通常不取决于机体的反应特性。

4. 营养性因素

机体的正常生命活动需要有充足的、合理的营养物质来保障。机体必需营养物质的缺乏或过剩，包括维持生命活动的一些基本物质、各种营养物质和矿物质等缺乏时，可引起各种营养缺乏症，也可因为消化吸收不良所引起。

（二）疾病发生的内因

疾病发生的内因指机体防御功能的降低、机体遗传免疫特性的改变以及机体对致病因素的易感性等。

1. 机体防御功能的降低

（1）天然屏障功能　皮肤、黏膜、骨骼、肌肉等均有阻挡或缓和外界致病因素的作用。皮肤、黏膜能够阻挡致病微生物的入侵和化学毒物的作用。血-脑屏障、胎盘屏障等若其功能受损或削弱，则容易发生某些疾病。

（2）吞噬及杀菌作用　机体内的单核-吞噬细胞系统（如结缔组织的组织细胞、肺泡壁的尘细胞、中枢神经的小胶质细胞等）能够吞噬病原菌、并通过其溶酶体中所含的各种水解酶分解和杀死被吞噬的细菌。当机体吞噬作用和杀菌能力减弱时，则容易发生感染性疾病。

（3）解毒功能　肝脏是机体的重要解毒器官，肝细胞能通过生物转化过程将体内外一切毒性物质转变为无毒或低毒的物质，然后经肾脏排出体外。另外，肾脏也可通过脱氨基等方式对毒物进行解毒。当机体解毒功能发生障碍时，容易发生中毒。

（4）排除功能　呼吸道黏膜上皮的纤毛运动、咳嗽、喷嚏等防御反射，胃肠道和肾脏等均有排出各种异物及有害物质的作用。如果这些排除功能受损，则可发生相应的疾病。

2. 机体的反应性

机体的反应性指机体对各种刺激的反应性能。机体的反应可因动物种属、品种或品系、个体、年龄、性别等而异。机体的反应性不同，对致病因素的抵抗力和感受性也不尽相同。

（1）种属　不同种属动物对同一致病因素的反应性不同，如马、骡、驴可患马传染性贫血症，而其他动物则无。

（2）品种或品系　同类动物的不同品种或品系，对同一致病因素的反应性不同，如鸡腹水症主要侵害肉鸡，很少侵害蛋鸡。

（3）个体　同种动物的不同个体对同一致病因素的反应性不同。

（4）年龄　同种动物不同年龄对同一疾病反应性不同，幼龄动物易患消化道和呼吸道疾病，老龄动物易患肿瘤性疾病；有的疾病对成年动物易感，而对幼龄动物则不易感。

（5）性别　性别不同、生理解剖特点不同，感染某些疾病的情况也不同。如牛、犬的白血病，雌性发病高于雄性。

3. 机体免疫特性

机体免疫特性包括免疫功能障碍和免疫反应异常。由免疫功能障碍所引起的疾病称为免疫缺陷病。

4. 遗传因素

遗传物质的改变是通过基因突变或染色体畸变而直接引起的遗传性疾病，有遗传性代谢病、遗传性功能障碍、遗传性畸形等。遗传因素的改变可使机体获得对疾病的遗传易感性，在一定的环境因素的作用下使机体发生相应的疾病。

（三）影响疾病发生的条件

1. 自然条件

自然条件包括季节、气候、温度、地理环境等，虽不能直接引发疾病，但影响疾病的发生和发展。如夏季多发消化系统疾病，冬季多发呼吸系统疾病。近年来随着工业的发展，某些工厂排出的废气、废水、废渣，造成环境的污染，对人和动物也构成了不可忽视的致病因素和条件。

2. 社会条件

社会条件包括社会制度、政策管理、科技和生产水平、经济水平、生活水平等对人和动物健康和疫病流行均具有重要的影响。

项目思考

1. 简述动物疫病发展的基本规律。
2. 动物疾病从发生到结局经过哪几个阶段？
3. 生物性致病因素的共同特点有哪些？
4. 影响疾病发生的条件有哪些？

项目二 应激

本项目主要介绍了应激反应的概念、原因，应激时机体的生理、病理变化及常见应激综合征的特点。通过对应激的学习，要求能解释应激时动物机体所表现出的病理、生理反应，能运用应激的基本知识，指导畜牧业生产，减少畜牧业生产中的应激反应，提高动物生产性能及降低疾病的发生。

子项目一 应激基本概述及病理变化

项目目标

1. 理解应激的概念、应激原的概念及分类。
2. 掌握应激反应时动物的基本表现及其病理变化。
3. 掌握常见应激综合征的病理特点。

知识准备

（一）应激、应激原的概念

应激又称应激反应，指机体在受到各种内、外环境因素刺激时所出现的一种非特异性全身性反应，以交感-肾上腺髓质系统和下丘脑-垂体-肾上腺皮质系统兴奋为主的神经内分泌反应。应激在本质上是一种生理反应，目的在于维持机体的正常生命活动，是机体整个适应和保护机制的重要组成部分。应激反应可提高机体的防御功能，有利于其在变动的环境中维持自稳状态，增强机体的适应能力。

应激原指能使机体出现应激反应的刺激因素。应激原可分为非损伤性和损伤性两类。

1. 非损伤性应激原

非损伤性应激原包括突然的恐惧刺激、剧痛、过劳、饥渴、噪声、断乳、免疫接种注射、气温骤变、环境的改变、饲养密集拥挤和长途运输等。其中恐惧、拥挤、环境的改变等又属于心理性应激。

2. 损伤性应激原

损伤性应激原包括创伤、去角、去势、烧伤、冻伤、电离辐射、感染、中毒等。这一类应激一般都伴有组织细胞的损伤和炎症反应，而非损伤应激无此变化。

通常我们对于应激的定义需要满足以下基本特点：应激是由应激原引起的；应激是机体对应激原的非特异性反应；机体总是处在一定的应激状态。

（二）应激反应的分期

对应激原的反应可以是急性或慢性的。对于一个短期的、不过分强烈的应激原，在去除后机体可很快趋于平静；但如果应激原持续作用于机体，则应激可表现为一个动态的连续过程，称为全身适应综合征，可分为三期。

1. 警觉期

警觉期又称紧急动员期或紧急反应期，动物在应激原的刺激下，一方面出现各种损伤现象；另一方面进行抗损伤反应的动员，以交感-肾上腺髓质系统兴奋为主，伴有肾上腺皮质激素增多的现象。该期持续时间较短，如应激原持续存在，机体抵抗力降低时可发生休克，甚至死亡。但大多数很快过渡到抵抗期。

2. 抵抗期

在此期机体对应激原已获得最大适应，以交感-肾上腺髓质系统为主的反应逐渐消失，取而代之以肾上腺皮质激素分泌增多的适应反应。机体对引起应激反应的应激原表现抵抗力增强，而对其他各类应激原的抵抗力增高时，称为交叉抵抗力；如抵抗力下降时，称为反交叉致敏。如果机体适应能力良好，则代谢开始加强，进入恢复期；反之，则过渡到衰竭期。

3. 衰竭期

如果应激原过强或作用时间过久，前一时期所产生的抵抗力和适应性最后耗竭，动物对各种刺激的抵抗力下降。肾上腺皮质功能降低，表现为肾上腺皮质类脂颗粒明显减少，或发生变性、出血和坏死。机体内环境明显失衡，应激反应的负效应陆续显现，器官功能衰退甚至休克、死亡。

（三）应激时机体的病理变化

应激时交感神经兴奋，儿茶酚胺分泌增多，下丘脑-垂体-肾上腺皮质功能亢进。

1. 交感-肾上腺髓质的反应

应激时交感神经兴奋,血浆肾上腺素、去甲肾上腺素和多巴胺的浓度都升高。其反应非常迅速,消除也很快。如果长期持续的刺激,可使血浆中儿茶酚胺维持在较高水平。应激时交感肾上腺髓质反应对机体具有防御性作用。由于儿茶酚胺分泌增加,可提高机体的防御适应能力。如严重创伤或烧伤的病例,当血浆中儿茶酚胺降低时,则预后不良;而血浆中儿茶酚胺含量持续过高又对机体产生损害性作用。

2. 下丘脑-垂体肾上腺皮质的反应

应激时血浆糖皮质激素浓度明显升高。其反应速度快、变化幅度大,可以作为判定应激状态的一个指标。应激时糖皮质激素分泌增多的机制为应激原作用于机体后,使下丘脑促肾上腺皮质激素释放因子(CRF)分泌增加,CRF通过垂体门脉系统到达腺垂体,刺激促肾上腺素皮质激素(ACTH)的合成和释放,ACTH作用于肾上腺皮质使糖皮质激素分泌增加,这是下丘脑-垂体肾上腺皮质轴在应激中的反应。应激时糖皮质激素分泌增多可提高机体适应的能力,表现为促进蛋白质分解和糖原异生,维持循环系统对儿茶酚胺的正常反应性,增强溶酶体膜的稳定性,抑制化学介质的生成、释放和激活。应激时糖皮质激素只有和靶细胞的受体(GCR)结合后才能引起各种效应,因此应激时糖皮质激素的作用,不仅取决于血浆中该激素的浓度,还与靶细胞上GCR的数量和亲和力有关。应激时,糖皮质激素受体有可能减少或结合力降低。

3. 其他腺垂体激素的反应

(1) β-内啡肽的变化　应激原作用于各种动物都可引起血浆β-内啡肽的增多,有时可达到正常值的5~10倍。应激时动物对疼痛刺激反应降低,称为应激镇痛。

(2) 生长激素分泌增加　运动、创伤、烧伤等应激原引起应激反应时,血浆内生长素会明显升高,有时可达正常的10倍。儿茶酚胺、ACTH、β-内啡肽、加压素等分泌增加,均可刺激生长激素的分泌。生长激素具有动员周围脂肪的分解,抑制细胞利用葡萄糖的作用,还能增加氨基酸和蛋白质的合成以促进正氮平衡。

4. 胰岛激素的反应

(1) 胰高血糖素浓度升高　应激时血浆胰高血糖素浓度可升高达到正常值的4~20倍,而且其升高程度与病情的严重程度相一致。应激时胰高血糖素升高可能与交感神经兴奋有关。

(2) 胰岛素　应激时血浆胰岛素水平可能不变,也可能降低或升高。因为应激时,一方面出现应激性高血糖和胰高血糖素水平升高,可刺激胰岛素分泌增加;另一方面是血浆中儿茶酚胺增加,可抑制胰岛素的分泌,故应激时胰岛素水平变化是各种调控因素综合作用的结果。

应激时,胰高血糖素分泌增多,胰岛素分泌受抑制,这对促进糖原分解、保证应激机体迅速获得足够的热量有重要意义。在应激情况下，机体的外周胰岛素依赖组织出现胰岛素耐受，即血浆胰岛素水平高于正常，外周组织利用葡萄糖的能力下降。其生理意义是减少胰岛素依赖性组织对糖的利用，以保证创伤组织和胰岛素非依赖性组织能获得充分的葡萄糖。

【2013 年执业兽医资格考试真题】动物应激儿茶酚胺分泌增多时，可抑制分泌的激素是（　　）

A. 抗利尿激素　　　　B. 胰岛素　　　　　　C. 生长激素
D. 胰高血糖素　　　　E. 糖皮质激素

5. 调节水、盐平衡激素的变化

（1）抗利尿激素（ADH）增多　应激时 ADH 分泌增加时，使应激动物排尿减少。

（2）肾素血管紧张素增加　应激时交感神经兴奋，儿茶酚胺增加，从而刺激肾素分泌增加。血管紧张素 I 可刺激醛固酮和 ADH 分泌，并直接作用于下丘脑的摄水中枢引起渴感，使血管收缩、血压升高。

（3）醛固酮分泌增多　醛固酮分泌除受血管紧张素 I 调节外，还受血钾和 ACTH 的影响。血钾增高时 ACTH 分泌增多和血管紧张素 I 形成增加，都可刺激醛固酮分泌增多。应激时血浆醛固酮含量增高，具有促使肾小管重吸收钠和排出钾的功能，以维持机体水盐平衡。

6. 组织激素和细胞因子的变化

组织激素和细胞因子是一类由分散的、不构成内分泌腺的细胞所分泌的活性物质。

（1）花生四烯酸的代谢产物和激肽含量的改变　损伤性应激时，由于组织细胞的缺氧和损伤，细菌及其毒素、溶酶体酶以及局部炎症等的作用，激活磷脂酶 A_2 并释放花生四烯酸，使其代谢产物前列腺素（PGS）、白三烯（LTS）和凝血恶烷（TX）等增加。

（2）白细胞介素 1（IL-1）　IL-1 是巨噬细胞受到病毒、细菌、组织坏死产物、淋巴因子等刺激后分泌的一种激素，在动物发生损伤性应激时，血浆内 IL-1 含量增多。

（3）其他　应激时，甲状腺素分泌增加，可促进代谢的作用。此外，促性腺激素、泌乳素等激素，在应激时都出现改变。

（四）急性期蛋白、热休克蛋白的变化

1. 急性期蛋白的变化

损伤性应激时，血浆内某些蛋白质发生迅速变化，这些蛋白质均由肝脏合成，称为急性期蛋白（APP）。增加者为正性 APP；减少者为负性 APP。

APP 的主要作用：抑制蛋白酶活化；抑制自由基产生；清除异物和坏死组织；其他作用如抑制 NK 细胞活性的作用时可抑制抗体依赖性细胞介导的细胞毒作用。

2. 热休克蛋白的变化

生物机体在热环境下所表现的以基因表达变化为特征的反应称为热休克反应（HSR），因此而合成的蛋白质称为热休克蛋白（HSP）。实际上，除热应激外，在所有应激原作用下都可诱导 HSP 的产生，故又称应激蛋白（SP）。

（1）热休克蛋白的种类　根据热休克蛋白的相对分子质量，将其分为小相对分子质量 HSP 家族、HSP40 家族、HSP70 家族、HSP90 家族、HSP110 家族等。

（2）热休克蛋白的基本功能　HSP 高度保守，广泛见于从植物到动物，从原核生物到人的整个生物界。其主要功能是：分子伴侣，帮助蛋白质的正确折叠、伸展、聚合和解聚，维持蛋白的自稳；增强机体抵抗力；抗细胞凋亡等。

【2016 年执业兽医资格考试真题】机体发生应激反应时，体内（　　）

A. C-反应蛋白减少　　B. 血清淀粉样蛋白减少　　C. 结合珠蛋白减少
D. 运铁蛋白增加　　E. 热休克蛋白增加

【2015 年执业兽医资格考试真题】在应激原作用下，细胞表达明显增加的蛋白是（　　）

A. 角蛋白　　B. 热休克蛋白　　C. 纤维蛋白
D. 白蛋白　　E. 胶原蛋白

（五）应激时机体代谢和功能的变化

1. 物质代谢的变化

应激反应时，物质代谢总的特点是分解增加、合成减少，表现为代谢率增高、血糖和血中游离脂肪酸含量升高、负氮平衡等。

【2012 年执业兽医资格考试真题】应激时机体物质代谢改变的特点是（　　）

A. 血糖升高　　B. 代谢率降低　　C. 血中脂肪酸含量降低
D. 血中酮体含量降低　　E. 血中游离氨基酸含量降低

2. 心血管功能的变化

应激时由于交感神经兴奋，儿茶酚胺分泌增加，从而引起心跳加快、心收缩力加强、外周小血管收缩、醛固酮和抗利尿激素分泌增多。因此具有维持血压和循环血量、保证心和脑的血液供应等代偿适应的意义。然而应激可引起动物心律失常及心肌损伤，其发生机制与过度的持续性的交感神经兴奋和心肌内儿茶酚胺含量升高有关。

3. 消化系统结构及功能的变化

消化系统特征性变化是胃黏膜的出血、水肿、糜烂和溃疡形成，这类病变是应激引起的非特异性损伤，称为应激性胃黏膜病变或称应激性溃疡。目前认为应激性溃疡的发生机制与胃黏膜缺血、屏障功能破坏以及内源性前列腺素 E 生成减少的综合作用有关。

【2014 年执业兽医资格考试真题】应激性溃疡主要发生部位在（ ）

A. 口腔黏膜　　　　B. 食道黏膜　　　　C. 胃黏膜

D. 小肠黏膜　　　　E. 大肠黏膜

【2018 年执业兽医资格考试真题】应激时，动物发生的特征性病变是（ ）

A. 坏死性肝炎　　　B. 胆囊炎　　　　　C. 心肌炎

D. 胃溃疡　　　　　E. 脑炎

（1）胃黏膜缺血　应激时由于交感神经兴奋，加压素和血管紧张素增多，胃肠血管收缩，引起胃壁血流减少，胃黏膜持续性的缺血、缺氧，致使黏膜上皮坏死、脱落，毛细血管壁通透性增高，而引起出血。

（2）胃黏膜氢离子屏障作用减弱　胃黏膜的屏障作用是以胃黏膜表面覆盖的黏液中 pH 梯度为基础，即胃黏膜上皮分泌 HCO_3^- 与胃腔内 H^+ 通过黏液层相对扩散，从而形成梯度，因此胃黏膜氢离子屏障又称为胃黏膜碳酸氢盐屏障。

（3）胃黏膜前列腺素的作用　胃黏膜上皮细胞不断合成和分泌释放前列腺素（PGs），前列腺素是重要的细胞保护剂，能保护胃黏膜不受损伤。

此外，应激时肠黏膜上皮的更新减慢、肠壁微循环发生障碍，因此肠管的消化吸收功能及屏障作用降低，肠道内的毒素可透过黏膜侵害肠壁，甚至逆流入血引起毒血症。

4. 免疫功能的改变

应激时，机体内 IL-1 增多可促进机体细胞及体液免疫功能增强；C-反应蛋白可促进溶菌及细胞吞噬功能增强；应激蛋白具有提高机体抗损伤能力的作用，这些都是应激促使机体提高抵抗力的重要因素。应激时，如果儿茶酚胺持续升高，可使机体糖、脂肪、蛋白质大量消耗，则降低机体的特异性或非特异性免疫功能；应激时糖皮质激素分泌增加，具有防御适应的意义，但也有明显的免疫抑制作用；有些急性期蛋白可抑制 NK 细胞活性的作用，还能抑制抗体依赖性细胞介导的细胞毒作用，而使机体免疫力降低。

子项目二　常见应激综合征

项目目标

1. 掌握各种动物常见应激性疾病的病因、临床表现及其特点。

2. 了解应激的防治原则。

> **知识准备**

应激反应时，由于应激原的作用，机体出现一系列神经内分泌的变化，引起各种功能和代谢的改变，从而提高机体对内、外环境的适应能力。因此，应激反应是机体的一种重要防御机制。没有应激反应，机体将无法适应随时变化的内、外环境。但应激过强或持续时间过长，超出机体的适应能力或机体应激发生异常，则可造成内环境紊乱，诱发疾病的产生或疾病发展和恶化。

在现代化的畜牧业规模经营和生产管理中，存在着许多的应激原，这些应激原可引起病理反应和疾病，使动物的生产性能下降，甚至死亡。因此在生产实践中，必须重视应激，掌握在什么条件下可产生应激，也就是找出生产中的应激原，尽量避免应激原引起的病理反应，防止应激性疾病的发生。

（一）猪常见的应激性疾病

1. 猪猝死综合征

猪猝死综合征是猪应激反应中最严重的表现。常发生于抓捕、惊吓、注射等应激，应激猪常不见任何临床症状而突然死亡，如有的公猪在配种时，可因过度兴奋而突然死亡。

2. 猪应激综合征

猪应激综合征多见于对应激敏感的猪。常发生于运输、热以及拥挤应激。应激猪早期肌肉震颤、抖尾，继而呼吸困难、心悸，皮肤出现红斑或紫斑，体温升高，可视黏膜发绀，出现严重的酸中毒现象最后衰竭死亡。尸僵快、尸体酸度高、肉质发生变化，如水猪肉、暗猪肉、背最长肌坏死。

（1）水猪肉 又称PSE猪肉，60%~70%应激猪在屠宰后15~30min内出现肌肉色泽灰白、质地松软、缺乏弹性、切面多汁。组织学检查，肌纤维变粗、横纹消失、肌纤维分离、甚至坏死。常发生于宰前运输、拥挤、捆绑、热、电等应激。发生部位有眼肌、背最长肌、半腱肌、半膜肌、腰肌、股肌等。水猪肉不新鲜，营养价值降低，虽能食用，但为次品。

【2009年执业兽医资格考试真题】因长途运输等应激因素引起的PSE猪肉的眼观特点是（　　）

A. 肌肉呈黄色、变硬　　　　　B. 肌肉因充血、出血而色暗
C. 肌肉因强直或痉挛而僵硬　　D. 肌肉呈白色、柔软、有液汁渗出
E. 肌肉系水性强，腌制时易出现色斑

（2）暗猪肉 又称DFD猪肉，常发生于宰前禁食时间过长、强度较小、

时间较长的应激。应激猪肉色泽深暗、质地粗硬、切面干燥。

（3）成年猪背肌坏死　主要发生在 75~100kg 的成年猪，应激猪双侧或单侧性背肌的无痛性肿胀，背肌苍白、变性、坏死，个别猪因酸中毒死亡。

（4）心死猪　3~5 月龄猪最为常见，心肌苍白、表面有灰白或黄白色条纹或斑点，心肌变性。

（5）猪急性浆液性坏死性肌炎　猪肉外观特点与白猪肉相似，色泽苍白、切面多水，但质度较硬，镜检主要为急性浆液性坏死性肌炎，肌肉呈坏死、自溶及炎症变化，宰后 45min 以后病变部肌肉 pH 高达 7.0~7.7。病变主要发生在腿肌，又称为腿肌坏死，常发生于长途运输中捆绑、挤压引起的应激。

3. 猪应激性胃溃疡

猪应激性胃溃疡常发生于严重的应激反应，如斗架、运输、严重疾病病变等。主要发生部位是胃、十二指肠黏膜。应激猪事前无慢性溃疡典型症状，是一种急性胃肠黏膜病变。剖检可见胃肠黏膜有细小、散在的点状出血，线状或斑片状浅表糜烂，或浅表呈多发性圆形溃疡、边缘不整齐，但不隆起，深度可达黏膜下层、肌层，严重时可发生穿孔。

4. 猪消化道菌群失调

猪消化道菌群失调常发生于更换饲料或饲喂方法、转圈混群、市场交易等应激。猪消化道正常菌群被破坏，致使大肠杆菌、沙门杆菌等致病菌大量繁殖，加之应激时胃肠黏膜损伤，可引起细菌性肠炎或细菌性败血症。

（二）其他动物常见的应激性疾病

1. 鸡的应激性疾病

鸡的应激性疾病常见于肉仔鸡猝死症、大肠杆菌病、慢性呼吸道疾病、沙门杆菌病、传染性法氏囊病、传染性支气管炎、新城疫等，均以应激因素为诱因。应激鸡出现产蛋率、蛋的质量、受精率下降，增重减慢，健康状况降低，免疫生物学指标明显下降。

2. 马的应激性疾病

马的应激性疾病常发生于天气变化、水和饲料供应不足或变化、运输等应激时，或因某些致病因素引发的马疝痛性疾病、结肠炎、急性出血性盲肠炎、急性腹泻等胃肠道疾病。

3. 牛流行热

牛流行热指在饥渴、寒冷、过热、精神恐惧、疲劳、去势、断乳等应激原的刺激下，造成多种病原微生物感染而发病。应激牛表现有发热、支气管肺炎等症状。

（三）应激的防治原则

（1）避免各种较强烈的或持久的应激原作用于动物机体，包括各种躯体性严重伤害及有害的精神刺激。

（2）及时、正确处理或消除引起应激的疾病或病理过程，如创伤、烧伤、感染、休克等。

（3）采取针对应激所造成损害的措施，如胃肠道损伤后可通过静脉途径进行营养补充。

（4）对应激时存在肾上腺糖皮质激素分泌不足的患病动物应及时补充足量的肾上腺糖皮质激素，以减少由此带来的机体不良反应。

> **项目思考**

1. 应激反应可分为哪几期？分别有何特点？
2. 应激时机体的病理变化有哪些？
3. 简述急性期蛋白的种类及作用。
4. 猪应激综合征常见的病理变化有哪些？
5. 简述应激防治的原则。

项目三 血液循环障碍

本项目主要介绍了常见血液循环障碍的病理表现形式及其概念、类型、病因、机制、病变特点和结局，通过学习能够运用各种血液循环障碍的病理变化特点分析疾病中出现血液循环障碍的发生、发展过程。

子项目一 充血

项目目标

1. 理解充血的概念、类型、病因、机制及结局。
2. 掌握充血的病理变化并能够识别大体病变和组织学变化特点。

知识准备

充血指在致病因素的作用下，动物机体局部组织或器官内血液含量增多的现象。根据其发生原因和机理不同分为动脉性充血和静脉性充血两种。

（一）动脉性充血

1. 概念

动脉性充血指动物机体局部组织或器官因小动脉及毛细血管扩张导致通过血液量过多的现象，也称为主动性充血，简称充血（图3-1）。

2. 类型及病因

（1）生理性充血　在正常生理情况下，当某组织或器官功能活动增强时其相应的小动脉及毛细血管扩张而引起的充血。如运动时引起肌肉的充血，采食后引起胃肠黏膜的充血，妊娠时引起子宫的充血，雄性动物交配时阴茎的充

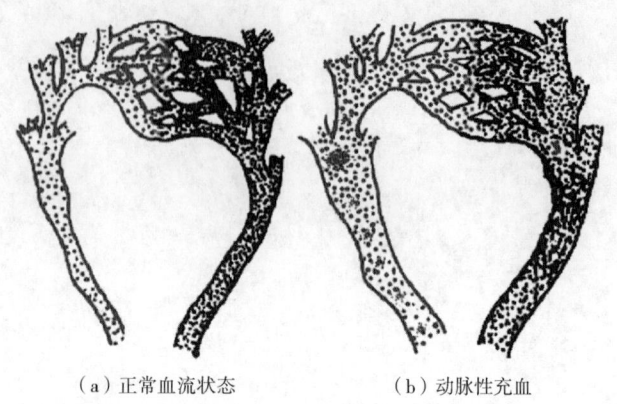

（a）正常血流状态　　（b）动脉性充血

图 3-1　动脉性充血

血等。

（2）病理性充血　在各致病因素的作用下动物机体局部组织或器官引起的充血。根据产生的原因不同分为以下类型。

①炎性充血：较常见的充血类型，在炎症过程中当致炎因子刺激时可兴奋舒血管神经或抑制缩血管神经，以及炎症组织释放的血管活性物质（如组织胺、激肽、腺苷等）的作用下，引起局部组织或器官的小动脉及毛细血管扩张而充血。

②神经性充血：各种化学性致病因素、物理性致病因素及机体病理产物刺激作用下，反射性抑制缩血管神经而引起小动脉及毛细血管扩张并充血，又称为反射性充血。

③侧支性充血：某一动脉因血栓形成、栓塞、肿瘤压迫等使血流受阻，其周围的动脉吻合支（侧支）为了保证血流畅通而扩张充血，使缺血组织得到血液供应，这一侧支循环具有代偿意义（图3-2）。

④减压后充血：动物机体某组织或器官血管长期受压发生局部缺血及血管张力降低，当压力突然解除后，受压组织或器官的小动脉和毛细血管立即发生反射性扩张，导致血液量急剧增加而引起的充血，又称为贫血后充血（图3-3）。

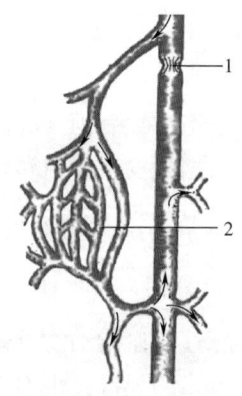

图 3-2　侧支性充血

1—血管阻塞，血流受阻
2—经神经调节而使该分支处的血管扩张，血流量增多

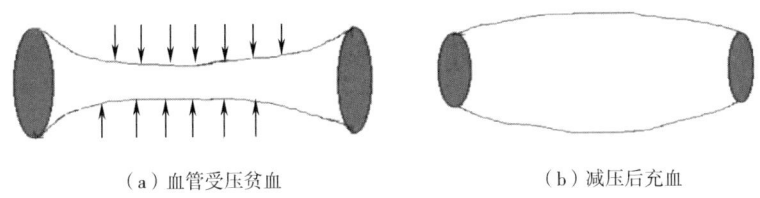

(a) 血管受压贫血　　　　　(b) 减压后充血

图 3-3　减压后充血

3. 病理变化

（1）眼观变化　充血的组织或器官因局部血液含量增多而体积肿大，血液中氧合血红蛋白含量增多引起局部呈现鲜红色，指压褪色。由于局部供氧增多、营养旺盛、代谢加快可导致其温度升高、功能增强。

【2017年执业兽医资格考试真题】局部皮肤动脉性充血的外观表现是（　　）

A. 色泽暗红，温度升高　B. 色泽暗红，温度降低　C. 色泽鲜红，温度降低

D. 色泽鲜红，温度升高　E. 色泽鲜红，温度不变

（2）组织学变化　镜检可见充血组织或器官中微动脉和毛细血管扩张，毛细血管数量增多，血管内充满血液。急性炎症引起的充血还可见到渗出的嗜中性粒细胞和浆液。

4. 结局

充血是局部性的、暂时性的防御性反应。充血时，局部营养供应增多、代谢加快，使局部抵抗力增强。充血时血流加快，可加速病理产物的排泄，故临床上常用理疗、药物涂擦剂等来刺激局部充血，以改善局部的血液循环，达到治疗的目的。

充血时如果血管异常脆弱或硬化时，则会引起出血，如脑溢血等。长期充血时，因血管营养及紧张性降低，血流逐渐缓慢而变为瘀血。

（二）静脉性充血

1. 概念

静脉性充血指动物机体局部组织或器官因静脉血液回流受阻而在小静脉及毛细血管中淤积，使血液量增多的现象，也称为被动性充血，简称淤血（图3-4）。

2. 类型及病因

（1）静脉血管阻塞　静脉发生血栓、栓塞，内膜增厚时管腔狭窄。

（2）静脉血管受压　包括肿瘤、炎症包块、瘢痕组织对局部静脉的压迫，

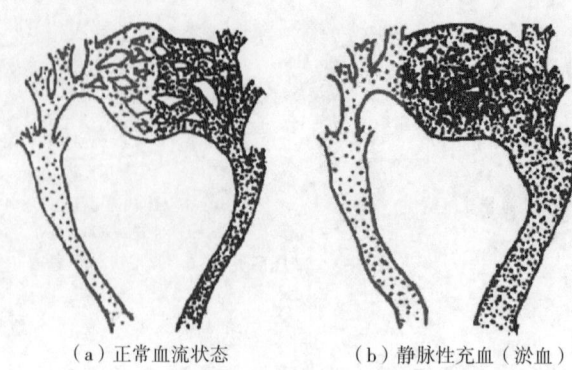

(a) 正常血流状态　　　(b) 静脉性充血（淤血）

图 3-4　静脉性充血

如妊娠子宫对髂静脉的压迫；肠扭转、套叠对肠系膜静脉的挤压；肝硬化门静脉受增生结缔组织挤压；骨伤时绷带过紧的压迫。

(3) 全身淤血　主要是由于心力衰竭、心收缩力下降所引起。肺淤血常见于左心衰竭、二尖瓣关闭不全或狭窄；肝淤血和肾淤血常见于右心衰竭。

【2011 年执业兽医资格考试真题】肺淤血的常见原因是（　　）
　A. 右心衰竭　　　　　B. 左心衰竭　　　　　C. 肝功能衰竭
　D. 肾衰竭　　　　　　E. 脾功能衰竭

3. 病理变化

(1) 眼观变化　局部组织或器官发生血液淤积时表现肿胀，如因缺氧而使毛细血管通透性增高、内压增高、液体外渗，引起的局部水肿称为瘀血性水肿。由于血流变慢，血氧分压下降，还原血红蛋白增多使局部呈现暗红或发绀。淤血时组织或器官得不到充足的氧和营养时代谢降低，最终引起局部温度下降及其功能减弱。

肺淤血时被膜紧张、光滑，放置在水中呈现半沉浮状态，呈暗红色或紫红色。切面可见泡沫性血液流出。

肝淤血时被膜紧张，边缘钝圆，呈暗紫红色，切面有大量红色液体流出。长期淤血时，肝组织会发生脂肪变性，在肝脏切面可见暗红色的淤血区与灰黄色的脂变区相见的花纹，和槟榔切面类似，称为"槟榔肝"。

肾淤血时可见切面有大量暗红色液体流出，髓质部淤血严重呈现暗红色，皮质部呈现红黄色，其界限明显。

【2012 年执业兽医资格考试真题】发生淤血的组织局部（　　）
　A. 温度升高，颜色鲜红　B. 温度升高，颜色暗红　C. 温度降低，颜色鲜红
　D. 温度降低，颜色暗红　E. 温度不变，颜色暗红

(2) 组织学变化　肺淤血镜检可见肺内小静脉和毛细血管扩张，充满大量

红细胞，肺泡腔内有嗜伊红浆液和数量不等的红细胞。由于淤血时肺泡内充满渗出物，红细胞破裂形成的棕色含铁血黄素出现在巨噬细胞内，因肺淤血多见于心力衰竭，故称巨噬细胞为"心力衰竭细胞"。

肝淤血镜检可见肝窦内充满红细胞，肝索正常结构受破坏。

肾淤血镜检可见肾间质中毛细血管扩张，充满红细胞，肾小管出现不同程度的变性或脱落。

4. 结局

静脉性充血对机体的影响主要取决于淤血的范围、器官、程度、发生速度、持续时间及侧支循环的建立等。长期淤血时会引起局部组织或器官发生水肿、出血、结缔组织增生、萎缩、组织功能下降，甚至坏死。

技能训练

充血的病理学观察

1. 准备工作

动物病理实验室，各组织或器官充血的大体标本、病理组织切片，显微镜，多媒体教学设备。

2. 训练方法

①对常见组织或器官动脉性充血、静脉性充血的大体标本进行识别。

②能够识别常见组织或器官动脉性、静脉性充血的病理组织切片。

将学生分为每组 5 人，以小组为单位进行训练，每组的成员在训练的过程中互帮互助并相互之间进行逐项考核，最后老师对各组进行抽考，以提高技能训练的效果。

充血的考核项目见表 3-1。

表 3-1　　　　　　　　　　考核项目一　充血

单项内容	考核标准	标准分	得分
动脉性、静脉性充血大体标本的识别	对 10 种常见动脉性、静脉性充血标本进行识别，每错一个扣 4 分	40	
动脉性、静脉性充血病理组织切片的识别	对 10 种常见动脉性、静脉性充血病理组织切片进行识别，每错一个扣 6 分	60	
合计		100	

考核人：＿＿＿＿＿　　指导教师：＿＿＿＿＿　　　　　　　　日期：＿＿＿年＿＿＿月＿＿＿日

3. 归纳总结

充血在临床诊断中比较常见，可以单独出现也可和其他病理症状一起出现。我们要根据出现的病理变化及组织学特点进行区分识别并分析其产生的病因，最终对疾病的诊疗提供帮助。本次技能训练主要掌握动脉性充血和静脉性充血的病理变化及组织学特点。

4. 实验报告

绘制出常见组织或器官充血的病理组织图片并标注其病变特点。

子项目二 出血

项目目标

1. 理解出血的概念、类型、病因、机制及结局。
2. 掌握出血的病理变化并能够识别大体病变和组织学变化特点。

知识准备

出血指血液流出血管或心脏之外的现象。血液流出体外称为外出血；血液流入组织或体腔内，称为内出血。根据出血发生原因，可分为破裂性出血和渗出性出血两种。

（一）破裂性出血

1. 概念

破裂性出血指由于血管壁破裂或心脏受损而引起的出血，可发生于毛细血管、动脉、静脉和心脏。

2. 病因

当机体出现机械性损伤，肿瘤、炎症、溃疡、坏死等病变侵蚀，血管壁或心脏本身病变，当血压突然升高时，引起破裂性出血。

3. 病理变化

出血的病理变化常因出血的原因、受损血管的种类、局部组织特性以及出血速度而不同。动脉破裂性出血时流出的血液呈鲜红色、血液流出的速度快、呈喷射状；静脉破裂性出血时流出的血液呈暗红色、血液流出的速度较慢、呈线状或滴状流出。

破裂性出血时，外出血容易看见，如外伤可见伤口处有血液外流或凝血块；当内出血时，发生出血的部位不同，其名称有所不同。大量血液流入组织间隙内，并挤压周围组织形成局限性血液团块，形如球状，称为血肿；血液流入体腔或管腔内，称为积血，积血量不等，常混有血凝块，见于各种浆膜腔和体腔，如心包积血、胸腔积血、腹腔积血等；当组织破坏出血时，血液常与组织碎片混在一起，称为溢血，如脑溢血；肾脏和泌尿道出血时，血液随尿液排出称为尿血；消化道出血时，血液经口排出体外称为吐血或呕血，经肛门排出体外称为便血；肺和呼吸道出血时，血液排出体外称为咯血；鼻出血称为衄血。

4. 结局

出血对机体的影响，可因出血发生的原因、出血量、时间、部位而不同。一般非生命重要器官的小血管破裂性出血时，可因破裂处血管收缩和血小板聚集，形成凝血块而自行止血。大血管的破裂性出血，常在短时间内造成大失血，若抢救不及时，动物可因失血性休克而死亡，如出血发生在脑或心脏，即使是少量的出血，也会导致严重后果，甚至死亡。流入组织间隙或体腔的血液，出血量少时，红细胞可被巨噬细胞吞噬后运走，出血灶可随时间的延长而被吸收；若出血量较多，则红细胞被破坏，血红蛋白分解为含铁血黄素沉着在组织中或被巨噬细胞吞噬，大的血肿因吸收困难，常在血肿周围形成结缔组织包囊，随后发生机化。

【2019年执业兽医资格考试真题】少量出血可能危及生命的器官是（　　）

A. 肠　　　　　　　B. 肾　　　　　　　C. 肺
D. 胃　　　　　　　E. 脑

（二）渗出性出血

1. 概念

渗出性出血又称漏出性出血，指由于血管壁（毛细血管前动脉或前静脉）通透性增高，血液通过扩大的内皮细胞间隙和损伤的血管基底膜而渗出到血管外。

2. 病因

淤血、缺氧时引起局部组织酸性代谢产物堆积以及细胞代谢障碍，使毛细血管内皮细胞发生变性及基底膜损伤，急性炎症性疾病和急性热性传染病，感染、毒物、过敏反应等均可导致毛细血管壁通透性增高而发生渗出性出血；同时血小板减少、凝血因子不足引起凝血障碍也可导致渗出性出血；另外维生素C缺乏，血管基底膜黏蛋白形成不足，影响毛细血管壁结构的完整性也会引起出血。

3. 病理变化

渗出性出血时,肉眼甚至光学显微镜下也看不出血管壁有明显的变化,只发生在毛细血管、小动脉及小静脉,有点状出血、斑状出血、出血性浸润、出血性素质等。

(1) 点状出血 又称为淤血点或出血点,出血量少,呈针尖大小散在或弥漫性分布,常见于皮肤、黏膜、浆膜以及肝、肾等器官表面。

(2) 斑状出血 又称为瘀斑或出血斑,出血量较多,常形成绿豆、黄豆大小或更大的血斑,呈散在或密集分布,常见于皮肤、黏膜、浆膜,新鲜的出血呈鲜红色,陈旧的出血呈暗红色,并随着红细胞降解形成含铁血黄素而呈棕黄色。

(3) 出血性浸润 指由于毛细血管通透性增高,红细胞弥漫地浸润于组织间隙,使出血的局部呈大片暗红色,多发生在淤血性水肿时,常见于胃、肠、子宫等器官。

(4) 出血性素质 指机体有全身渗出性出血的倾向,表现为全身皮肤、黏膜、浆膜、各组织器官都可见出血点,常见于急性传染病、中毒病及原虫病。

镜检可见在血管外的组织中有红细胞,且可保留其完整性达数天之久。若出血较久,有时可见组织中有含铁血黄素的巨噬细胞。

【2016年执业兽医资格考试真题】血液弥漫性分布于组织间隙,使出血组织呈现大片暗红色的病变称为( )

A. 出血性素质   B. 溢血   C. 点状出血
D. 出血性浸润   E. 斑状出血

4. 结局

渗出性出血常因出血量较少,发展较为缓慢,一般不会引起严重的后果。但长期慢性或大范围的渗出性出血,可致全身性贫血。

> 技能训练

出血的病理学观察

1. 准备工作

动物病理实验室,各组织或器官出血的大体标本、病理组织切片,显微镜,多媒体教学设备。

2. 训练方法

①对常见组织或器官出血的大体标本进行识别。

②能够识别常见组织或器官出血的病理组织切片。

将学生分为每组5人,以小组为单位进行训练,每组的成员在训练的过程中互帮互助并互相之间进行逐项考核,最后老师对各组进行抽考,以提高技能训练的效果。

出血的考核项目见表 3-2。

表 3-2　　考核项目二　出血

单项内容	考核标准	标准分	得分
出血大体标本的识别	对 10 种常见出血标本进行识别,每错一个扣 5 分	50	
出血病理组织切片的识别	对 10 种常见出血病理组织切片进行识别,每错一个扣 5 分	50	
合计		100	

考核人:_____　指导教师:_____　日期:___年___月___日

3. 归纳总结

出血在临床诊断中比较常见,可以单独出现也可和其他病理症状一起出现。我们要根据出现的病理变化及组织学特点进行区分、识别,并分析其产生的病因,最终对疾病的诊疗提供帮助。本次技能训练主要掌握破裂性出血和渗出性出血的病理变化及组织学特点。

4. 实验报告

绘制出常见组织或器官出血的病理组织图片并标注其病变特点。

子项目三　血栓形成

项目目标

1. 理解血栓形成、血栓的概念及血栓形成的条件。
2. 掌握血栓形成的过程、类型、结局及对机体的影响。
3. 掌握血栓形成的病理变化,并能够识别大体病变和组织学变化特点。

知识准备

血栓形成指在活体的心脏或血管内血液发生

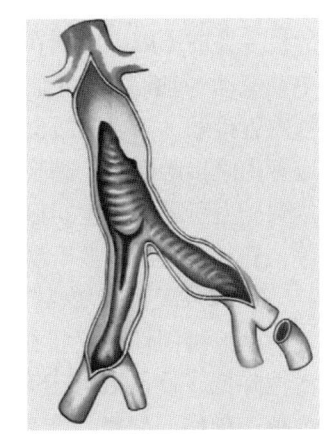

图 3-5　血栓形成

凝固，或血液中的某些血细胞析出、黏集而形成固体物质的过程，所形成的固体物质称为血栓（图3-5）。

正常时血液内存在着凝血系统与抗凝血系统（纤维蛋白溶解系统），二者保持着动态平衡，保证了血液的液体状态和物质运输的畅通。一旦这种动态平衡被破坏，血液便可在心脏、血管内凝固或凝集而形成血栓。

（一）血栓分类

（1）根据血栓的形成过程和形态特点，可分为白色、混合、红色和透明血栓。

（2）根据血栓所在的脉管，可分为动脉性、静脉性、毛细血管性和淋巴管性血栓。

（3）根据其是否感染有强致病性的细菌，可分为败血性和非败血性血栓。

（4）根据血栓在心血管内附着的部位，可分为瓣膜性血栓和管壁性血栓。

（二）血栓形成的条件

1. 心血管内膜的损伤

心血管内膜的损伤是血栓形成最重要、最常见的原因。正常情况下，心血管内皮细胞主要抑制血小板黏附和抗凝血作用，在某些致病因子的作用下，内皮细胞损伤后或被激活时，可引起局部凝血。内皮细胞损伤后暴露出内皮下的胶原，激活血小板和凝血因子Ⅻ，从而启动了内源性凝血的过程；同时损伤的内皮细胞释放组织因子，激活凝血因子Ⅶ，从而启动外源性凝血的过程，可引起纤维蛋白析出、血小板凝集黏附，导致血液凝固、血栓形成。

2. 血流状态的改变

血流状态的改变包括血流缓慢、漩涡形成和血流停止等，是静脉血栓形成的最主要的原因。血液在正常流速和正常流向时，血液中的有形成分在血管的中轴流动（轴流），而血浆在周边流动（边流），血小板等有形成分不易与血管内膜接触。当血流缓慢或产生漩涡时，血小板离开轴流进入边流并同损伤的血管内膜接触而发生黏附凝集，同时凝血因子也容易在局部活化和堆积，易于达到凝血所需的浓度。血流状态的改变常见于心力衰竭、心血管的病变或损伤等，静脉内的血栓多于动脉也是基于这个原理。

3. 血液凝固性增高

血液凝固性增高指血液中的血小板和凝血因子增多、纤维蛋白溶解系统活性降低，使血液处于高凝状态，常见于大面积创伤、失水过多引起的血液浓稠、创伤、妊娠、产后、手术后等大失血，骨脏癌肿，高脂血症。此时促凝物质进入血液，血液中新生的幼稚血小板数量增多、黏性增加，凝血酶原和纤维蛋白原也增多,这些血液成分的改变都可促使血液凝固性增高,易形成血栓。

在血栓形成过程中,上述三个条件往往同时或先后存在,相互影响。

(三)血栓形成的过程

血栓形成主要包括血小板的黏附凝集和血液凝固两个过程,它是在血管内血液不断流动的情况下,逐渐形成的。

1. 白色血栓(血栓头部的形成)

血栓起始点,形成初期。血小板由轴流变为边流,析出并黏附在受损伤的血管壁上。随着血小板不断地析出和黏附,血小板堆增大呈小丘状,并混入少量白细胞和纤维蛋白,这种由血小板、纤维蛋白、少量白细胞组成的血栓称为析出性血栓,因眼观呈灰白色,又称为白色血栓(图3-6)。其外观呈小丘状,表面粗糙、质硬,与血管壁紧密贴附,不易剥离;光镜下是无结构、均匀一致的血小板团块,通常见于心脏和动脉系统内,如心瓣膜上。

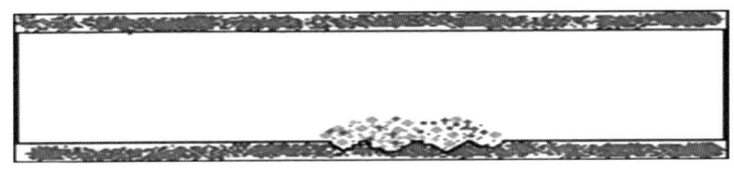

图3-6 白色血栓(血栓头部的形成)

【2012年执业兽医资格考试真题】心瓣膜上形成的血栓,常见的类型是(　　)

A. 白色血栓　　　B. 混合血栓　　　C. 红色血栓
D. 透明血栓　　　E. 败血性血栓

【2013年执业兽医资格考试真题】白色血栓的主要成分是(　　)

A. 血小板和白蛋白　　B. 血小板和纤维蛋白　　C. 血小板和红细胞
D. 血小板和白细胞　　E. 纤维蛋白和白细胞

2. 混合血栓(血栓体部的形成)

小丘状突入血管腔的白色血栓形成后,该处血流减慢并产生涡流,促使大量血小板不断地析出、黏附和活化,在血管内形成许多分支和血小板梁,表面黏附数量不等的白细胞,呈珊瑚状。小梁间的血流逐渐变慢,局部凝血因子浓度升高,激活凝血系统,形成纤维蛋白,并在小梁之间形成纤维蛋白网状结构,网眼中充满大量红细胞和少量白细胞,形成红白相间的血凝块,称为混合血栓(图3-7)。多见于静脉,主要由血小板、纤维蛋白和大量红细胞组成。

眼观可见血栓红白相间，表面干燥，呈波纹状。

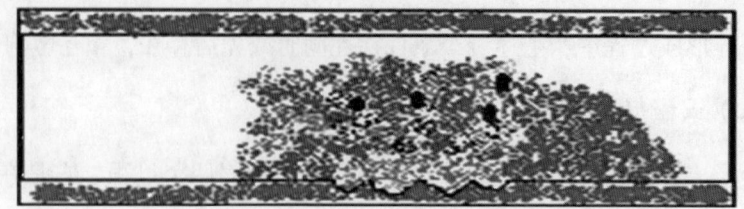

图 3-7 混合血栓（血栓体部的形成）

3. 红色血栓（血栓尾部的形成）

血栓的头部、体部进一步增大并顺血流方向延伸，直至血管腔被完全阻塞，此时局部血流停止，后部血液迅速发生凝固，形成红色血栓（图 3-8）。主要由红细胞和纤维蛋白组成，多见于静脉。刚形成的红色血栓呈红色凝血块样、表面光滑、湿润有弹性，以后逐渐因水分被吸收而失去弹性、干燥易碎，易于脱落形成血栓栓塞。动物在死后可见心脏、较大血管内出现凝血块，此种凝血块易和血栓相混淆，血栓与死后血凝块的区别（表 3-3）。

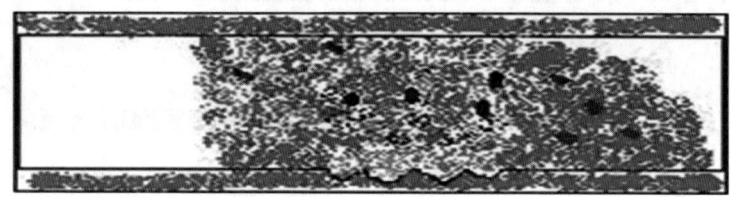

图 3-8 红色血栓（血栓尾部的形成）

表 3-3　　　　　　　　　血栓与死后血凝块的区别

项目	血栓	死后血凝块
表面	干燥、粗糙、无光泽	湿润、平滑、有光泽
质地	较硬、脆弱	柔软、有弹性
色泽	白色，红白相间，红色	暗红色，上层呈鸡脂样
与血管壁的关系	与心血管壁黏附，不易剥离	易与血管壁分离
组织结构	具有血栓特殊结构	无特殊结构，为血凝块结构

4. 透明血栓

透明血栓指在微循环内形成的血栓，主要由纤维蛋白凝集而成。这种血栓只能在显微镜下观察到，在石蜡切片 HE 染色中，呈红染、均质、无结构的透明物质。主要见于某些败血性传染病、中毒、药物过敏、休克等致弥散性血管内凝血的过程中。

（四）结局及对机体的影响

血栓形成后，组织产生一些活性物质及血栓内嗜中性粒细胞崩解释放蛋白溶解酶，使纤维蛋白溶解。较小血栓可完全溶解、吸收而消失；较大血栓部分软化后，因血流冲击而脱落，形成栓子，阻塞血管造成栓塞（血栓性栓塞）。不易被溶解吸收的血栓，可由血管壁内结缔组织和内皮细胞向血栓内生长，形成肉芽组织。这种被肉芽组织吸收替代的过程，称为血栓的机化。新生的肉芽组织从血管壁向血栓内生长，将血栓逐渐溶解、吸收并取代。此时，血栓与血管紧密融合，不再脱落。有时血栓收缩使血管壁和血栓之间出现空隙，或血栓本身自溶发生裂隙，并由内皮细胞生长加以覆盖，从而形成了一个或数个小管腔，血液可重新流动，称为血栓的再通。少数长久没有完全软化或机化的血栓，则由钙盐沉着而发生钙化，在血管内形成结石，称为动脉石（在动脉内）或静脉石（在静脉内）。

动物组织器官出血时，在血管破裂处形成血栓，可使出血停止，起到自行止血的作用；炎灶周围小血管内的血栓形成，可防止病原菌蔓延扩散，这是血栓对机体有利的一面。但大多数情况下，血栓形成对机体造成不利。如动脉血栓形成可阻塞血管，引起组织器官缺血、梗死；静脉血栓形成后，若未建立有效的侧支循环，可引起局部组织淤血、水肿、出血，甚至坏死；血栓在软化中或血栓与血管壁粘连不太牢固时，整个血栓或血栓的一部分可以脱落，成为栓子，阻塞血管形成栓塞，引起循环障碍；心瓣膜上的血栓机化后，可引起瓣膜增厚、粘连、卷曲或皱缩，导致瓣膜口狭窄或瓣膜关闭不全，引起心瓣膜病，严重时发生心功能不全；微循环血管中的血栓形成可致使凝血因子和血小板大量消耗，从而引起全身广泛性出血、休克，甚至死亡。

> 技能训练

血栓形成的病理学观察

1. 准备工作

动物病理实验室，各组织或器官血栓形成的大体标本、病理组织切片，显微镜，多媒体教学设备。

2. 训练方法

①对常见组织或器官血栓形成的大体标本进行识别。

②能够识别常见组织或器官血栓形成的病理组织切片。

将学生分为每组 5 人，以小组为单位进行训练，每组的成员在训练的过程中互帮互助并互相之间进行逐项考核,最后老师对各组进行抽考,以提高技能训练的效果。

血栓形成的考核项目见表3-4。

表3-4　　　　　　　考核项目三　血栓形成

单项内容	考核标准	标准分	得分
血栓大体标本的识别	对10种常见血栓标本进行识别,每错一个扣5分	50	
血栓病理组织切片的识别	对10种常见血栓病理组织切片进行识别,每错一个扣5分	50	
合计		100	

考核人:_____　指导教师:_____　　　　　日期:____年____月____日

3. 归纳总结

血栓在临床诊断中比较常见,可以单独出现也可和其他病理症状一起出现。我们要根据出现的病理变化及组织学特点进行区分、识别并分析其产生的病因,最终对疾病的诊疗提供帮助。本次技能训练主要掌握血栓形成的病理变化及组织学特点。

4. 实验报告

绘制出常见组织或器官血栓形成的病理组织图片并标注其病变特点。

子项目四　栓塞

项目目标

1. 理解栓塞、栓子的概念和类型。
2. 掌握栓子运行的途径、结局及对机体的影响。
3. 掌握栓塞的病理变化并能够识别大体病变和组织学变化特点。

知识准备

栓塞指在血液循环中出现不溶于血液的异常物质,随着血流运行,堵塞血管的过程。阻塞血管的异常物质,称为栓子。

(一) 栓塞的类型

根据栓塞的原因及栓子的性质,可分为血栓性、脂肪性、空气性、组织性、细菌性和寄生虫性栓塞等。

1. 血栓性栓塞

血栓性栓塞指由于血栓或血栓的一部分软化、脱落引起的栓塞，是栓塞中最常见的一种。如患慢性猪丹毒时，心脏二尖瓣上的血色血栓脱落后，形成栓子，随动脉血流运行至脾、肾等器官的小动脉和毛细血管内，引起栓塞。

2. 脂肪性栓塞

脂肪性栓塞指由于脂肪滴进入血液阻塞血管引起的栓塞。多见于长骨骨折、脂肪组织挫伤或脂肪肝受挤压、误将含脂质的药物注入血管时，脂肪滴通过破裂的血管进入血流而引起组织器官的栓塞。这种栓塞多见于肺和神经系统。

3. 空气性栓塞

空气性栓塞指空气或其他气体由外界进入血液，形成气泡随血流运行，阻塞血管引起的栓塞。多发生在大静脉破裂（外伤、手术）时，由于静脉的破裂口处于负压状态，空气通过创口进入血流；或静脉注射、胸腔穿刺等手术操作不当时误将空气注入。少量空气进入血液后会溶解，一般不产生严重后果；当大量空气入血之后，随着血流到达右心，因心脏搏动后受到血流冲击形成无数的小气泡，占据心脏不易排出，妨碍静脉血向心脏回流和血液向肺动脉的输送，造成严重的血液循环障碍，可引起动物急性死亡。

【2015年执业兽医资格考试真题】从静脉注入空气所形成的空气性栓子主要栓塞的器官是（　　）

A. 大脑　　　　　　B. 肺脏　　　　　　C. 肾脏

D. 肝脏　　　　　　E. 脾脏

4. 组织性栓塞

组织性栓塞指组织外伤或坏死的情况下，破损的细胞组织碎片或细胞团块通过损伤的血管进入血流引起的栓塞。多见于组织外伤、坏死和恶性肿瘤，恶性肿瘤细胞侵入血管或淋巴管形成的瘤细胞栓子不仅造成组织性栓塞，还可随血液或淋巴液流动，到达附近的淋巴结、脑、肺、肝等器官，继续生长形成转移性肿瘤。

5. 细菌性栓塞

细菌性栓塞指机体内感染组织中的细菌或含细菌的血栓、赘生物脱落进入血液而引起的栓塞。多见于细菌感染性疾病。除造成一般栓塞外，还能造成细菌的播散，在全身各处引起新的感染灶。如在右心瓣膜上的细菌性栓子可向肺脏传入大量细菌，严重时引起败血症，故又称为败血性栓塞。

6. 寄生虫性栓塞

寄生虫性栓塞指某些寄生虫虫体或虫卵进入血液而引起的栓塞。如马圆线虫的幼虫经门静脉进入肝脏；旋毛虫进入肠壁淋巴管，经胸导管进入血液，均可构成寄生虫性栓塞。

（二）栓子运行的途径

栓子在体内运行的途径一般与血流的方向是一致的（图3-9）。来自肺静脉、左心或动脉系统的栓子，随体循环动脉血流运行，最后到达全身各器官的小动脉和毛细血管内形成栓塞（体循环性栓塞或大循环性栓塞）。来自右心及静脉系统的栓子，经右心室进入肺动脉，最后在肺小动脉分支或毛细血管内形成栓塞（肺循环性栓塞或小循环性栓塞）。来自门静脉的栓子，大多随血流进入肝脏，在肝脏的门静脉分支处形成栓塞（门静脉循环性栓塞）。

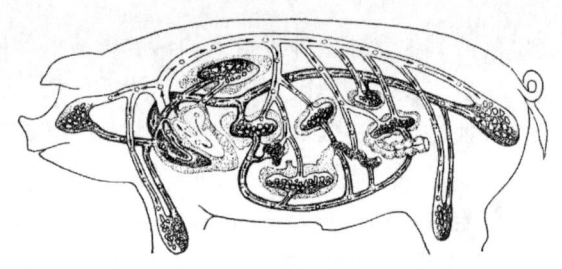

图3-9 栓子运行示意图
（空白代表动脉，黑点代表静脉，箭头代表栓子运行方向）

【2017年执业兽医资格考试真题】来自门静脉的栓子主要栓塞在（　　）
A. 心　　　B. 肝　　　C. 脾　　　D. 肺　　　E. 肾

（三）结局及对机体的影响

栓塞对机体的影响取决于栓子的种类和大小、栓塞程度、栓塞部位以及能否迅速建立侧支循环等。微小的栓子阻塞少数毛细血管，一般不引起严重后果。较大的血管发生栓塞时，它的后果取决于侧支循环的情况，如有侧支循环则后果不严重；如无侧支循环，可导致局部缺血坏死。脑血管和心脏冠状动脉发生栓塞时，往往导致心、脑功能障碍，引起动物急性死亡。细菌性或恶性肿瘤性栓子，易引起败血症和恶性肿瘤转移。

> 技能训练

栓塞的病理学观察

1. 准备工作

动物病理实验室，各组织或器官栓塞的大体标本、病理组织切片，显微镜，多媒体教学设备。

2. 训练方法

①对常见组织或器官栓塞的大体标本进行识别。

②能够识别常见组织或器官栓塞的病理组织切片。

将学生分为每组 5 人，以小组为单位进行训练，每组的成员在训练的过程中互帮互助并互相之间进行逐项考核，最后老师对各组进行抽考，以提高技能训练的效果。

栓塞的考核项目见表 3-5。

表 3-5　　　　　　　　　考核项目四　栓塞

单项内容	考核标准	标准分	得分
栓塞大体标本的识别	对 10 种常见栓塞标本进行识别，每错一个扣 5 分	50	
栓塞病理组织切片的识别	对 10 种常见栓塞病理组织切片进行识别，每错一个扣 5 分	50	
合计		100	

考核人：_____　　指导教师：_____　　　　　　日期：___年___月___日

3. 归纳总结

栓塞在临床诊断中比较常见，可以单独出现也可和其他病理症状一起出现。我们要根据出现的病理变化及组织学特点进行区分识别并分析其产生的病因，最终对疾病的诊疗提供帮助。本次技能训练主要掌握栓塞的病理变化及组织学特点。

4. 实验报告

绘制出常见组织或器官栓塞的病理组织图片并标注其病变特点。

子项目五　梗死

项目目标

1. 理解梗死的概念、形成的原因和条件。
2. 掌握梗死的类型、结局及对机体的影响。
3. 掌握梗死的病理变化并能够识别大体病变和组织学变化特点。

> 知识准备

梗死指由于动脉血液供应中断而引起局部组织的缺血性坏死。该坏死的发生过程,称为梗死形成。

(一)形成原因和条件

1. 梗死形成的原因

任何可造成血管闭塞而导致局部组织缺血的原因均可引起梗死。

(1)动脉血栓形成　动脉血栓形成后,由于其供应血液的组织缺血、缺氧而发生坏死,是引起组织器官梗死最常见的原因之一。如心脏冠状动脉和脑动脉硬化继发血栓形成,可将动脉完全阻塞,引起心肌梗死和脑梗死。

(2)动脉栓塞　各种类型的栓子随动脉血液循环运行堵塞血管,机体不能迅速建立有效的侧支循环,造成局部组织血流中断而发生组织缺血性梗死。

(3)血管受压　当动脉受到肿块或其他机械性压迫时,可使管腔狭窄或闭塞引起局部组织缺血,严重者可引起血流中断造成坏死。如肿瘤对局部血管的压迫所引起的局部梗死等。

(4)动脉痉挛　当某种刺激作用于缩血管神经时,反射性引起动脉血管持续性痉挛,造成局部血流减少,甚至中断而发生组织器官的梗死。

2. 梗死形成的条件

(1)未能建立有效的侧支循环　梗死形成主要取决于动脉血管阻塞后能否及时建立有效的侧支循环。有双重血液循环的器官血管阻塞后,通过侧支循环的代偿,不易发生梗死。而某些器官动脉吻合支少,当动脉迅速发生阻塞时,易发生梗死。

(2)局部组织对缺氧的敏感性　某些器官对缺氧比较敏感,短暂缺血即可引起梗死。在严重贫血、失血心力衰竭、休克等情况下,动脉部分阻塞导致供血不足也会对缺氧耐受性低的器官造成梗死。

【2018年执业兽医资格考试真题】对缺氧反应最敏感的器官是(　　)

A. 心脏　　　　　　B. 肝脏　　　　　　C. 脾脏
D. 肾脏　　　　　　E. 大脑

(二)梗死的类型及病理变化

1. 梗死的形态特征

(1)梗死灶的形状　梗死的基本病理变化是局部组织坏死,梗死灶的形状取决于梗死器官的血管分布。肺、脾、肾等器官的血管呈锥形分支,故其梗死灶呈锥形,尖端位于血管阻塞处,底部则为该器官的表面,切面呈扇形或三角形。肠、脑、心冠状动脉分支不规则，梗死灶亦不规则或呈地图状。

(2) 梗死灶的质地 取决于其坏死的类型。凝固性坏死者（如肾、脾、心肌等器官），新鲜时由于组织崩解，局部胶体渗透压升高而吸收水分，使局部肿胀、略向表面隆起。陈旧性梗死则较干燥、质硬、表面下陷、边缘界限清楚、有红色充血、出血反应带，稍后白细胞浸润、红细胞分解、呈棕黄色带，称为分界性炎。肺、肠、四肢等梗死，也属于凝固型梗死，但常因继发腐败菌感染而变成坏疽。中枢神经的梗死为液化性坏死，新鲜时质地柔软疏松，日久液化成囊。

(3) 梗死灶的色泽 取决于病灶内的含血量，含血量少者，颜色灰白，称为贫血性梗死；含血量多者，颜色暗红，称为出血性梗死。

2. 梗死的类型

根据梗死灶的色泽和性质，可分为贫血性梗死和出血性梗死。

(1) 贫血性梗死 梗死灶外观呈灰白色，又称为白色梗死。常发生于心、脑、肾等组织结构致密、侧支循环不丰富的组织器官。当这些器官内的动脉被阻塞引起梗死时，该部的动脉分支发生反射性痉挛收缩，将梗死灶内的血液排挤到周围组织中，残留的红细胞溶解消失使局部处于贫血状态，颜色呈苍白色，故贫血性梗死灶病变形状不一，这与器官的血管分布有关。镜检，梗死灶呈凝固性坏死，可见细胞核发生核浓缩、核碎裂、核溶解等变化，但原细胞组织的结构轮廓尚存。在其外围有不等量嗜中性粒细胞浸润，形成白细胞浸润带。

【2010年执业兽医资格考试真题】不常发生白色梗死的器官是（　　）

A. 肝脏　　　　　　B. 心脏　　　　　　C. 肾脏

D. 大脑　　　　　　E. 脾脏

(2) 出血性梗死 梗死灶外观颜色呈暗红色或紫红色，又称为红色梗死。常发生于肺、脾、肠等组织疏松、血管吻合支丰富的组织器官。出血性梗死形成的条件，除动脉血管阻塞外，还有高度淤血、器官具有双重血液循环、组织结构疏松。镜检，梗死组织结构模糊、甚至消失，细胞凝固型坏死，血管扩张、充满红细胞。

由细菌性栓塞引起的梗死，梗死灶内组织坏死并有大量细菌生长繁殖，感染引起急性炎症反应，甚至化脓，是病原菌通过血源性播散所致的新感染灶，称为败血性梗死。急性细菌性心内膜炎时，如含细菌的血栓脱落造成栓塞，则可引起栓塞性脓肿。

【2009年执业兽医资格考试真题】动物易发生出血性梗死的器官是（　　）

A. 心　　B. 肝　　C. 脾　　D. 肾　　E. 胃

【2011年执业兽医资格考试真题】红色梗死常发生于（　　）
A. 心脏　　　　　　B. 大脑　　　　　　C. 肾脏
D. 肝脏　　　　　　E. 肺脏

（三）结局及对机体的影响

梗死如发生在要害部位，常引起动物急性死亡。一般来说，梗死灶小，坏死组织经酶解后发生溶解、液化、吸收而消散。梗死组织在周围健康组织中发生炎症反应，并有肉芽组织向梗死灶内生长，最后坏死组织完全被吸收而由结缔组织取代，即梗死机化，而留下白色瘢痕。若梗死灶过大，坏死组织不能被完全吸收，新生的肉芽组织在坏死组织周围形成包囊，坏死组织也可发生钙化。若梗死灶含有化脓细菌，则坏死组织很快发生化脓，可形成脓肿。

技能训练

梗死的病理学观察

1. 准备工作

动物病理实验室，各组织或器官梗死的大体标本、病理组织切片，显微镜，多媒体教学设备。

2. 训练方法

①对常见组织或器官贫血性、出血性梗死的大体标本进行识别。
②能够识别常见组织或器官贫血性、出血性梗死的病理组织切片。

将学生分为每组5人，以小组为单位进行训练，每组的成员在训练的过程中互帮互助并互相之间进行逐项考核，最后老师对各组进行抽考，以提高技能训练的效果。

梗死的考核项目见表3-6。

表3-6　　　　　　　　　考核项目五　梗死

单项内容	考核标准	标准分	得分
贫血性、出血性梗死大体标本的识别	对10种常见贫血性、出血性梗死标本进行识别，每错一个扣4分	40	
贫血性、出血性梗死病理组织切片的识别	对10种常见贫血性、出血性梗死病理组织切片进行识别，每错一个扣6分	60	
合计		100	

考核人：_____　　指导教师：_____　　日期：___年___月___日

3. 归纳总结

梗死在临床诊断中比较常见，可以单独出现也可和其他病理症状一起出现。我们要根据出现的病理变化及组织学特点进行区分识别并分析其产生的病因，最终对疾病的诊疗提供帮助。本次技能训练主要掌握贫血性梗死和出血性梗死的病理变化及组织学特点。

4. 实验报告

绘制出常见组织或器官梗死的病理组织图片并标注其病变特点。

子项目六　弥漫性血管内凝血

项目目标

1. 理解弥漫性血管内凝血的概念及类型。
2. 掌握弥漫性血管内凝血的发生原因及机制。
3. 了解弥漫性血管内凝血对机体的影响。

知识准备

弥散性血管内凝血（DIC）指机体在某些致病因素作用下，凝血因子和血小板被激活，大量促凝物质进入血液，以全身微血管内广泛微血栓形成和相继出现止血、凝血功能障碍为主要特征的病理过程。在此过程中，首先凝血系统被激活，血液处于高凝状态，在微循环内形成广泛性微血栓；继而因凝血因子和血小板大量消耗而继发纤溶系统激活，使血液处于低凝状态并广泛出血。除出血外，还有休克、栓塞和贫血等临床症状。

DIC 不是一个单独的疾病，而是一种常见的病理过程或某些疾病发生过程的病理变化。

（一）DIC 类型

（1）根据疾病发生的速度，DIC 可分为急性型、亚急性型和慢性型。
（2）根据机体的代谢情况，DIC 可分为代偿型、失代偿型和过度代偿型。

（二）DIC 发生原因及机制

1. 直接原因及机制

DIC 可由单独或多种原因引起，凡能直接激活凝血过程的任何因素，都称为 DIC 发生的直接原因。如传染性疾病、败血症、严重创伤、大面积烧伤、血管内溶血、组织坏死、蛇毒中毒、恶性肿瘤等均可引起。血管内皮细胞损伤和组织严重破坏是 DIC 发生的最主要机制。

(1) 血管内皮细胞损伤　血管内皮细胞损伤是血栓形成的主要原因，内皮细胞损伤或脱落后，内皮下胶原暴露，胶原纤维与血液中无活性的凝血因子Ⅻ接触，激活凝血因子Ⅻ，变成具有活性的凝血因子Ⅻa，启动内源性凝血系统。常见于传入性败血症、病毒血症、烧伤、冻伤、缺血、缺氧、酸中毒、内毒素性休克、抗原-抗体复合物等。

(2) 组织严重破坏　损伤的细胞组织释放的组织因子（凝血因子Ⅲ，Ⅻ）启动外源性凝血系统。损伤的细胞释放大量组织因子（TF）进入血液，组织因子与血液中的凝血因子Ⅶ—Ca^{2+}复合体结合形成Ⅶ—Ca^{2+}—TF 复合物，同时Ⅶ被激活成Ⅶa，Ⅶa—Ca^{2+}—TF 复合物继而激活凝血因子Ⅸ、凝血因子Ⅹ，从而启动了外源性凝血系统，导致血液凝固性升高。常见于严重创伤、大手术、恶性肿瘤、烧伤、实质器官坏死、子宫内死胎等。

(3) 血细胞被破坏，激活血小板　血液中的红细胞、白细胞、血小板在致病因素作用下被破坏或激活，释放各种促凝物质，导致或促进 DIC 的发生。

①红细胞被破坏：某些致病因素如输血不当、血液原虫感染、溶血性贫血等引起溶血时，造成大量红细胞以及血小板被破坏，释放出红细胞素和二磷酸腺苷（ADP）。红细胞素有类似 TF 作用，促进凝血酶的生成；ADP 为血小板激活剂，促进血小板聚集、黏附和释放血小板因子，导致凝血。

②白细胞激活或被破坏：正常情况下，血液中的单核细胞、嗜中性粒细胞均不表达 TF，在受到内毒素、IL-1、TNF-α 等刺激后则可诱导表达 TF，启动凝血反应。

白细胞激活时发生自由基反应，产生超氧阴离子、羟自由基等，自由基可损伤血管内皮细胞。激活的白细胞产生 TNF、IL-1、IFN、血小板活化因子（PAF）等炎症介质，通过炎症介质损伤毛细血管内皮细胞。白细胞破坏时释放溶酶体酶，可介导组织损伤。

③血小板激活：胶原、凝血酶、ADP、血栓素 A_2、内毒素、免疫复合物、PAF 等均可作为激活剂激活血小板。血管内皮细胞损伤后，先激活血小板的是与其接触的胶原蛋白。激活剂与血小板表面的相应受体结合，通过不同途径激活血小板。

(4) 促凝物质进入血液　羊水、脂肪栓子、外源性毒素等能直接激活凝血因子Ⅹ、凝血酶原或直接使纤维蛋白原转变为纤维蛋白；急性坏死性胰腺炎时，大量胰蛋白酶进入血液，可直接激活凝血酶原，使凝血酶原变成凝血酶。血液处于高凝状态时，促进 DIC 的发生。

2. 间接原因及机制

某些诱发因素可加速 DIC 的形成或对其发生、发展产生明显的影响。如单核-巨噬细胞系统功能障碍时，其消除血浆中的凝血酶、促凝物质的能力下降；肝功能障碍时，抗凝物质合成减少，对激活凝血因子的灭活作用也减弱，使血液凝固性增加，肝细胞坏死时可释放 TF；微循环障碍时，血液淤滞，血液浓缩、黏滞性增高，血小板黏附聚集，红细胞聚集；缺血、缺氧及酸中毒可致组织细胞坏死，释放组织因子；机体应激时凝血因子及血小板增多、纤溶活性降低、抗凝活性降低等原因，血液呈高凝状态，极易诱发 DIC。

（三）DIC 对机体的影响

DIC 可对动物机体组织、器官产生明显的损伤，主要表现为贫血、出血、栓塞和休克。

1. 贫血

DIC 发生过程中，大量纤维蛋白沉积于微血管内并相互交织成网状，当红细胞流过网孔时，可被黏附、滞留甚至被割裂成红细胞碎片；沉积于小血管中的条索状纤维蛋白，使血管腔变窄，红细胞通过时受挤破裂溶血；同时，DIC 伴发的缺氧和酸中毒，可致红细胞可塑变形能力下降，脆性增大，大量红细胞的破裂导致溶血性贫血的发生，故又称为微血管病性溶血性贫血。在外周血涂片中，可见有各种红细胞碎片和异常形态的红细胞，称为裂体细胞。

2. 出血

多部位出血是 DIC 最常见的临诊症状之一，也是 DIC 诊断的重要依据之一。DIC 引起出血是由于早期血液高凝所致大量凝血因子消耗、继发性纤溶功能增强、大量纤维蛋白降解产物产生以及微循环障碍等。DIC 出血的特点主要是多部位的广泛性出血，用常规止血药无效，并伴有 DIC 的其他症状等。常见于皮肤、黏膜、消化道、泌尿道等，轻者皮肤、黏膜有小出血点，严重者多部位大量出血，脑、肺出血是动物死亡的主要原因。

3. 栓塞

DIC 发生时以微循环血管内微血栓形成为主要病理特征，广泛形成的微血栓可以栓塞在各种组织器官，根据栓塞的部位不同其引起后果也不同。常见于肾、肺、脑、肝脾和胃肠道等器官，如肾内广泛性微血栓的形成，可致肾皮质坏死，引起急性肾衰竭，临床上动物出现少尿、血尿和蛋白尿等症状；肺内广泛性微血栓的形成可致呼吸功能衰竭和右心衰竭；肝内广泛性微血栓的形成可致肝功能衰竭，出现消化道淤血、肝性水肿和黄疸。微血栓主要有纤维蛋白性血栓、血小板血栓和混合血栓三种。

4. 休克

休克发生的中心环节是微循环血液灌流不足，而 DIC 时所形成的微血栓阻塞微循环血管，导致血流不畅或断绝，组织器官微循环血流减少，同时 DIC 引起的广泛性出血，可致血容量减少，如微血栓阻塞在冠状血管，则可导致心肌供血障碍，心输出量减少。这些因素的共同作用可致循环血量下降，微循环血液灌流不足，导致休克。而在休克的晚期因微循环血管麻痹、扩张，血液浓缩，血流不畅，极易发生和促进 DIC 的形成。两者相互影响，互为因果，形成恶性循环。

子项目七　休克

项目目标

1. 理解休克的概念及正常微循环的特点。
2. 掌握休克的原因、分类及发生机制。
3. 掌握休克的分期及特点。
4. 了解休克对机体的影响及其防治原则。

知识准备

休克指机体在致病因素作用下，所发生的有效循环血量减少，特别是微循环血液灌流量急剧下降，导致机体各组织器官缺血、缺氧、代谢障碍和功能紊乱，严重危及动物生命活动的一种全身性病理过程。休克的临床表现为血压下降、脉搏细速、体表血管收缩、可视黏膜苍白或发绀、皮肤温度下降、四肢厥冷、尿量减少或无尿、精神沉郁、反应迟钝、体质衰弱、运动失调常倒卧，严重的病例可在昏迷中死亡。

（一）正常微循环的特点

微循环指微动脉和微静脉之间的血液循环。通常由微动脉、后微动脉、毛细血管前括约肌、真毛细血管和微静脉等部分组成（图3-10）。有的包括动—静脉吻合支。微循环是循环系统最基本的结构，是血液和组织物质代谢交换的最基本的功能单位。

微循环毛细血管的血流量不仅取决于心输出量、血容量和血压，还取决于微动脉、毛细血管前括约肌和小静脉的舒缩状态，即微循环各部分的阻力。如微循环阻力不变，血压增高时，微循环内血量随之增大。微动脉、后微动脉和

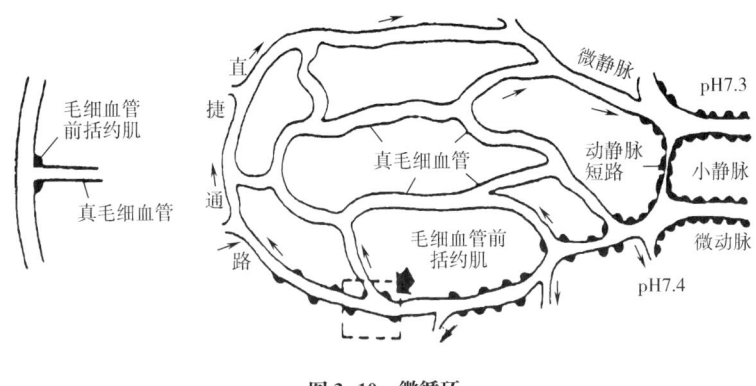

图 3-10 微循环

微静脉具有丰富的平滑肌,受交感神经支配,当交感神经兴奋时血管收缩,阻力增大,血流减少。体液因素也影响微血管壁上的平滑肌包括毛细血管括约肌,局部产生的舒血管物质可进行反馈调节,使毛细血管交替性开放,保证微循环有足够的血液灌流量。

(二)休克的原因及分类

1. 原因

引起休克的原因很多,常见的有失血、失液、严重创伤、大面积烧伤、严重感染、过敏、心脏疾病以及神经刺激等。

2. 分类

(1)根据休克发生的原因可分为以下几种。

①失血性休克:常见于各种原因引起的急性大失血,导致动脉血压急剧下降而发生休克,如严重外伤、产后大出血、内脏破裂等。

②脱水性休克:又称失液性休克,常见于严重腹泻、呕吐、高烧或中暑等情况下,造成细胞外液大量丧失而严重脱水,使血容量急骤减少,而引起低血容量性休克。

③烧伤性休克:常见于大面积烧伤,因皮肤的大面积烧伤,使体表血管壁的通透性增强,大量血浆外渗及体液外漏,使血容量急剧减少,而引起低血容量性休克。

④过敏性休克:常由于某些药物或血液生物制品等引起过敏反应所导致的休克。

⑤感染性休克:常由于细菌、病毒等病原微生物造成的急性严重感染所引起的休克,如败血性休克和内毒素性休克。

⑥心源性休克:常由于原发性心输出量的急剧减少所引起的休克,常见于

各种原因导致的心脏病，多见于心肌炎、心肌坏死等引起的心功能不全。

⑦创伤性休克：常见于组织严重创伤，伴有一定量出血所致的休克。

⑧神经源性休克：常因神经系统受强烈刺激或损伤导致的休克，常见于严重外伤、大手术、骨折、高位脊髓损伤或麻醉等情况下，由于强烈的疼痛刺激引起小血管紧张性降低而发生扩张，使血管容量增大而发生休克。

(2) 根据休克发生的起始环节可分为 低血容量性、血管源性和心源性休克。

(3) 根据休克的血流动力学特点可分为以下几种。

①低动力型休克：又称为低排高阻型休克或冷性休克或冷休克，其特点是心脏排血量低，外周血管阻力高，失血性、烧伤性、创伤性、心源性、大部分感染性休克属于低动力型休克。

②高动力型休克：又称为高排低阻型休克或温性休克或温休克，其特点是心脏排血量高，外周血管阻力低，部分感染性休克属于高动力型休克。

(三) 休克的发生机制

休克的本质是微循环血流灌注不足。微循环血流灌注不足主要取决于心输出量和微循环血流的阻力、环节或发生机制。通常将心输出量急剧减少、微循环血流阻力增加作为各休克的基本发病机制。

1. 心输出量急剧减少

心输出量急剧减少常见于失血、失液所致的全血量减少，以及由于心肌炎、心肌梗死、内毒素损伤心肌等引起的心功能不全。

2. 微循环血流阻力增加

微循环血流阻力增加是毛细血管前阻力增加、毛细血管后阻力增加以及血液流变性改变的结果。毛细血管前阻力是由小动脉、微动脉、后微动脉和毛细血管前括约肌的紧张性构成的。当血液总量减少和心肌收缩力降低时，可兴奋交感-肾上腺髓质系统，释放大量儿茶酚胺，使小动脉、微动脉收缩，增加血流阻力。毛细血管后阻力是由微静脉和小静脉的紧张性构成的，交感神经兴奋和肾上腺髓质分泌增多，可致微静脉和小静脉收缩，毛细血管后阻力增加。在某些致病因子的作用下，如严重创伤、感染等时，可增加红细胞与血管壁以及红细胞之间的黏附性，红细胞变形能力降低，血液浓缩，血小板聚集，血液黏度增大，从而改变了正常血液的流变性，致使血流阻力加大，血流缓慢，继而引起微循环血流灌注不足。

(四) 休克的分期及特点

根据休克时微循环的变化规律，可将休克分为微循环缺血期、微循环淤血期和微循环凝血期。

1. 微循环缺血期

微循环缺血期是休克发生的早期阶段,又称为休克早期、休克代偿期、微循环痉挛期或缺血性缺氧期。主要特点是微循环血管发生痉挛性收缩,导致微循环缺血、缺氧,其机制是由于交感神经-肾上腺髓质系统兴奋,儿茶酚胺类物质释放增加,作用于除脑和心脏外的其他组织器官内微血管所引起的。此期回心血量增加、心输出量增加和外周阻力升高在一定程度上调整和维持了动脉血压,血液重新分布优先保证了心、脑等重要生命器官的血液供应。此期微循环的特点是少灌少流、灌少于流。患病动物表现为兴奋而烦躁不安,皮肤血管收缩、缺血、发凉,四肢厥冷,可视黏膜苍白,心肌收缩力增强、心率增加、脉搏细速,尿量减少,肛温下降、大量出汗,呕吐、腹泻,血压稍升或无变化。

【2015年执业兽医资格考试真题】休克早期机体微循环变化的特征是( )

A. 缺血　　　　　　B. 淤血　　　　　　C. 凝血
D. 出血　　　　　　E. 充血

【2011年执业兽医资格考试真题】休克早期微循环的特征是( )

A. 灌少于流　　　　B. 灌多于流　　　　C. 多灌少流
D. 多灌多流　　　　E. 不灌不流

2. 微循环淤血期

微循环淤血期是休克进一步发展的结果,又称为休克期、休克代偿不完全或失代偿期、微循环扩张期或淤血性缺氧期。主要特点是微循环血流缓慢,血液淤滞于微循环内,其机制是微循环持续性缺血,导致组织缺氧而无氧代谢增强,使酸性代谢产物蓄积,引起局部出现代谢性酸中毒。此时微动脉和毛细血管前括约肌在酸中毒时首先丧失了对儿茶酚胺的反应而发生舒张,使微循环血流灌注增加。因微静脉和小静脉对酸中毒的耐受性较强,在儿茶酚胺的作用下继续收缩,微循环由缺血状态转为淤血状态,大量血液淤积在毛细血管内。此期微循环的特点是多灌少流、灌大于流。由于回心血量明显减少、有效循环血量急剧下降,全身各组织缺氧更加严重,致使器官功能障碍。患病动物表现为精神沉郁或昏迷、反应迟钝,可视黏膜发绀、皮温下降,心跳快而弱、脉搏细而频、大静脉萎缩、血压下降,少尿或无尿。

【2014年执业兽医资格考试真题】在休克发展的微循环瘀血期,微循环的特点是( )

A. 灌少于流　　　　B. 灌大于流　　　　C. 灌等于流
D. 不灌不流　　　　E. 灌流不变

3. 微循环凝血期

微循环凝血期是休克的后期阶段，又称为休克末期、休克晚期、微循环衰竭期、凝血性缺氧期或弥散性血管内凝血期。主要特点是微血管麻痹扩张，血液淤滞，其机制是由于休克过程中，组织严重缺氧、酸中毒、内毒素损伤了微血管内皮，启动了内源性凝血系统和外源性凝血系统引起凝血；同时缺氧和酸中毒可致微血管麻痹、扩张，血流减缓，血液浓缩，血液流变学改变明显，导致 DIC 发生。此期微循环的特点是少灌少流或不灌不流。由于回心血量进一步减少、继发性组织出血，患病动物表现为昏迷，呼吸不规则，脉搏快而弱、血压下降，四肢厥冷、全身皮肤有出血点或出血斑，少尿或无尿等，机体出现 DIC，MOF 症状，严重时动物死亡。

【2016 年执业兽医资格考试真题】在休克发展的微循环凝血期，其微循环的特点是（　　）

A. 灌而少流　　　　B. 灌而不流　　　　C. 灌大于流
D. 灌少于流　　　　E. 不灌不流

（五）休克对机体的影响

1. 细胞损伤

休克早期易引起细胞膜损伤，继而发生线粒体肿胀、嵴断裂消失，溶酶体肿胀、溶酶体膜通透性增强，导致细胞变性、坏死。同时某些细胞因子的产生和释放增加，引起休克的发生、发展。如单核巨噬细胞、嗜中性粒细胞被激活后，因呼吸爆发产生大量的氧自由基和溶酶体酶，损伤宿主细胞。

2. 物质代谢障碍

休克时，由于缺氧，糖的有氧分解减少而无氧酵解过程增加，蛋白质和脂肪分解加强而合成减少，酸性代谢产物产生增加而出现酸中毒。同时 ATP 生成和能量储备减少、细胞膜上的 Na^+-K^+-ATP 酶功能失调，从而导致细胞水肿和高钾血症。

3. 器官功能障碍

休克时，组织器官缺氧，大量细胞破坏，极易引起器官功能障碍。

（1）急性肾衰竭　休克早期，由于交感-肾上腺髓质系统兴奋，肾小球血流量减少，尿的形成减少。加之休克时抗利尿激素和醛固酮分泌增多，促进肾小管对钠、水的重吸收，而使尿量减少。休克后期肾小管出现坏死而发生器质性急性肾功能障碍，称为休克肾，临床表现出少尿或无尿、水肿等症状。眼观肾脏呈斑驳状，病程较久的可见大小不等、形状不规则的坏死灶。镜检可见肾上皮变性、坏死，血管内膜损伤，肾小管内可见透明管形或颗粒管形，间质水肿，肾小球毛细血管内微血栓形成以及肾皮质严重缺血等变化。

（2）急性肺功能衰竭　休克早期，肺脏功能由于呼吸中枢的兴奋性增强，而呈现呼吸加快、加深；到休克中晚期，因肺微循环淤血、缺氧及酸中毒，发生肺淤血、水肿、血栓形成而导致急性呼吸衰竭，称为休克肺。眼观肺脏体积明显肿大，质量增加，为正常肺3~4倍，表面湿润，有光泽，呈紫红色，被膜上有小点状出血。切面呈暗红色，间质湿润增宽，支气管内有白色或淡红色泡沫样液体。镜检可见肺淤血、水肿、出血，局部肺不张、微血栓及肺泡内透明膜形成。

（3）急性心功能衰竭　除心源性休克外，其他类型休克的早期，由于受到血液的重新分配，心、脑等生命重要器官的血液供应得到保障，心脏功能呈现代偿性增强。但到休克后期，由于有效循环血量的急剧减少，冠状动脉的血液供应也急剧减少，导致心肌的供血供氧不足，使心肌发生急性缺血，而引起急性心功能衰竭的发生。患病动物表现为心收缩力减弱，心律加快或失常，心外膜下小血管淤血怒张，充满暗紫红色血液，心肌发生变性和坏死。

（4）胃肠与肝功能障碍　休克时由于有效循环血量的减少，胃肠和肝脏的血液灌流量也减少，故可引起胃肠与肝功能障碍的发生。休克时，引起肝细胞缺血、缺氧。肝表现严重淤血，病程较长者伴有肝细胞的变性和坏死，形成"槟榔肝"。休克早期，胃肠由于微血管痉挛而发生缺血、缺氧，到中、晚期转变为淤血，甚至血流停滞，肠壁发生淤血、水肿、出血和黏膜糜烂。一方面使消化、吸收与排泄功能紊乱；另一方面由于黏膜损伤，容易引起菌血症、毒血症和自体中毒。胃肠表现淤血、出血，肠道内出现多量血样液体。

（5）中枢神经功能障碍　休克早期由于血液的重新分配，使脑组织的血液供应得到保障，患病动物常因轻度脑充血而表现兴奋不安。到休克晚期，由于有效循环血量的急剧减少，加上脑组织微循环发生弥散性血管内凝血，脑组织的血液灌流量也急剧减少，而引起脑组织的缺血、缺氧，使中枢神经功能由兴奋转为抑制状态。患病动物表现精神沉郁，反应迟钝，甚至昏迷。此外，患病动物还可因脑血管通透性升高而发生脑水肿和颅内压升高，使神经功能障碍症状更为严重。当大脑皮层的抑制逐渐扩散到下丘脑、中脑、脑桥和延髓的心血管中枢和呼吸中枢时，可不断加重休克，直至引起心跳和呼吸停止而致死亡。

（六）休克的防治原则

1. 积极治疗原发病

积极防治引起休克的原发病，去除休克的原发病因，如止血、镇痛、控制感染、输液、抗过敏等。

2. 改善微循环

（1）补充血容量　"需多少、补多少"，补充丧失的体液。

（2）使用血管活性药物　在补充血容量的同时，使用血管活性药物。血管活性药物有收缩血管为主的和扩张血管为主的两类药物。在休克治疗中选用何种血管活性药物，应根据休克的性质、发展阶段和临床表现而定。在充分扩容的基础上，应用血管扩张药。当血压过低又不能立即扩容时，可暂先使用血管收缩药，提高血压，保证心脑血液灌流。如对过敏性休克、神经源性休克等适当应用缩血管药物，以纠正血容量的相对不足。

（3）纠正酸中毒　代谢性酸中毒是休克时缺血、缺氧的必然结果，同时代谢性酸中毒也是促进休克发展的重要因素。纠正酸中毒多采用补充血容量，改善肾功能，恢复机体对酸碱平衡的调节能力，严重者可适当应用碳酸氢钠等碱性药物。

3. 细胞保护剂的应用

休克时细胞损伤有的是原发的，有的是继发于微循环障碍之后的。改善微循环是防止细胞损伤的措施之一。此外，细胞保护剂的应用，可有效防止细胞的损伤，如用糖皮质激素保护溶酶体膜；用山莨菪碱除能保护细胞膜外，还能抑制内毒素对细胞的损伤，是一种很有效的细胞保护剂。

4. 防止器官功能衰竭

根据情况采取强心、利尿、给氧等多种不同的措施，使用抗凝剂、纤溶酶、抗激肽、前列腺素等药物。休克是一种危及全身性的病理过程，对休克动物应及早预防，及早诊断，采用多方面综合措施，治疗越早，预后越好。

项目思考

1. 常见的病理性充血有哪些？
2. 简述肝淤血、肾淤血的病理变化。
3. 出血可分为哪几类？其病理变化有哪些？
4. 简述血栓形成的条件及形成过程。
5. 简述栓子运行的途径。
6. 梗死可分为哪几类？其镜检特点有哪些？
7. 简述弥漫性血管内凝血对机体的影响。
8. 休克可分为哪几期？其特点有哪些？

项目四 组织和细胞的损伤

本项目主要介绍了常见组织和细胞损伤的病理表现形式及其概念、类型、病因、机制、病变特点和结局,通过学习能够运用各种组织和细胞损伤的病理变化特点分析疾病中出现组织和细胞损伤的发生、发展过程。

子项目一 变性

项目目标

1. 理解变性的概念及分类。
2. 掌握细胞肿胀、脂肪变性、脂肪浸润、玻璃样变性、淀粉样变性、黏液样变性和纤维蛋白样变性的概念、原因、机制及结局。
3. 掌握变性的病理变化并能够识别大体病变和组织学变化特点。

知识准备

变性指在细胞或细胞间质内出现异常物质或正常物质数量增多的现象,并伴有不同程度的物质代谢障碍和功能活动障碍。变性一般是可复性的过程,当病因消除之后,发生变性的细胞组织的结构和功能可以恢复正常,但严重的变性可发展为坏死。

变性可分为细胞含水量异常和细胞及间质内物质异常沉积两大类。常见的细胞变性有细胞肿胀、脂肪变性和玻璃样变性等;细胞间质变性有黏液样变性、玻璃样变性、淀粉样变性和纤维蛋白样变性等。

（一）细胞肿胀

1. 概念

细胞肿胀指细胞内水分增多，胞体增大，胞浆内出现细微颗粒或大小不等的水泡。常见于心、肝、肾等实质器官的实质细胞，也可见于皮肤和黏膜的被覆上皮细胞。属于一种常见的细胞变性。

【2019年执业兽医资格考试真题】细胞内水分增多，胞体增大，胞浆内出现微细颗粒或大小不等的水泡称为（ ）

A. 脂肪变性　　　　　B. 黏液样变性　　　　C. 淀粉样变

D. 透明变性　　　　　E. 细胞肿胀

2. 发生原因及机制

引起细胞肿胀的原因有机械性损伤、细菌及病毒感染、缺氧、缺血、中毒、脂肪过氧化、免疫反应、电离辐射等。由于病因不同，其机制也不同，凡能改变细胞的离子浓度和水平衡的各种原因均可引起细胞肿胀。

以上发病原因可直接损伤细胞膜的结构，也可破坏线粒体的氧化酶系统，使三羧酸循环和氧化磷酸化发生障碍，引起ATP生成减少，细胞膜钠-钾泵功能障碍，导致细胞内钠离子增多，而进入细胞内的水分也增多，结果细胞因此肿胀。线粒体和内质网等细胞器也因进入大量水分而肿胀和扩张，甚至形成囊泡。

【2011年执业兽医资格考试真题】与细胞水肿发生无关的是（ ）

A. 细胞内线粒体受损　　　　　B. 脂肪酸的氧化

C. 细胞膜的钠-钾泵功能障碍　　D. 三羧酸循环障碍

E. ATP生成减少而致细胞能量供应不足

【2013年执业兽医资格考试真题】细胞肿胀的常见原因不包括（ ）

A. 细菌感染　　　　　B. 全身性营养不良　　　C. 中毒

D. 缺血　　　　　　　E. 缺氧

3. 病理变化

发生细胞肿胀的器官眼观体积肿大、边缘变钝、被膜紧张、切面隆起、切缘外翻、色泽变淡、透明度降低。根据显微镜下的病变特点不同可分为颗粒变性和水泡变性，两种变性发生机制相同，只是病变程度不同，是一个病理过程中的不同发展阶段。

（1）颗粒变性　是组织细胞最轻微、最常见的一种细胞变性，也是细胞肿胀的早期，以实质细胞内出现大量蛋白质颗粒为特征的变性。其主要特征是变性细胞肿大，胞质内出现微细的淡红色颗粒。胞核无明显变化或核淡染。颗粒变性主要发生于心、肝、肾等实质器官，肉眼观察器官肿大、浑浊、失去原有光泽，呈土黄色，似沸水烫过一样，又称混浊肿胀或实质变性。

肝颗粒变性时细胞肿大，互相挤压，使肝细胞索之间毛细血管呈闭锁状态，眼观肝灰黄色，是变性和贫血的结果。肾颗粒变性时肾小管上皮细胞肿大，管腔变小、不规则或闭塞，毛细血管因受挤压而贫血。心颗粒变性时心肌纤维肿胀变粗，横纹消失，原纤维间可见颗粒物，胞浆淡染、着色不均。眼观色淡灰黄、无光泽、如沸水煮过样，心室壁最明显，很少波及整个心肌。

（2）水泡变性　又称为水样变性或空泡变性，是胞浆内出现水泡为特征的细胞肿胀。主要特征是变性胞浆、胞核内出现大小不一的水泡，使整个细胞呈现蜂窝状或网状。变性严重时，小水泡可以相互融合成大水泡，细胞核悬浮于中央或偏于一侧，胞核内出现空泡，细胞肿大如气球状，又称为气球样变。主要发生于皮肤及黏膜上皮，而实质器官的空泡通常是由颗粒变性转化而来的。神经细胞中神经节细胞、白细胞及肿瘤细胞也可发生水泡变性。

4. 结局

细胞肿胀是最常见的病理变化，是一种可复性过程。当病因消除后，细胞结构和功能即恢复正常，对机体影响不大。若病因不能及时消除而持续作用，可使细胞损伤加剧，导致细胞由肿胀变性发展为坏死。

（二）脂肪变性

1. 概念

脂肪变性指细胞的胞浆内出现大小不等的游离脂肪滴，简称脂变。其特点是细胞质内出现了正常时在光镜下看不见的脂肪滴或胞质内脂肪滴增多。电镜下可见脂滴形成于内质网中，为有膜包绕的圆形均质小体，称为脂质小体。脂滴刚形成时很小，随后可逐渐融合为较大脂滴，可在光镜下观察到，此时脂滴为无膜包绕而游离于胞浆中。脂肪变性往往和颗粒变性同时或先后发生于心、肝、肾等代谢旺盛、耗氧多的实质器官，其中以肝脂肪变性最为常见。

【2012年执业兽医资格考试真题】脂肪变性是指（　　）
A. 组织内出现脂肪细胞　　　　B. 脂肪细胞内脂肪滴增多
C. 脂肪组织中脂肪细胞增多　　D. 组织内脂滴增多或脂肪细胞增多
E. 正常不见脂滴的细胞内出现脂滴，或胞浆内脂肪滴增多

脂滴是正常细胞结构中的胞浆内含物之一，还有一些脂类与蛋白质结合成脂蛋白而存在于胞浆中。脂滴以极小的微粒散布于细胞浆内，光镜下是看不见的，只有在电镜下才能见到。在病理情况下，细胞受病因作用下，导致细胞脂肪代谢发生障碍，而使细胞浆内脂类积聚。

脂滴的主要成分为中性脂肪（甘油三酯）、磷脂及胆固醇等。石蜡切片中，脂滴因被酒精、二甲苯等脂溶剂所溶解而呈圆形空泡状，此时不易与水泡变性

相区别，可进行冷冻切片用苏丹Ⅲ、苏丹黑或锇酸等能溶于脂肪的染料来染色，苏丹Ⅲ或油红可将脂滴染为橘红色、苏丹Ⅳ可将脂滴染为红色、苏丹黑及锇酸可将脂滴染为黑色。

【2015年执业兽医资格考试真题】病死犬，肾脏组织病理学观察可见肾小管上皮细胞内有大小不一的空泡，油红染色呈橘红色，此病变为（　　）
A. 气球样变　　　　B. 水泡变性　　　　C. 颗粒变性
D. 脂肪变性　　　　E. 透明变性

2. 发生原因及机制

引起脂肪变性的原因有感染、中毒、缺氧、饥饿、营养物质缺乏等。

常见发生原因可引起细胞内物质代谢障碍，酸性代谢产物大量蓄积，导致线粒体膨胀、崩解，线粒体中与蛋白质结合的脂肪发生分离并聚积，故在细胞内出现脂肪滴。

3. 病理变化

眼观在轻度或病初时，器官的变化不明显，仅见器官的色彩稍显黄色。严重脂肪变性时，器官体积肿大、边缘钝圆、被膜紧张、表面光滑、质地松软易碎、切面微凸起、呈黄褐色或土黄色、组织结构模糊、触之有油腻感、重量减轻。肝脂肪变性并伴发淤血时，肝脏切面由暗红色的淤血部分和黄褐色的脂肪变性部分相互交织，形成类似槟榔切面的花纹色彩，称为"槟榔肝"。由于发生原因不同，脂肪变性在肝小叶中发生的部位也不同，脂肪变性主要发生在肝小叶的边缘区，称为周边性脂肪变性；脂肪变性主要发生在肝小叶的中央区，称为中心性脂肪变性；严重的脂肪变性时，其肝细胞弥漫分布于整个肝小叶，使肝小叶的正常结构消失，与脂肪组织相似，称为脂肪肝。心脂肪变性时，在心外膜下和心室乳头肌及肉柱的静脉血管周围，可见灰黄色的条纹或斑点分布在色彩正常的心肌之间，呈黄红相间的虎皮状斑纹，称为"虎斑心"。肾脂肪变性时体积增大，切面可见黄色条纹或斑纹。

肝脂肪变性时，光镜下可见肝细胞的胞浆内出现大小不等的脂肪空泡，初期空泡较小，多见于核的周围，随着病变发展，小空泡可融合成大空泡，将肝细胞胞核挤向一侧，类似脂肪细胞形状或戒指形状。心肌脂肪变性时光镜下可见脂肪小滴呈串珠状排列在心肌肌原纤维之间，电镜下可见脂滴主要位于肌原纤维附近或线粒体分布区，肌纤维闰盘被遮盖，胞核呈退行性变化。肾脂肪变性时镜检可见脂滴主要在肾小管上皮基底部，严重时散布于整个细胞质，肾小管上皮刷状缘消失。

【2010年执业兽医资格考试真题】"槟榔肝"的发生是由于（　　）
A. 肝淤血伴随肝细胞坏死　　　　B. 肝淤血伴随胆色素沉着
C. 肝淤血伴随淀粉样物质沉着　　D. 慢性肝淤血伴随肝细胞脂肪变性

E. 慢性肝淤血伴随肝细胞颗粒变性

【2010年执业兽医资格考试真题】某肉鸡场病死鸡，剖检见营养状况良好，肝脏肿大，颜色淡黄、油亮，切面结构模糊，有油腻感，质脆如泥。

①该鸡肝脏的病变为（　　）

A. 脂肪变性　　　　　B. 颗粒变性　　　　　C. 淀粉样变
D. 脂肪浸润　　　　　E. 玻璃滴样变

②将此肝脏作石蜡切片，HE染色后，镜下可见肝细胞内有（　　）

A. 红染团块　　　　　B. 红染条索　　　　　C. 红染小颗粒
D. 均质红染圆滴　　　E. 大小不一的空泡

③若将肝脏作冷冻切片，证明该病变应采用（　　）

A. PAS染色　　　　　B. 苏丹Ⅲ染色　　　　C. 刚果红染色
D. 普鲁蓝染色　　　　E. 甲苯胺蓝染色

【2014年执业兽医资格考试真题】"槟榔肝"是指慢性肝瘀血伴发肝细胞（　　）

A. 玻璃样变　　　　　B. 脂肪变性　　　　　C. 颗粒变性
D. 水泡变性　　　　　E. 淀粉样变

4. 结局

脂肪变性是一种可复性的病理过程，当病因消除，物质代谢恢复正常后，细胞结构能够完全恢复。严重的脂肪变性则可进一步导致细胞死亡。由于发生原因和变性的程度不同，脂肪变性所产生的影响也不一致。有些只引起轻微的功能障碍，有些可造成严重的后果。如肝脏脂肪变性，可导致肝糖原合成和解毒功能降低；心肌的脂肪变性，使心肌收缩力减弱，则可引起全身血液循环障碍和缺氧等一系列功能障碍。

（三）脂肪浸润

1. 概念

脂肪浸润又称间质性脂肪浸润，指脂肪细胞出现在正常不含脂肪细胞的器官间质内。常发生于心脏、胰腺、骨骼肌等组织器官。

2. 发生原因及机制

脂肪浸润常见于老龄和肥胖动物，老龄动物可能是由于间质细胞处理循环脂肪的功能降低引起的；肥胖动物由于肌肉组织萎缩，被大面积脂肪组织浸润。

3. 病理变化

心肌脂肪浸润时眼观可见心内膜下方的脂肪组织沉着区，而心脏在外观上出现假性肥大，镜检心肌纤维间出现脂肪组织，脂肪细胞排列于心肌细胞之间，成片状或条状分布，心肌纤维可因受压迫而引起萎缩。

【2017 年执业兽医资格考试真题】心脏发生脂肪浸润时，脂肪细胞出现于（　　）

　　A. 心内膜内　　　　B. 心肌原纤维内　　　C. 心肌细胞内
　　D. 心肌细胞之内　　E. 心脏血管内

4. 结局

脂肪浸润一般对器官功能不造成影响，但生命重要器官发生脂肪浸润时，即使程度较轻，也会累及器官功能的正常发挥，甚至容易引起器官的功能衰竭。

（四）玻璃样变性

1. 概念

玻璃样变性又称为透明变性，指细胞质、血管壁和结缔组织内出现一种均质无结构的、红染的毛玻璃样、半透明蛋白样物质，即透明蛋白或透明素。根据病因及发生部位不同，可分为细胞内、血管壁和纤维结缔组织玻璃样变性三种。

2. 发生原因及机制

（1）细胞内玻璃样变性　又称为细胞内透明滴样变，指在变性细胞（胞质）内出现大小不一、均质红染的玻璃样圆形小滴。常见于肾小球肾炎，肾小管上皮细胞内常发生此种变性。光镜可见，肾小管上皮细胞胞质中出现大小不一、红染的玻璃样圆形小滴。一是由于肾小管上皮细胞本身变性所产生的，二是由于肾小球在炎症情况下，其血管壁的通透性增大，使大量血浆蛋白渗入原尿进入肾小管，并被肾小管上皮细胞吞饮，在细胞中形成透明蛋白。当变性的上皮细胞被破坏时，透明蛋白即游离在肾小管腔内，并相互融合凝集成透明管型。

【2015 年执业兽医资格考试真题】病死犬，死前出现蛋白尿，肾脏组织病理学观察可见肾小管上皮细胞内有大小不一、均质红染的滴状物，此病变为（　　）

　　A. 气球样变　　　　B. 水泡变性　　　　C. 颗粒变性
　　D. 脂肪变性　　　　E. 透明变性

（2）血管壁玻璃样变性　常见于心、脾、肾等器官的小动脉管壁。血管壁透明变性有急性和慢性变化两个过程。急性变化的特征是平滑肌纤维变性、管壁坏死和大量血浆蛋白渗出并浸润在血管壁内。慢性变化为急性变化的修复过程，最终可导致动脉硬化。血管壁玻璃样变性是由于血管内皮受损导致内膜通透性增高，血浆蛋白渗入内膜，甚至渗入整个中膜或血管壁；同时由于血管内皮受损，引起中膜营养不良，最终导致中膜平滑肌纤维发生变性、坏死。

（3）纤维结缔组织玻璃样变性　常见于慢性炎症、瘢痕组织、纤维化的肾小球、动脉粥样硬化的纤维性斑块、硬性纤维瘤等。纤维结缔组织玻璃样变性可能是在纤维瘢痕老化过程中，原胶原蛋白分子之间交联增加，胶原纤维互相融合，其间夹杂积聚较多的蛋白，形成所谓的透明样物质。或是由于缺氧、炎症等原因造成组织营养障碍、局部组织 pH 降低或温度升高，使纤维组织中的胶原蛋白变性沉淀，变成明胶，致使胶原纤维肿胀、变粗并相互融合成为均匀一致、无结构的半透明状态。

3. 病理变化

（1）细胞内玻璃样变性　光镜下可见浆细胞内有椭圆形、红染、均质的玻璃样小体，称 Russell 小体（复红小体），胞核多被挤向一侧。电镜下可见这种小体由密集的细丝构成，可能由细胞内微管和微丝发生改变所引起的。

（2）血管壁玻璃样变性　镜检可见，动脉中膜或整个动脉壁呈现均匀一致的无结构红染物。这种变性的形成是由于致病因子直接作用于血管内膜，使血管内皮受损，血管内膜通透性增高所致；高血压时，由于小动脉持续性痉挛，内膜通透性增高。

（3）纤维结缔组织玻璃样变性　眼观为灰白半透明状，质地坚实，缺乏弹性。光镜可见纤维细胞明显减少，胶原纤维增粗并互相融合成为梁状、带状或片状的半透明均质物，失去纤维性结构。

4. 结局

轻度变性可吸收，组织可恢复正常；变性严重时，不能完全吸收，变性组织易形成钙盐沉着而引起组织硬化。小动脉玻璃样变性时，管壁增厚、变硬，管腔狭窄甚至闭塞，即小动脉硬化症，可导致局部组织缺血和坏死。血管硬化若发生在重要器官时，可造成严重后果。

（五）淀粉样变性

1. 概念

淀粉样变性又称为淀粉样变或淀粉样物质沉积症，指在某些组织内出现淀粉样物质沉着的病变。这种沉着物在化学成分上属糖蛋白，新鲜组织遇碘时被染成红褐色，再滴加 1%硫酸溶液又变成蓝紫色，故称为淀粉样物质。

2. 发生原因及机制

淀粉样变性多发生于长期伴有组织破坏的慢性消耗性疾病和慢性抗原刺激的病理过程，如慢性化脓性炎症、结核、骨髓瘤、鼻疽以及供制造高免血清的马匹等。

一般认为淀粉样变性的发生与全身免疫反应有关，是机体免疫系统功能障碍的表现。淀粉样物质是蛋白质代谢障碍的一种产物，是由网状内皮细胞所产生。当组织发生淀粉样变性时，在病灶中可以看到不典型的网状细胞，故称为淀粉样蛋白细胞，它能合成异常的蛋白质。

3. 病理变化

淀粉样变常发生于脾、肝、肾和淋巴结等器官，早期病变，眼观不易辨认，在镜检下才能发现。

(1) 脾脏淀粉样变性　眼观脾脏体积增大、质地稍硬、切面干燥。淀粉样物质沉着在淋巴滤泡部位，呈半透明灰白色颗粒状，外观如煮熟的西米，俗称"西米脾"。如淀粉样物质弥漫地沉积在红髓部分，呈不规则的灰白色区，没有沉着的部位仍保留脾髓固有的暗红色，红白相互交织成火腿样花纹，俗称"火腿脾"。镜检中央动脉壁、脾髓细胞之间及网状纤维上有多量淀粉样物质呈不规则形条索、云朵或团块状，淡红色，沉着部位淋巴细胞减少或消失。

(2) 肾脏淀粉样变性　眼观肾脏体积增大、色泽变黄、表面光滑、被膜易剥离、质脆。镜检可见淀粉样物质主要沉着在肾小球毛细血管基底膜上，在肾小球内出现粉红色的团块状物质，严重时肾小球完全被淀粉样物质所取代。有时肾小管基膜上也有沉着。

(3) 肝脏淀粉样变性　眼观肝脏肿大、呈灰黄色或棕黄色、质地易碎，常有出血斑点，切面结构模糊似橡皮样或类似脂肪变性的肝脏、但无光泽。镜检可见淀粉样物质主要沉着在肝细胞索和窦状隙之间的网状纤维上，形成粗细不等的粉红色条索状或毛刷状。严重时，肝细胞受压萎缩消失，甚至整个肝小叶全部被淀粉样物质取代。

4. 结局

淀粉样变性在早期，如及时消除病因后，淀粉样物质可被吸收清除，病变可以恢复。但淀粉样变性是一个进行性过程，因淀粉样物质分子很大，对吞噬细胞的吞噬作用和蛋白酶分解作用有很强的抵抗力，以致单核-吞噬细胞系统不能有效地将其清除。肝发生淀粉样变性时，可引起肝功能下降，严重时造成肝破裂。肾小球淀粉样变性时，可使血浆蛋白大量外漏，造成肾小球闭塞而导致肾小球滤过率下降，引起尿毒症。

(六) 黏液样变性

1. 概念

黏液性变样指细胞间质内出现类黏液样物积聚的一种病变。类黏液是体内的一种黏液物质，由结缔组织细胞产生，为蛋白质与黏多糖的复合物。类黏液常见于关节囊、腱鞘的滑囊和胎儿的脐带处。

2. 发生原因及机制

黏液样变性常见于间叶性肿瘤、急性风湿病时的心血管壁及动脉粥样硬化的血管壁。大的乳腺混合瘤时，肿瘤的间质也呈现黏液样变性的病变。

黏液样变性可能是由于甲状腺功能低下时，甲状腺素分泌减少，使透明质酸酶的活性降低，导致构成类黏液的主要成分之一的透明质酸的降解减弱，进而大量潴积于组织内，引起黏液样变性。

3. 病理变化

结缔组织黏液样变性时，眼观处失去原有的组织结构，变成透明、黏稠的黏液样结构。光镜下可见病变处的结缔组织间质变疏松，有淡蓝色的黏液样物质积聚，其中散在一些多角形、星芒状纤维细胞，这些细胞间有突起相互连接。

4. 结局

当病因消除后黏液样变性可以逐渐消退，但如果长期存在，则可引起纤维组织增生而导致组织硬化。

（七）纤维蛋白样变性

1. 概念

纤维蛋白样变性指间质胶原纤维及小血管壁的一种病理变化。其病变特点是发生变性部位的组织结构被破坏，变成一堆界限不清晰的颗粒状、小条或团块状无结构的物质，呈强嗜酸性红染，纤维蛋白样物质。发生变性的胶原纤维断裂、崩解为碎片，受侵小血管壁的结构也严重遭破坏，它实质上是组织坏死的一种表现，故又称为纤维蛋白样坏死。

2. 发生原因及病理变化

纤维蛋白样变性主要发生于急性风湿病，与变态反应有关。如牛的恶性卡他热、猪胶原病等某些病毒感染所引起的结节性动脉周围炎即是典型的纤维蛋白样变性。在病变早期，结缔组织基质中的黏多糖增多，以后纤维崩解为碎片，从而失去原来的组织结构而变为纤维蛋白样物质。病变部位还有免疫球蛋白沉着，有时还有纤维蛋白增多，这种变化可能是由于抗原抗体反应时形成的生物活性物质使间质受损、胶原纤维崩解所致。同时，附近的小血管也可受损，发生通透性升高、血浆蛋白渗出，并在组织凝血酶的作用下，使血浆纤维蛋白原转化为纤维蛋白。

〔技能训练〕

变性的病理学观察

1. 准备工作

动物病理实验室，各组织或器官变性的大体标本、病理组织切片，显微镜，多媒体教学设备。

2. 训练方法

①对常见组织或器官变性的大体标本进行识别。

②能够识别常见组织或器官变性的病理组织切片。

将学生分为每组 5 人，以小组为单位进行训练，每组的成员在训练的过程中互帮互助并互相之间进行逐项考核，最后老师对各组进行抽考，以提高技能训练的效果。

变性的考核项目见表 4-1。

表 4-1　　　　　　　　考核项目六　变性

单项内容	考核标准	标准分	得分
变性大体标本的识别	对 10 种常见变性标本进行识别，每错一个扣 4 分	40	
变性病理组织切片的识别	对 10 种常见变性病理组织切片进行识别，每错一个扣 6 分	60	
合计		100	

考核人：_____　　指导教师：_____　　　　　　日期：___年___月___日

3. 归纳总结

变性在临床诊断中比较常见，可以单独出现也可和其他病理症状一起出现。我们要根据出现的病理变化及组织学特点进行区分识别并分析其产生的病因，最终对疾病的诊疗提供帮助。本次技能训练主要掌握颗粒变性、水泡变性、脂肪变性、脂肪浸润、玻璃样变性、淀粉样变性、黏液样变性和纤维蛋白样变性的病理变化及组织学特点。

4. 实验报告

绘制出常见组织或器官变性的病理组织图片并标注其病变特点。

子项目二　坏死与细胞凋亡

项目目标

1. 理解坏死和细胞凋亡的概念及区别。
2. 掌握坏死的病因、机制、类型、结局及其对机体的影响。
3. 掌握坏死的病理变化并能够识别大体病变和组织学变化特点。

> 知识准备

（一）坏死和细胞凋亡的概念

坏死指活体内局部细胞组织的病理性死亡过程。坏死是细胞组织内在致病因子的作用下发生物质代谢停止、功能丧失并出现一系列形态学改变，是一种不可逆的病理变化。坏死和机体死亡的概念不同，机体死亡指心跳、呼吸停止，进入不可恢复状态，但刚死亡的机体内许多组织仍然存活，所以这些组织、器官可用于器官移植或培养。坏死除少数是由强烈致病因子作用而造成组织的立即死亡外，大多数坏死是在变性的基础上逐步发展起来的，是一个由量变到质变的渐进过程，故称为渐进性坏死。

细胞凋亡指在一定的生理或病理条件下，为了维持机体内环境的稳定，由基因控制的细胞自主的、有序性的死亡过程，是一种主动的由基因决定的细胞自我破坏的过程，又称为程序性细胞死亡或基因调控的细胞自杀。

【2014年执业兽医资格考试真题】细胞发生程序性死亡时可见到的特征性结构是（　　）

A. 核固缩　　　　　　B. 核碎片　　　　　　C. 核小体
D. 残余小体　　　　　E. 凋亡小体

【2018年执业兽医资格考试真题】细胞坏死是（　　）

A. 能形成凋亡小体的病理过程
B. 有基因决定的细胞自我死亡
C. 不可逆的过程
D. 可逆的过程
E. 细胞器萎缩的过程

（二）坏死和细胞凋亡的区别

坏死和细胞凋亡是两种截然不同的细胞学现象。二者的主要区别是：坏死指活体动物机体内局部组织细胞的病理性死亡，它是极端的物理、化学因素或严重的病理性刺激引起的细胞损伤和死亡；细胞凋亡不是被动的过程，而是一种主动的细胞自我破坏过程，它涉及一系列基因的激活、表达以及调控等作用，它并不是病理条件下自体损伤的一种现象，而是为了更好地适应生存环境而主动采取的一种死亡过程。坏死和细胞凋亡的区别（表4-2）。

表 4-2　　　　　　　　　　　坏死和细胞凋亡的区别

	项目	坏死	细胞凋亡
形态特征	分布特点	多为连续大片细胞和组织	多为单个散在性细胞
	细胞膜	完整性受破坏	保持完整性
	细胞体积	肿胀变大	固缩变小
	细胞器	肿胀、破裂，酶等外漏	保持完整，内容物无外漏
	核染色质	分散凝集，呈絮状	边集于核膜下，呈半月形
	凋亡小体	无（细胞破裂、溶解）	有
	炎症反应	有	无
机制特征	诱导因素	病理性因素所引起	生理、病理性因素均可引起
	死亡过程	被动地、呈无序状态的发展	主动地、由级联基因表达调控进行
	蛋白合成	无	有 RNA 和蛋白质合成
	DNA 降解	无规律，一般片段较大，电泳上不见阶梯状谱带特征，多呈涂抹状	有规则，为 180~200bp 整数倍的片段，电泳上呈特征性阶梯状谱带

（三）坏死的病因及机制

坏死的病因多种多样，任何致病因素只要其作用达到一定强度和时间，都能使细胞组织的物质代谢完全停止，而引起坏死。

1. 缺氧

局部缺氧多见于缺血，使细胞的有氧呼吸、氧化磷酸化和 ATP 合成发生严重障碍，导致细胞死亡。

2. 生物性因素

各种病原微生物、寄生虫及其毒素都能直接破坏细胞内酶系统、代谢过程和膜结构，或通过变态反应引起细胞、组织的坏死。

3. 化学性因素

强酸、强碱和各种毒物均可引起坏死。其作用机制多种多样，包括直接损伤组织细胞、使细胞蛋白质变性、破坏酶的活性等。

4. 物理性因素

机械性、高温、低温、射线等致病因素均可直接损伤细胞引起坏死，机械力的直接作用可引起组织断裂和细胞破裂；高温使细胞内蛋白质变性；低温使细胞内水分结冰，破坏胞浆胶体结构和酶的活性；射线能破坏细胞的 DNA 或与 DNA 有关的酶系统，从而导致细胞死亡。

5. 一些抗原物质

抗原物质指能引起变态反应并导致细胞、组织坏死的各种抗原，包括外源性抗原和内源性抗原。如弥漫性肾小球肾炎是由外源性抗原引起的变态反应，此时抗原与抗体结合形成免疫复合物并沉积于肾小球，通过激活补体、吸引嗜中性粒细胞、释放其溶酶体酶，可导致基底膜破坏、细胞坏死和炎症反应。

（四）坏死的基本病理变化

1. 细胞核的变化

细胞核的变化是判断细胞坏死的主要形态学标志，其表现有核浓缩、核碎裂和核溶解三种形式（图4-1）。

（1）核浓缩　由于核染色质中核蛋白的分解作用、DNA游离、核脱水，导致细胞核染色质凝聚、嗜碱性增加、核膜皱缩，使其表现为核质减少、体积缩小、染色加深、呈深蓝染，并提示DNA停止转录。

（2）核碎裂　核染色质崩解为小块，先堆积于核膜下，当核膜破裂时核染色质呈许多大小不等、深蓝染的碎片分散在胞浆中。

（3）核溶解　由于染色质中的DNA和核蛋白被DNA酶和蛋白酶分解，使染色质溶解，结构模糊、甚至消失，胞核失去嗜碱性染色特性导致核染色变淡，或只见核的轮廓或残存的核影；当染色质中的蛋白质全部被溶解时，核便完全消失。

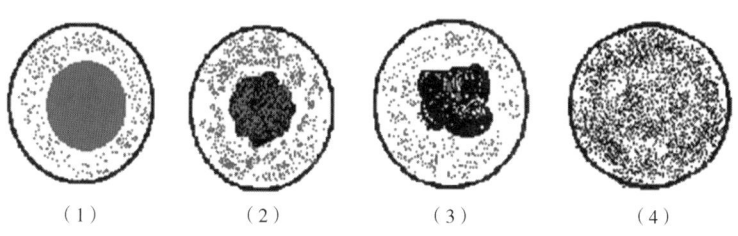

图4-1　细胞坏死时核的变化
（1）正常细胞　（2）核浓缩　（3）核碎裂　（4）核溶解消失

2. 细胞浆的变化

细胞坏死后由于胞浆内微细结构崩解而使胞浆碎裂成颗粒状。由于坏死细胞胞浆内嗜酸性物质解体而减少或丧失，胞浆吸附酸性染料伊红增多，故胞浆红染，即嗜酸性增强。有时胞浆水分脱失而固缩为圆形小体，呈强嗜酸性深红色，此时胞核也浓缩而后消失，形成所谓的嗜酸性小体，称为嗜酸性坏死。当含水分高时，胞浆液化和空泡化以至溶解。

3. 间质的变化

细胞坏死时间质内的基质发生解聚，胶原纤维、弹力纤维和网状纤维肿胀、崩解、断裂和液化，失去纤维结构。最后坏死的细胞核、细胞质和崩解的间质融合成一片颗粒状、无结构的红染物质。

（五）坏死的类型及特点

1. 凝固性坏死

凝固性坏死又称为干性坏死，指组织坏死后，水分减少，在坏死组织崩解时释放出的蛋白凝固酶的作用下，使组织蛋白发生凝固，形成灰白或灰黄色、干燥无光泽的凝固物。眼观，坏死组织肿胀，质地坚实、干燥且无光泽，坏死区和周围组织界限清晰，呈灰白或灰黄色，周围有暗红色的充血和出血带。光镜下观察到坏死组织在早期时仍保持着原来的结构轮廓，但实质细胞的精细胞结构已消失，胞核固缩、碎裂或溶解消失；后期胞质崩解并融合成一片淡红色、均质无结构的颗粒状物质。

（1）贫血性梗死　贫血性梗死是一种典型的凝固型坏死，常见于心、肝、肾等器官。组织、器官因动脉血流供应中断，侧支循环不能建立，引起局部组织缺血坏死。坏死区灰白色、干燥，早期肿胀，稍突出于脏器的表面，切面坏死区呈楔形、界限清楚。

（2）干酪样坏死　常见于结核分支杆菌、鼻疽杆菌等引起的坏死灶。凝固性坏死灶中含有较多脂肪，坏死组织质地松软易碎、外观呈灰白或黄白色、类似干酪样或豆腐渣样。镜检可见坏死组织的固有结构完全被破坏消失，细胞成分彻底崩解，融合成均质、红染的无定型结构，病死灶可见蓝染的颗粒状的钙盐沉着。

【2009年执业兽医资格考试真题】一奶牛长期患病，临床表现咳嗽、呼吸困难、消瘦和贫血等。死后剖检可见其多种器官、组织，尤其是肺、淋巴结和乳房等处有散在大小不等的结节性病变，切面有似豆腐渣样、质地松软的灰白色或黄白色物。

①似豆腐渣样病理变化属于（　　　）

A. 蜡样坏死　　　　B. 湿性坏死　　　　C. 干酪样坏死

D. 液化性坏死　　　E. 贫血性梗死

②该奶牛所患的病最有可能是（　　　）

A. 牛结核病　　　　B. 牛放线菌病　　　C. 牛巴氏杆菌病

D. 牛传染性鼻气管炎　E. 牛传染性胸膜肺炎

③进行病理组织学检查，似豆腐渣样物为（　　　）

A. 肉芽组织　　　　B. 寄生虫结节　　　C. 嗜中性粒细胞团块

D. 嗜酸性粒细胞团块　E. 无定型结构的坏死物

（3）蜡样坏死　常见于白肌病、牛气肿疽、霉稻草中毒、犊牛口蹄疫的心肌和骨骼肌等。坏死的肌肉组织肿胀，呈灰黄或白色，干燥坚实，无规则，外观类似石蜡样。镜下可见肌纤维膨胀、断裂、横纹消失,胞浆呈均质无结构的透明样物质。

2. 液化性坏死

液化性坏死又称为湿性坏死,指组织坏死时因蛋白水解酶的作用而分解使坏死组织变成液体状,常见于脑、脊髓等组织。主要发生于富含蛋白分解酶或富含水分和脂质的组织,以及有大量嗜中性粒细胞浸润的化脓性炎灶。例如,脓肿中有大量嗜中性粒细胞渗出,崩解后释放出蛋白分解酶,将坏死组织迅速分解成液体,与渗出液、细菌等组成脓汁。脑组织坏死后很快液化,呈半流体状,故称为脑软化。马镰刀菌毒素中毒、马霉玉米中毒和鸡维生素 E 及硒缺乏症均可引起小脑软化,均属于脑液化性坏死。眼观坏死组织为羹状软化灶,后逐渐溶解液化呈液状。光镜下可见神经组织液化形成镂空筛网状软化灶,进一步分解为液体。

【2009 年执业兽医资格考试真题】引起鸡小脑软化的病因是（　　）
A. 链球菌　　　　　B. 猪瘟病毒　　　　C. 食盐中毒
D. 维生素 D 缺乏　　E. 维生素 E-硒缺乏

【2011 年执业兽医资格考试真题】一群雏鸡发病,表现为贫血,运动障碍,姿势异常,腹下浮肿呈紫色,有的雏鸡突然死亡,对饲料分析发现其中维生素 E 含量过低。

①病理剖检,该病鸡脑部病变主要发生的部位是（　　）
A. 大脑　　　　　　B. 小脑　　　　　　C. 延脑
D. 中脑　　　　　　E. 间脑

②病鸡脑组织病理组织学检查,其病灶的主要病变为（　　）
A. 神经元变性　　　B. 化脓性脑炎　　　C. 凝固性坏死
D. 液化性坏死　　　E. 非化脓性脑炎

③引发病鸡脑组织损伤的主要机制是,致病因子降低了雏鸡的（　　）
A. 免疫功能　　　　B. 抗应激能力　　　C. 抗氧化能力
D. 脑组织的再生能力　E. 单核巨噬细胞的吞噬功能

【2019 年执业兽医资格考试真题】维生素 E 或硒缺乏可引起鸡小脑发生（　　）
A. 非化脓性脑炎　　B. 化脓性脑炎　　　C. 脑软化
D. 脑脊髓炎　　　　E. 脑膜脑炎

3. 坏疽

坏疽指组织坏死后受到外界环境的影响和不同程度的腐败菌感染引起的继发性的病理变化。坏疽外观呈灰褐色或黑色,这是由于腐败菌分解坏死组织产生的硫化氢与血红蛋白分解所产生的铁结合,形成黑色硫化铁而使组织呈黑色。坏疽可以分为干性、湿性和气性坏疽三种。

（1）干性坏疽 多发生于四肢末端、耳部和尾尖等体表部位。由于局部血液循环障碍及冻伤等引起局部组织缺血而发生凝固型坏死。局部坏死组织因水分不断蒸发而逐渐变得干燥、质地坚硬、表面皱缩，呈黑褐色。坏死区与健康组织之间有炎性反应带分隔，故边界清楚。最后坏死组织可从正常组织分离脱落。动物中常见的干性坏疽有慢性猪丹毒的皮肤坏疽和牛冻伤所致的耳部和尾尖皮肤坏疽等。

（2）湿性坏疽 又称为腐败性坏疽，多发生于与外界相通的内脏，也可见于动脉受阻同时伴有淤血水肿的体表组织的坏死。由于坏死组织含水较多，易受腐败菌入侵感染。眼观坏疽区局部肿胀，呈污灰色、暗绿色或黑色，有恶臭。因病程发展较快，炎症呈弥漫性发展，造成坏疽区与健康组织之间的无明显分界线。常见于肠变位、异物性肺炎、产后坏疽性子宫内膜炎和坏疽性乳腺炎等。

（3）气性坏疽 是湿性坏疽的一种特殊形式，多发生于深部开放性创伤时感染了厌氧菌（如产气荚膜杆菌、恶性水肿杆菌等）。细菌分解坏死组织时产生了大量气体（H_2S、CO_2、N_2），在坏死组织形成气泡，使坏死区呈蜂窝状或污棕黑色，指压时有捻发音。气性坏疽发展迅速，向周围和深部组织蔓延、扩散，其毒性产物吸收后可引起机体全身中毒而死亡。

【2017年执业兽医资格考试真题】一仔猪阉割后不久出现体温升高，伤口红肿，切开伤口见病变组织呈蜂窝样和污秽的棕黑色，手按有捻发音。此伤口局部的病变为（　　）

A. 干性坏疽　　　　　B. 湿性坏疽　　　　　C. 凝固性坏死
D. 液化性坏死　　　　E. 气性坏疽

（六）坏死的结局及对机体的影响

1. 反应性炎症

因坏死组织分解产物的刺激作用，在坏死区与周围活组织之间发生反应性炎症，表现为血管充血、浆液渗出和白细胞游出。眼观表现为坏死区局部的周围呈红色带，称为分界性炎。

2. 溶解吸收

坏死灶较小时，可被来自坏死组织本身或嗜中性粒细胞释放的蛋白分解酶分解、液化，由淋巴管、血管吸收，不能吸收的碎片由巨噬细胞吞噬和消化（图4-2）。小坏死灶可完全被吸收、清除；大坏死灶溶解后不易完全吸收，可形成含有淡黄色液体的囊腔。缺损的组织由坏死灶邻近的健康组织细胞再生或肉芽组织形成进行修复。

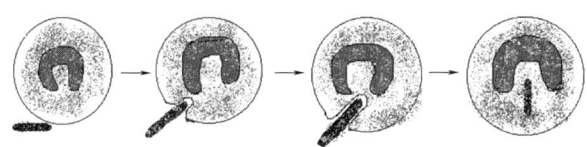

图 4-2 溶解吸收过程

3. 腐离脱落

在体表或与外界相通的组织器官发生坏死时，由于坏死组织周围的分界性炎，使坏死组织与健康组织逐渐分离、脱落，被排出体外，称为腐离，如慢性猪丹毒的大片皮肤坏死脱落。皮肤和黏膜的坏死组织脱落后，浅表性的坏死性缺损称为糜烂，较深的坏死性缺损称为溃疡。深在性组织坏死后形成的开口于皮肤黏膜表面时，深在性盲管称为窦道；两端开口的通道样坏死性缺损，称为瘘管。内脏坏死时，坏死组织液化后可沿自然管道排出，形成的空腔，称为空洞。溃疡和空洞后期可修复。

4. 机化、包囊形成和钙化

机化指坏死组织范围较大，不能完全被溶解吸收或腐离脱落，可由坏死组织周围新生的毛细血管及成纤维细胞组成的肉芽组织，逐渐取代坏死组织，最后形成瘢痕的过程。包囊形成指坏死组织不能被完全机化时，则由周围新生的肉芽组织将坏死组织包裹的过程。钙化指坏死灶出现钙盐沉着。如结核、鼻疽的坏死、陈旧的化脓灶等均易发生。

坏死组织的功能完全丧失。坏死对机体的影响取决于坏死的原因、发生部位、范围大小及机体的全身状态。坏死组织因其发生部位和范围不同，产生的影响也有差异。心脏和脑等重要器官的坏死，常导致动物死亡；一般器官的小坏死灶通常可通过相应健康组织的功能代偿而对机体不产生严重的影响。坏死组织中的大量有毒产物被吸收后可导致机体自身中毒。

【2011年执业兽医资格考试真题】关于坏死的结局，错误的描述是（　　）

A. 反应性炎症　　　B. 化生　　　　C. 腐离脱落
D. 溶解吸收　　　　E. 机化、组织包裹与钙化

【2016年执业兽医资格考试真题】坏死组织有新生肉芽组织吸收、取代的过程称为（　　）

A. 疤痕　B. 机化　C. 包囊形成　D. 钙化　E. 吸收

【2017年执业兽医资格考试真题】肺结核时，结核杆菌引起肺部损伤的结局不包括（　　）

A. 机化包围　　　　B. 不完全修复　　　C. 完全修复
D. 钙化　　　　　　E. 空洞形成

> 技能训练

坏死的病理学观察

1. 准备工作

动物病理实验室，各组织或器官坏死的大体标本、病理组织切片、显微镜，多媒体教学设备。

2. 训练方法

①对常见组织或器官坏死的大体标本进行识别。
②能够识别常见组织或器官坏死的病理组织切片。

将学生分为每组5人，以小组为单位进行训练，每组的成员在训练的过程中互帮互助并互相之间进行逐项考核，最后老师对各组进行抽考，以提高技能训练的效果。

坏死的考核项目见表4-3。

表4-3　　　　　考核项目七　坏死

单项内容	考核标准	标准分	得分
坏死大体标本的识别	对10种常见坏死标本进行识别，每错一个扣4分	40	
坏死病理组织切片的识别	对12种常见坏死病理组织切片进行识别，每错一个扣5分	60	
合计		100	

考核人：_____　指导教师：_____　　　日期：____年____月____日

3. 归纳总结

坏死在临床诊断中比较常见，可以单独出现也可和其他病理症状一起出现。我们要根据出现的病理变化及组织学特点进行区分识别并分析其产生的病因，最终对疾病的诊疗提供帮助。本次技能训练主要掌握凝固性坏死、液化性坏死和坏疽的病理变化及组织学特点。

4. 实验报告

绘制出常见组织或器官坏死的病理组织图片并标注其病变特点。

子项目三　病理性物质沉着

> 项目目标

1. 掌握病理性钙化的概念、原因、机制、病理变化、结局及对机体的影响。

2. 掌握含铁血黄素沉着的概念、原因、机制和病理变化。

3. 掌握黄疸的概念、分类、原因、机制、病理变化、结局及对机体的影响。

4. 了解卟啉症、炭末沉着和糖原沉着的概念、分类、机制及病理变化。

5. 掌握尿酸盐沉着的概念、分类、原因、机制、病理变化、结局及对机体的影响。

6. 掌握结石的概念、原因、机制、病理变化、结局及对机体的影响。

知识准备

（一）病理性钙化

1. 概念

病理性钙化指在除了骨和牙齿以外的组织内出现固态钙盐沉着的现象。沉积的钙盐主要是磷酸钙，其次为碳酸钙。病理性钙化可分为营养不良性钙化和转移性钙化两种。营养不良性钙化是由于局部组织发生变性或坏死造成局部组织理化环境发生改变而促使钙在局部组织析出和沉着。转移性钙化是发生在高血钙的基础上，当血液中钙离子浓度升高时，钙盐可沉着在多处健康的器官与组织中。

2. 原因及机制

（1）营养不良性钙化　在动物机体比较常见，是继发于局部变性、坏死组织和病理产物中的异常钙盐沉积。常见于各种类型的坏死组织、血栓、死亡的寄生虫、虫卵、玻璃样变或黏液样变的组织、死亡的细菌团块及其他异物或炎性产物。营养不良性钙化并无全身性钙磷代谢障碍，所以血钙不升高，仅钙盐在局部组织的析出和沉着。钙化的机制可能与局部碱性磷酸酶升高有关。

（2）转移性钙化　比较少见，由于全身性钙盐代谢障碍，血钙或血磷升高，使钙盐在机体多处健康组织上沉着所致。常见于甲状旁腺功能亢进、骨质大量破坏、维生素D摄入过多等。常发生于肺脏、肾脏、胃黏膜动脉管壁，可能与这些组织器官排酸后使其本身呈碱性状态有关。肾小管的钙化，还与局部钙、磷离子浓度有关。广泛性的转移性钙化称为钙化病。

【2010年、2015年执业兽医资格考试真题】动物发生转移性钙化时可以出现（　　）

A. 血磷不变　　　　B. 血钙不变　　　　C. 血钙升高
D. 血钙降低　　　　E. 血磷降低

【2016年执业兽医资格考试真题】转移性钙化病灶常见于（　　）
A. 心脏 B. 肝脏 C. 大脑
D. 脾脏 E. 肺脏

【2011年执业兽医资格考试真题】与肾转移性钙化发生有关的因素是（　　）
A. 甲状腺功能亢进 B. 甲状腺功能衰退 C. 甲状旁腺功能亢进
D. 甲状旁腺功能衰退 E. 维生素 D 减少

【2014年执业兽医资格考试真题】机体发生转移性钙化是由于（　　）
A. 高胆红素血症 B. 血钙浓度升高 C. 尿酸盐沉着
D. 磷酸铵镁沉着 E. 含铁血黄素沉着

3. 病理变化

病理性钙化表现程度与钙盐沉着量多少有关。钙盐沉着较少时眼观不容易辨认，在显微镜下才能识别。若钙盐沉着较多，病灶范围较大时，眼观可见钙化灶为坚硬的砂粒状或团块状，颜色呈白色石灰样。刀切时发出磨砂音，严重时刀切不开或使刀口轻卷、缺裂。光镜下观察 HE 染色切片时，钙盐呈蓝色颗粒状，开始时颗粒细，逐渐聚集成较大颗粒或片块。

4. 结局及对机体的影响

少量的钙化，有时可被溶解吸收，如鼻疽结节和寄生虫结节钙化。若钙化灶较大或钙化物较稳定时，则难以完全溶解吸收而成为机体内长期存在的异物，钙化灶可刺激周围结缔组织增生，并将其包裹。一般来说，营养不良性钙化是机体的一种防御适应性反应，可使病变局限化，固定和杀灭病原微生物，消除其致病作用。但是，钙化也有不利的一面，即不能使病变部的功能恢复，有时甚至给局部功能带来障碍。转移性钙化常给机体带来不良的影响。其中影响的大小取决于钙化发生的部位和范围，如血管壁发生钙化时，血管壁失去弹性变脆，影响血流，甚至导致血管破裂出血。

（二）病理性色素沉着

病理性色素沉着指组织中色素含量增多或原来不含色素的组织中有色素异常沉着。

组织中的色素通常分成两类：一类是内源性色素，由体内自己产生；另一类是外源性色素，系从外界进入体内。内源性的包括酪氨酸-色氨酸衍生的色素（如黑色素、肾上腺色素及嗜银物质）、血蛋白色素（如血红蛋白、含铁血黄素、卟啉和胆红素等）、富含脂肪的色素（如脂褐素和类蜡素）。外源性色素包括炭末、石末、铁末以及其他有机或无机的有色物质。

1. 含铁血黄素沉着

(1) 概念　含铁血黄素沉着指含铁血黄素在正常不该见到含铁血黄素的组织中出现和组织中含铁血黄素过多聚积的现象。含铁血黄素是一种含铁的棕黄色色素，是由铁蛋白微粒集结而成的非结晶性颗粒，呈金黄色或棕黄色并具有折光性的大小不等、形状不一的颗粒。它是单核-吞噬细胞系统的巨噬细胞吞噬红细胞后由血红蛋白衍生的，所以在肝、脾和骨髓内有少量含铁血黄素存在是正常现象。

(2) 原因及机制　含铁血黄素沉着可以是全身性的，也可以是局部性的。全身性的含铁血黄素沉着称为含铁血黄素沉着病。见于各种原因引起的大量红细胞破坏性疾病。循环血液中红细胞可以在血管内被破坏，也可以在肺、脾、淋巴结、骨髓、肾脏等器官内被巨噬细胞吞噬而破坏，在细胞酶的作用下，血红蛋白被分解为不含铁的橙色血质和含铁的含铁血黄素而沉着于组织内。

局部性含铁血黄素沉着见于出血性灶。在心衰竭时，因肺发生淤血，可有红细胞漏出于肺泡中，被肺巨噬细胞吞噬后形成含铁血黄素，从而使肺及支气管的分泌物呈淡棕色或铁锈色，这种出现在心衰竭者肺内和痰内的含有含铁血黄素的巨噬细胞称为心力衰竭细胞或心衰细胞。除心力衰竭者外，凡是肺内有出血的患者，肺内都可见到这种细胞，但此时不能称之为心力衰竭细胞，含铁血黄素由于含有高铁，故遇铁氰化钾及盐酸后出现蓝色反应，即普鲁士蓝反应阳性。

【2009年执业兽医资格考试真题】动物心力衰竭细胞中的色素颗粒是（　　）

A. 脂褐素　　　　　B. 黑色素　　　　　C. 胆红素
D. 细胞色素　　　　E. 含铁血黄素

【2018年执业兽医资格考试真题】"心力衰竭细胞"出现在（　　）

A. 心脏　　　　　　B. 肝脏　　　　　　C. 脾脏
D. 肺脏　　　　　　E. 肾脏

(3) 病理变化　含铁血黄素是一种黄棕色的色素，可溶于酸而不溶于碱、乙醇及醚，凡有此色素沉着的组织器官，都呈不同程度的黄棕色或金黄色。常见于富含巨噬细胞的组织器官，如脾、肝、淋巴结和骨髓等。含铁血黄素沉着的组织器官，除颜色变黄外，还有结节和硬化等病变。镜下HE染色切片中，可见病变组织和细胞内，尤其在巨噬细胞胞浆内有大量含铁血黄素颗粒沉着，呈棕黄色，大小不一的非结晶性颗粒状结构。用普鲁士蓝染色，含铁血黄素颗粒呈蓝色，细胞核呈红色。当巨噬细胞破裂后，此色素颗粒也可在组织间质中出现。

【2013年执业兽医资格考试真题】溶血性疾病时，脾脏HE染色切片中巨

噬细胞内出现的棕色颗粒是（　　）

　　A. 尿酸盐　　　　　B. 含铁血黄素　　　　C. 黑色素

　　D. 胆红素　　　　　E. 脂褐素

【2016年执业兽医资格考试真题】在普鲁士蓝染色的组织切片中，含铁血黄素颗粒呈（　　）

　　A. 黄色　　　　　　B. 红色　　　　　　　C. 蓝色

　　D. 绿色　　　　　　E. 紫色

2. 黄疸

（1）概念　黄疸指胆红素在血浆中浓度升高，造成高胆红素血症而引起的全身皮肤、巩膜和黏膜等组织黄染的现象。黄疸是临床上常见的一个重要体征，它是机体胆色素代谢障碍的反应。胆色素是血红素一系列代谢产物的总称，包括胆绿素、胆红素、胆素原和胆素。其中胆绿素是胆红素的前体，而胆素原和胆素是胆红素的产物。

【2012年、2018年执业兽医资格考试真题】黄疸时引起全身皮肤黏膜发生黄染的是（　　）

　　A. 胆红素　　　　　B. 脂褐素　　　　　　C. 黑色素

　　D. 卟啉色素　　　　E. 含铁血黄素

【2019年执业兽医资格考试真题】黄疸是由于血液含有过多的（　　）

　　A. 胆红素　　　　　B. 胆绿素　　　　　　C. 血红素

　　D. 胆色素　　　　　E. 胆固醇

（2）分类和原因

①溶血性黄疸：因红细胞本身的内在缺陷和红细胞受外源性溶血因素的损害所导致。常见于中毒、血液寄生虫病、溶血性传染病、新生仔畜溶血病和腹腔大量出血后腹膜吸收胆红素等。

②肝性黄疸：又称为实质性黄疸，因肝细胞摄取未结合胆红素障碍、肝细胞内胆红素结合障碍和肝内胆汁的分泌、排泄障碍所导致。常见于败血性疾病、传染性肝炎、中毒症等。

③阻塞性黄疸：因胆汁由胆管排入肠道受阻所导致。常见于肝细胞肿胀引起的毛细胆管狭窄或闭塞、寄生虫性胆管阻塞、结石、炎性渗出物的阻塞、肝硬化和肿瘤压迫性阻塞等。

【2014年执业兽医资格考试真题】胆管阻塞可引起（　　）

　　A. 高胆红素血症　　　B. 血钙浓度升高　　　C. 尿酸盐沉着

　　D. 磷酸铵镁沉着　　　E. 含铁血黄素沉着

（3）机制

①胆红素生成过多：由于致病因素造成大量红细胞破坏，产生大量未结合

的胆红素，若超过了肝细胞的处理能力，则使血液中未结合胆红素增多而出现黄疸。由于红细胞破坏过多，使未结合胆红素增多而引起的黄疸称为溶血性黄疸。溶血性黄疸时，血液中蓄积的是间接胆红素，凡登白试验呈间接反应阳性。间接胆红素不能通过肾脏排出，因而尿液中不含间接胆红素。

②胆红素转化和处理障碍：由于肝细胞损伤对胆红素的代谢障碍所引起的黄疸。毒性物质和病毒作用于肝脏，造成肝细胞物质代谢障碍和退行性变化，一方面，肝处理血液中间接胆红素能力下降，间接胆红素蓄积；另一方面，由于肝细胞坏死，毛细胆管破裂，胆汁排出障碍，导致肝脏中直接胆红素蓄积并进入血液。所以，发生此型黄疸时，血液中直接胆红素和间接胆红素含量均增多。凡登白试验时直接反应和间接反应均呈阳性。因直接胆红素可以通过肾脏排出，故尿中含有直接胆红素。

③胆红素排泄障碍：由于致病因素使胆道狭窄或阻塞，胆汁排入肠道受阻，毛细胆管破裂后直接胆红素进入血液所致。阻塞性黄疸时凡登白试验直接反应阳性。由于胆红素在肠道内排泄障碍导致粪便色变浅，并呈脂肪痢。直接胆红素可通过肾脏排出，因而尿中含直接胆红素。

（4）病理变化　胆红素一般呈溶解状态，光镜下并不明显，但也可以观察到黄棕色的颗粒或团块，在阻塞性黄疸时，可见肝内小胆管和毛细胆管扩张，充满浓缩的胆红素，肝细胞内也含有胆红素颗粒。黄疸明显时在网状内皮细胞、肾小管上皮细胞内也可见胆红素颗粒，并可在肾小管腔内形成胆汁管型，电镜下，胆红素呈电子密度高颗粒状、原纤维状或无定型物质。

（5）结局

①溶血性黄疸：如果溶血不严重，一般不会出现全身性中毒现象。如果大量溶血会导致贫血、缺氧、发热、血红蛋白尿等全身症状而危及生命。

②肝性黄疸：肝脏解毒功能下降，血液中代谢产物蓄积，容易发生自体中毒。

③阻塞性黄疸：胆酸盐进入血液，胆酸盐刺激血管壁感受器，兴奋迷走神经，心跳变慢，血压下降。胆酸盐在皮肤蓄积引起皮肤瘙痒。胆汁不能进入小肠，引起消化吸收障碍，尤其脂溶性维生素不能吸收，产生维生素缺乏症。由于维生素 K 吸收障碍，肝脏不能合成凝血酶原，血液凝固性下降，导致出血。

（6）黄疸对机体的影响　黄疸时在血中聚集的异常成分，除胆红素外，还可有胆汁的其他成分，所以黄疸对机体的影响包括多种因素的作用。

①胆红素对机体的影响最严重的是对神经系统的毒性作用，尤其是游离的胆红素，具有脂溶性的特性，对组织中的脂类亲和力比较大，而神经中脂类含量丰富。例如，新生仔畜溶血性黄疸时，胆红素进入脑组织内，与脑部基底核的脂类结合，将神经核染成黄色，称为核黄疸。由于胆红素多侵犯脑神经核，

可引起严重的抽搐、痉挛和锥体外系统运动障碍等神经症状,可致迅速死亡。在很多内脏器官,均可见有渐进性坏死,游离胆红素引起神经症状的机制在于它能抑制细胞的氧化磷酸化作用,从而阻断脑的能量供应。

【2013年执业兽医资格考试真题】新生动物的核黄疸是由于胆红素进入脑组织内(　　)
A. 与葡萄糖结合　　B. 与蛋白质类物质结合　C. 与脂肪类物质结合
D. 与核酸结合　　　E. 与盐类结合

②胆汁中主要成分为结合胆汁酸盐,它在血中增多可刺激皮肤感觉神经末梢,引起瘙痒,且对神经系统也有刺激作用,还可引起血压下降、心动过缓。

③胆盐不能进入肠道时,可影响脂肪的消化、吸收。

3. 卟啉症

(1) 概念　卟啉症又称为食肉性毒素症,在卟啉代谢紊乱、血红素合成障碍时,血液、尿液和粪便中的尿卟啉、粪卟啉高于正常,同时体内大量尿卟啉、粪卟啉在全身组织中沉着。卟啉又称无铁血红素,是血红素的不含铁的色素部分,动物体内的卟啉主要有尿、粪和原卟啉三种。

(2) 分类　卟啉症分为先天性卟啉症和后天性卟啉症两种。先天性卟啉症是一种遗传性疾病,动物在出生时就可出现,各种动物都可发生,以水牛、猪、犬较多见。后天性卟啉症包括肝毒性卟啉症(由于肝受到损伤)和原发性卟啉症(直接食入含有光敏物质)。

(3) 机制及病理变化　患病动物在临床上的特征为尿液、粪便和血液中含有卟啉,尿液呈红棕色,由于卟啉是一种荧光色素,在紫外线激发下可产生红色荧光。当皮肤内有多量卟啉沉着时,在无黑色素保护的皮肤无色部分,对日光照射很敏感,可引起光敏性皮炎,皮肤充血、渗出、形成水泡、坏死、结痂和大片脱落,称为光敏性皮炎。动物的牙齿呈淡红棕色,称为红牙病。

剖检可见全身骨骼、牙齿和内脏器官有红棕色或棕褐色的色素弥漫沉着。眼观骨骼呈淡红棕色、棕色或黑色(屠宰场工人称之为乌骨猪),但骨膜不着色,骨的结构也无改变。软骨、关节软骨、韧带及腱也均不着色,这有助于与其他色素沉着相区别。因为尿卟啉对钙化的结缔组织具有明显的亲嗜性,所以容易沉着在骨骼中。如将骨骼脱钙,尿卟啉即与钙盐一起移除。肝、脾、肾等器官均有卟啉沉着,外观呈棕褐色。全身淋巴结稍见肿大,切面中央部分呈棕褐色。

北京鸭患此病时,上喙背侧和蹼侧最先形成红斑,后发生水泡,水泡液淡黄半透明,并混有纤维素样物,2~4d后,水泡破裂,形成棕黄色痂皮,经10d左右的时间,痂皮脱落,此处组织呈棕黄色或暗红色,鸭嘴变形、变短。

镜检可见在骨髓、脾、肝、肾、肺和淋巴结中均见含有一种棕色、颗粒状、不含铁的卟啉色素，大小和形态不规则，存在于网状内皮细胞的胞浆里面，与含铁血黄素颗粒很相似。在肝细胞、肾小管上皮细胞的胞浆内以及肾小管管腔中也含有卟啉色素颗粒或团块。肾实质萎缩，间质结缔组织明显增生，并有淋巴细胞和单核细胞增生浸润，肾小管腔内也含有色素颗粒和团块，牙齿呈淡红棕色，因为牙质和牙骨质内有卟啉色素沉着，牙釉质则无改变。尿液中排出和体液内大量沉着的卟啉化合物，主要是尿卟啉和粪卟啉，这种色素在细胞内形成颗粒状或是弥漫性地在组织内沉着，或是溶解在血浆（卟啉血）或尿液（卟啉尿）。

4. 炭末沉着

炭末沉着是动物较常见的外源性色素沉着，可见于城市和工矿区的牛。空气中的炭末或尘埃通过呼吸道进入肺泡内，可被肺泡巨噬细胞所吞噬，并经由淋巴道被运送到肺门淋巴结内。当肺组织内有大量炭末沉着时，眼观上可见有黑色纹理，肺门淋巴结变黑色，镜检可见小的细支气管周围聚集大量黑色颗粒，存在巨噬细胞内或游离在组织中。在淋巴结内，炭末主要存在于髓部淋巴窦的巨噬细胞。肺内炭末沉着一般对呼吸功能并无影响。

【2019年执业兽医资格考试真题】在动物肺门淋巴结中常见的外源性色素沉着是（　　）

A. 脂色素　　　　B. 含铁血黄素　　　　C. 卟啉色素
D. 炭末　　　　　E. 黑色素

5. 糖原沉着

糖原沉着指细胞内有过量的糖原蓄积。糖原为水溶性，在一般的组织切片中糖原被溶解并呈现"空泡"变化。如使用纯酒精固定后通过卡红或PAS染色，糖原可显示出来，被染成红色。糖原沉着在临床上很少见，主要见于长期高血糖症（尤其是糖尿病）。动物发生糖尿病时，由于血糖升高使尿中糖分增加，导致肾小管上皮细胞再吸收糖原增加，可在近曲小管的远端及降袢的上皮细胞内发生糖原沉着。糖尿病时肝细胞内糖原含量也增加，在胰岛的β-细胞及心肌纤维内也可见到糖原沉着。有些遗传病，先天性缺乏某些与糖原代谢相关的酶，而造成糖原蓄积于肝脏、心肌、横纹肌和肾脏等部位，称为糖原贮积症。

（三）尿酸盐沉着

1. 概念及分类

尿酸盐沉着又称为痛风，指体内嘌呤代谢障碍，导致尿酸过量生产或尿酸排泄不充分引起尿酸堆积，并伴有尿酸盐（钠）结晶沉着在机体的某些组织器官内而引起的疾病。痛风可发生于人类及多种动物，但以家禽尤其是鸡最为多见。尿酸盐结晶易于沉着在关节间隙、腱鞘、软骨、肾脏、输尿管及内脏器官的浆膜上。

【2014 年执业兽医资格考试真题】 因代谢障碍引起家禽痛风的物质是（　　）

A. 甘油三酯　　　　B. 含铁血黄素　　　　C. 嘌呤

D. 胆固醇　　　　　E. 糖原

痛风临床表现为高尿酸血症，反复发作的关节炎，关节、肾脏或其他组织内尿酸盐结晶沉着而引起相应组织器官的损伤，形成痛风石等。该病可分为原发性和继发性两种，原发性痛风又称特发性痛风，指先天性嘌呤代谢障碍（尿酸生成过多）或肾小管分泌尿酸的遗传性缺陷所致。继发性痛风则指核酸分解增多或肾脏的获得性缺陷为特征的疾病。

2. 原因和机制

（1）摄食过多嘌呤类化合物　饲喂大量高蛋白饲料，造成蛋白质特别是核蛋白的摄入过多。因为动物性饲料核蛋白含量很高，核蛋白是由核酸和蛋白质构成，核酸可进一步分解为核苷酸和磷酸。核苷酸在核苷酶的作用下，分解为戊糖、嘌呤和嘧啶类碱性化合物。嘌呤类化合物在体内进一步氧化为次黄嘌呤和黄嘌呤，黄嘌呤再形成尿酸，禽类不仅可将嘌呤分解为尿酸而且还可利用蛋白质代谢中产生的氨合成尿酸，但和其他动物不同的是，其肝内缺乏精氨酸酶，不能经鸟氨酸循环生成尿素随尿排出，只能生成尿酸，故更易沉积在内脏器官或关节里而发生痛风。通常机体的血液只能维持一定限度的尿酸和尿酸盐，当其含量过多、又不能排出体外时，就沉积在内脏器官或关节内，导致痛风的发生。

（2）肾脏的损害　维生素 A 缺乏，长期大量服用磺胺及抗菌药物，某些中毒和疾病，均可损害家禽肾脏，尿酸排出障碍以及肾组织细胞破坏而产生大量核蛋白，使尿酸生成增多，最终血中尿酸盐的浓度增加从而导致痛风的发生。

【2016 年执业兽医资格考试真题】 在下列疾病中，鸡痛风常见于（　　）

A. 鸡肾型传染性支气管炎　B. 鸡新城疫　　　　C. 鸡流感

D. 雏鸡脑软化　　　　　　E. 鸡传染性脑脊髓炎

（3）饲养管理不良和遗传因素　如日粮配合不当、缺水、长途运输、运动不足、严寒等饲养管理不当，还有遗传因素等在痛风的发生上也起一定作用。特别是高嘌呤食物，如肝、肾、脑、鱼子、豆类等，对具有痛风素质的动物，可成为发病的促进因素。

3. 病理变化

（1）病理剖检变化　根据尿酸盐在体内沉着的部位，可分为内脏型和关节型痛风两种，可同时发生。

①内脏型痛风：多见于鸡，特征是气囊、腹膜、肠系膜、心脏、肝、脾等被膜及皮下结缔组织内有白色粉末状尿酸盐沉着。肾脏肿大，色泽变淡，表面呈白褐色花纹状，切面可见尿酸盐沉积而形成散在的白色小点。输尿管扩张，管腔内充满白色石灰样沉淀物。有时尿酸盐变得很坚固，呈结石状；有时则呈撒粉样被覆于器官的表面。

【2013年执业兽医资格考试真题】鸡传染性支气管炎肾脏中出现的石灰样物是（　　）

 A. 尿酸盐　　　　　B. 含铁血黄素　　　　C. 黑色素
 D. 胆红素　　　　　E. 脂褐素

【2015年执业兽医资格考试真题】病鸡心动迟缓，剖检见心包膜、肝和肾被膜及输尿管浆膜上有大量石灰样物质沉积，该沉积物是（　　）

 A. 磷酸盐　　　　　B. 碳酸盐　　　　　　C. 尿酸盐
 D. 草酸盐　　　　　E. 硫

【2018年执业兽医资格考试真题】鸡行动迟缓，腿关节肿大。死后剖检见肾、肝被膜和心包上有大量石灰样物质沉积。该病最可能的诊断是（　　）

 A. 病毒性关节炎　　　B. 痛风　　　　　　　C. 维生素E缺乏
 D. 维生素B缺乏　　　E. 大肠杆菌病

②关节型痛风：特征是脚趾和腿部关节肿胀、有疼痛感，步态强拘，起立困难。在关节软骨、关节周围结缔组织、骨膜、腱鞘、韧带及骨骼等部位均可见白色尿酸盐沉着。周围组织变性、坏死，伴有炎性水肿、白细胞浸润等，可引起疾病肿胀和质地变软。随着病情的发展，病变部周围结缔组织增生，形成致密、坚硬的痛风结节。痛风结节多发生于趾关节。关节内有大量尿酸盐沉着时，可使关节变形并形成痛风石（尿酸石）。

（2）病理组织学变化　在HE染色的组织切片，可见均质、粉红色、大小不等的痛风结石。在经酒精固定的组织切片上，可见针形或菱形尿酸盐结晶，局部组织细胞变性、坏死，其周围有多核巨噬细胞和炎性细胞浸润，病程较长者有结缔组织增生。

【2017年执业兽医资格考试真题】HE染色切片中，痛风结节呈（　　）

 A. 灰白色　　　　　B. 蓝色　　　　　　　C. 黄色
 D. 棕色　　　　　　E. 粉红色

4. 结局和对机体的影响

轻度尿酸盐沉着可因原发病好转或饲料变更而逐渐消失，但尿酸盐大量沉着常可引起永久性病变并可导致严重的后果，如关节痛风带来的运动障碍，肾脏的尿酸盐沉着引起的慢性肾炎，或因急性肾功能衰竭而导致的死亡。

（四）结石形成

1. 概念

结石形成指在囊腔或腺体及其排泄管内，形成坚硬如石的固体物质的过程。所形成的固体物质称为结石。

2. 原因和机制

结石的种类较多，成分不同，其形成的原因和机制也不尽相同，是组织营养不良和盐类代谢障碍的综合结果。

（1）胶体状态的改变　结石形成是盐类从体液中析出的过程。正常状态下，分泌液或排泄物中的矿物盐晶体受胶体的保护，即使在体液中呈过饱和状态，也不发生结晶沉淀。但这种平衡状态容易发生改变，析出盐类结晶而形成沉淀。

（2）有机核的形成　炎性渗出物、细菌团块、脱落的上皮细胞、小的凝血块，以及胶体状态紊乱使溶胶变成胶体性凝块等均可成为结石的有机核。有机核的表面可吸附矿盐结晶和集聚凝固的胶体。

（3）排泄通道阻塞　排泄通道阻塞时，内容物滞留，水分被吸收，分泌物浓缩，使其中盐类浓度升高，破坏了胶体的保护作用，使盐类结晶沉淀。

（4）矿物质代谢障碍　甲状旁腺功能亢进时，因骨中大量的钙质被析出，血液和细胞外液中的钙浓度升高，从而分泌物中的钙盐浓度也升高。饲料中钙、磷不平衡，特别是高磷时硫酸钙沉淀，使钙的吸收减少，导致钙盐沉着形成结石。

3. 病理变化

（1）肠结石　指在肠内形成的一种结石，有真性结石和假性结石两种。真性肠结石多发生于马大肠，其质地非常坚硬，呈圆形或卵圆形、淡灰色、表面光滑、大小不定、数量不等、切面中心为有机质构成的核，外面为轮层状盐类沉着。假性肠结石是在吞食的植物纤维团或误食毛发团上沉积钙盐类而形成的一种结石，表面光滑、质较软、质量轻、易被压碎、椭圆形。肠结石的成分主要以磷酸铵镁为主，还含有磷酸钙、碳酸钙、磷酸镁等盐类。

（2）尿结石　指在肾盂、膀胱和泌尿道中形成的结石，多见于猪、反刍动物和马。尿结石的数量和大小差异很大，小的尿结石常为球形，大的尿结石外形与所在器官空腔的形状相一致。结石的成分由于形成的原因不同而不同，但各种结石都有无机盐晶体，占结石干重的97%~98%，如磷酸盐、草酸盐、尿酸盐。其中含钙的结石占90%。结石的数量、大小差异很大，小的似球形，大的与形成结石的空腔形状一致。草酸盐尿结石在碱性尿中形成，质硬而重，白色至淡黄不等，表面有的光滑，有的粗糙或呈锯齿状，容易损伤尿道黏膜引起出血，切面呈环层状；尿酸盐结石在酸性尿中形成，多由铵盐或钠盐组成，体积较小，坚硬或中等硬度，色黄褐，球形或不整形；磷酸盐结石在碱性尿中形成，常为多发性、沙粒状小结石，色白或灰白，质脆易碎，似粉笔，在肾盂、肾盏中可形成鹿角形结石，切面有核心（细菌、脱落上皮细胞），同心圆性分层结构；碳酸盐在碱性尿中形成，白色、质松脆；黄嘌呤尿结石，褐红色、质脆、形状不整，罕见；胱氨酸尿结石在酸性尿中生成，小而不整、质软易碎和呈蜡样、光滑、日光下由黄变绿，几乎完全燃烧，只见于患胱氨酸尿的犬、猫。

（3）胆结石　又称为胆石，指在胆囊、胆管中形成的结石，猪、老龄牛和马较常见。结石的形状、大小和数量差异较大。胆囊内的结石常呈梨形、球形或卵圆形；胆管内的结石则呈柱状。大小从数毫米到几厘米，数量从数个到上千个。胆结石的成分包括胆固醇、胆色素及钙盐。其硬度因其构成成分不同而异。胆固醇结石通常单个存在，呈白色或黄色，圆形或椭圆形，表面光滑或呈颗粒状，切面略透明发亮呈放射状；胆红素结石通常较小，色深呈绿色或黑色，常为数个，圆形或多面形，易碎；钙结石由碳酸钙和磷酸钙构成，色灰白，大而坚硬，可在胆囊内形成；混合性胆结石由胆固醇、胆色素和钙盐等三者或其中两者组成，体积通常较小，数量多，呈白色、灰色或棕黑色，切面为同心层状结构。反刍动物肝片吸虫性胆管炎或饲料颗粒、砂粒在强烈的蠕动下，从十二指肠的华氏乳头进入胆总管，构成结石核。

4. 结局和对机体的影响

肠结石对机体的影响取决于结石的数量、大小和性质。少量的肠结石可随粪便排出体外。较大的肠结石常可压迫肠壁，引起肠壁损伤、溃疡、坏死甚至穿孔，也可阻塞肠腔的狭窄部引起肠梗阻。而毛球和植物纤维结石因其随肠的蠕动在肠腔内来回移动，因此表面光滑，不损伤肠壁，但如果体积大、数量多、排出困难而阻塞肠管，也会引起严重后果。肾盂结石可引起肾盂积水、肾萎缩、尿毒症。这种结石如果下移至输尿管，可将其阻塞并引起剧烈的疼痛；尿道结石可能阻塞公畜的尿道 S 状弯曲而引起尿闭，可刺激局部黏膜组织，引起出血、溃疡和炎症；膀胱结石可使尿量增加，膀胱充盈直至破裂，导致尿毒症最终死亡。胆结石对机体的影响因其部位和大小不同而异。位于胆囊内的小结石，有时可不引起任何症状，但较大的胆结石可引起胆囊发炎，并常阻塞胆管引起黄疸。犬的肠结石可阻塞肠道，或长期压迫而引起局部肠壁坏死，引起剧烈腹痛，肠穿孔。

> **项目思考**

1. 简述细胞肿胀的镜检特点。

2. 简述槟榔肝和虎斑心的病变特点。
3. 简述脾脏淀粉样变性的病变特点。
4. 简述贫血性梗死与干酪样坏死的区别。
5. 坏疽可分为哪几种？其病变特点有哪些？
6. 简述病理性钙化的发病机制和病变特点。
7. 黄疸可分为哪几种？其结局有何不同？
8. 简述痛风的病理变化。

项目五　组织和细胞的适应与修复

本项目主要介绍了常见组织和细胞的适应与修复的病理表现形式及其概念、类型、病因、机制、病变特点和结局，通过学习能够运用各种组织和细胞的适应与修复的病理变化特点，并分析疾病中出现组织和细胞的适应与修复的发生发展过程。

子项目一　适应

项目目标

1. 理解适应的概念及分类。
2. 掌握增生、萎缩、肥大和化生的概念、原因、分类、机制及对机体的影响。
3. 掌握适应的病理变化并能够识别大体病变和组织学变化特点。

知识准备

适应是指细胞组织对机体因内、外环境改变时所造成的形态结构、功能和代谢上的变化所作出的各种积极、有效的反应。适应性改变一般是可逆的，只要组织细胞的局部环境恢复正常，其形态结构的适应性改变即可恢复。常见的形态结构的适应性改变有增生、萎缩、肥大和化生。

【2011年执业兽医资格考试真题】不属于适应性反应的是（　　）
A. 萎缩　　　　　　B. 坏死　　　　　　C. 增生
D. 化生　　　　　　E. 肥大

（一）增生

增生是指由于实质细胞数量增多而引起的组织或器官体积增大的病理过程。在各种原因作用下细胞分裂增殖的结果，是细胞对功能增强需要的应答，但其所增生细胞的功能物质并不增多或者轻微增多。增生主要是为了适应细胞功能增强的需求，病因消除后即可恢复。增生根据发生的原因不同，可分为生理性增生和病理性增生两种。

1. 生理性增生

生理性增生指在生理条件下组织或器官由于生理功能增强而发生的增生。如妊娠期的子宫平滑肌和泌乳期的乳腺上皮的增生，此类增生是由于雌激素和孕酮刺激引起的，故又称为激素性增生。

2. 病理性增生

病理性增生指在致病因素的作用下引起的组织器官的增生。常见的因素有以下几种。

（1）慢性感染与抗原刺激　慢性传染病与抗原刺激时引起的过度再生，可见单核-吞噬细胞系统和淋巴组织的增生，如慢性马传染性贫血时脾的网状组织增生。

（2）慢性刺激　皮肤、消化道、呼吸道有寄生虫寄生时，被覆黏膜上皮细胞由于长期受刺激而增生，如牛、羊肝片吸虫病时，由于肝片吸虫成虫寄生在胆管内长期刺激，引起胆管上皮呈瘤样增生。

【2017年执业兽医资格考试真题】球虫寄生肠道导致肠黏膜上皮细胞数量增多的病变是（　　）

A. 化生　　　　　　B. 再生　　　　　　C. 增生
D. 真性肥大　　　　E. 假性肥大

（3）营养物质缺乏　如缺碘时，甲状腺素分泌减少，使垂体促甲状腺素分泌增加，引起甲状腺上皮细胞增生，甲状腺上皮细胞由立方形变成高柱状。

（4）激素刺激　雌激素增多或相对增多时，子宫内膜腺上皮因受过量雌激素的刺激而发生的增生。

无论是生理性增生，还是病理性增生都是由已知的刺激所引起的、受到控制的过程，是机体适应需求并在其控制下进行的一种局部细胞有限分裂、增生的现象，一旦刺激消除，增生即停止。这是增生与肿瘤细胞无限制生长的主要区别之一。

（二）萎缩

萎缩指已发育成熟的细胞组织、器官，在致病因素的作用下发生体积缩小、功能减退的过程。萎缩的本质实际上是组织或器官的实质细胞的体积缩小和数量减少。萎缩与发育不全、不发育不同。发育不全指由于血液供应不良、缺乏特殊营养成分或是先天性的缺陷等因素使组织、器官不能发育到正常结构，体积一般较小。不发育指由于遗传、激素等各种因素使器官未发育，器官表观完全缺乏或只有一个结缔组织构成的痕迹性结构。萎缩根据发生的原因不同，可分为生理性萎缩和病理性萎缩两种。

【2013年执业兽医资格考试真题】萎缩是指已发育成熟的组织、器官（　　）

A. 体积不变、功能增强　B. 体积不变、功能减退　C. 体积缩小、功能增强
D. 体积缩小、功能不变　E. 体积缩小、功能减退

1. 生理性萎缩

生理性萎缩指动物机体发育到一定阶段时，某些组织、器官随着年龄增长而逐渐缩小退化的现象。如动物的胸腺、乳腺、卵巢、睾丸及禽类的法氏囊等。动物老龄阶段几乎一切组织、器官均出现不同程度地萎缩，即老龄性萎缩，如皮肤表皮变薄、脂肪组织减少或消失、毛囊皮脂腺萎缩以致皮肤干燥无弹性，特别是脑、心、肝、骨骼等组织明显出现萎缩。

2. 病理性萎缩

病理性萎缩指组织、器官在某些致病因素作用下所引起的组织、器官出现体积缩小的现象。根据发生原因及萎缩范围可分为全身性萎缩和局部性萎缩两种。

(1) 原因、分类及机制

①全身性萎缩：全身性萎缩是在某些致病因子作用下，动物机体发生全身性物质代谢障碍，使全身组织、器官普遍发生的萎缩。这是动物常发生的一种病理过程，多见于长期营养不良、维生素缺乏和某些慢性消化道疾病所致营养物质吸收障碍导致的营养不良性萎缩，长期饲料不足和消化道阻塞导致饥饿性萎缩，严重消耗性疾病导致恶病质性萎缩。营养不良性萎缩和饥饿性萎缩是由于机体因糖类、脂肪、蛋白质及维生素等营养物质的供应和吸收不足造成的组织细胞合成代谢下降；慢性消耗性疾病所引起的全身性萎缩是由于机体慢性中毒、持续发热，体内营养物质，特别是组织结构蛋白过度消耗，即分解代谢加强，而营养物质又不能得到及时补充所致。

全身性萎缩时由于机体全身物质代谢障碍，动物常常出现严重衰竭症状，表现为精神萎靡、行动迟缓、进行性消瘦、被毛粗乱、严重贫血等，常见于由低蛋白血症引起的全身性水肿。全身消耗性萎缩表现为脂肪减少时，称为消瘦；伴有贫血及衰竭的极度消瘦，称为恶病质，常见于严重消耗性疾病，如慢性传染病、恶性肿瘤、寄生虫病及造血器官疾病等。

②局部性萎缩：局部性萎缩指在某些致病因素的作用下发生的局部组织、

器官的萎缩。按引起的原因可分为以下几种。

压迫性萎缩：指组织、器官由于长期受机械性压迫而引起的萎缩。其发生除了受外力压迫的直接作用外，血液循环受阻和失血等因素造成的局部组织营养供应不足，导致组织细胞功能代谢障碍，也可引起局部组织萎缩。如寄生虫寄生于肝脏时压迫引起相邻组织的萎缩；肝细胞瘤压迫引起肝组织萎缩；肾盂积液时压迫引起肾萎缩。

神经性萎缩：指由于中枢或外周神经受损时，功能发生障碍，该神经所支配的效应器官发生的萎缩。如马因面神经麻痹引起颜面肌肉的萎缩；鸡马立克病时肿瘤侵犯坐骨神经，造成肢体瘫痪和肌肉萎缩等。

失用性萎缩：指由于器官发生功能障碍，长期停止功能活动所引起的萎缩。如某肢体因骨折或关节性疾病长期不能活动或限制活动，引起相关的肌肉和关节软骨发生萎缩。

缺血性萎缩：又称为血管性萎缩，指当局部小动脉发生不完全阻塞时，由于血液供应不足，引起相应部位组织、器官发生的萎缩。多见于动脉硬化、血栓形成或栓塞造成动脉内腔狭窄时引起的萎缩。

内分泌性萎缩：指由于内分泌功能丧失和紊乱所引起的相应靶器官的萎缩。如去势动物性器官的萎缩，甲状腺功能低下时，皮肤、毛囊、皮脂腺等发生的萎缩。

（2）病理变化

①全身性萎缩：动物发生全身性萎缩时，机体各组织、器官的萎缩程度并不是完全相同的，萎缩过程具有一定的规律，脂肪组织的萎缩发生最早且最明显，几乎完全消失；其次是肌肉组织，可减少45%；再次是肝、肾、胃、脾、淋巴结、肠等实质器官，而心、脑等生命重要器官以及内分泌器官则较少或不发生萎缩。

【2015年执业兽医资格考试真题】动物发生全身性萎缩时，最早萎缩的组织或器官是（　　）

A. 心脏　　　　　　　B. 肝脏　　　　　　　C. 肾脏
D. 脂肪　　　　　　　E. 垂体

萎缩的器官一般表现为体积均匀性缩小、原有形状基本保存、边缘锐薄、被膜增厚皱缩、器官质量减轻、质地变硬、色泽稍淡或变深、可见脏器表面不平。胃肠道萎缩时管壁变薄，呈半透明状，撕拉时易破碎。脂肪组织萎缩时，皮下、心脏冠状沟及肾脏周围等脂肪组织减少或完全消失，常被渗出的浆液填充，呈灰白色或灰黄色、半透明胶冻状，称为脂肪浆液性萎缩或胶冻样萎缩。全身骨骼肌变薄、色泽变淡；骨骼的骨质变薄变轻，质脆易断，红骨髓减少，黄骨髓呈胶冻样；血液变稀薄，色淡，红细胞和血红蛋白减少出现明显贫血的症状，引起全身性水肿，皮下和肌间呈胶冻样，胸腹腔及心包腔内蓄积大量稀薄透明的液体。光镜下可见萎缩器官的实质细胞体积缩小，胞浆致密，染色较深，胞核皱缩浓染；相邻健康细胞体积增大，甚至出现实质细胞聚集成团块状，间质增生。电镜下可见萎缩细胞的细胞器数量减少和体积缩小，而胞浆内自噬泡增多。

肝、心、肾等实质器官发生萎缩时，有时颜色呈红褐色，称为褐色萎缩或棕色萎缩。镜检可见萎缩细胞的胞浆内出现多量棕色微细的色素颗粒，称为脂褐素，这是自噬泡内未彻底"消化"的含脂代谢产物所形成的残体。

②局部性萎缩：局部性萎缩的形态变化表现为局部组织、器官的体积缩小，有些局部性萎缩的部位可以见到引起萎缩的病因和未受病因作用下，相同相邻的组织、器官发生代偿性肥大，间质增生，由于萎缩、肥大及增生交替出现，使脏器表面凹凸不平。

（3）结局和对机体的影响　任何组织、器官发生萎缩后，其功能都会受到一定影响。如果发生在生命重要器官会引起严重的后果。萎缩是一种可复性病理过程，病因消除之后，萎缩的组织、器官可恢复其形态和功能。

（三）肥大

肥大指由于组织、器官实质细胞的体积增大或数量增多而使整个组织、器官的体积增大。细胞体积增大是由于细胞内合成了较多的细胞器。细胞增殖力弱的组织、器官（如心、骨骼肌等）主要是实质细胞的体积增大，称为容积性肥大；而细胞增殖力强的组织、器官（如腺性器官等）主要是实质细胞数量的增多，称为数量性肥大。肥大根据发生的原因不同，可分为生理性肥大和病理性肥大两种。

1. 生理性肥大

生理性肥大指机体为适应生理功能需要或激素刺激所引起的组织、器官的肥大。其特点是肥大的组织、器官不仅体积增大，功能增强，并具有更大的贮备力。如泌乳期的乳腺、妊娠期的子宫、赛马的心脏和骨骼肌肥大等。

2. 病理性肥大

病理性肥大指在疾病的过程中，为实现某种功能代偿而引起相应的组织、器官的肥大。根据器官肥大的性质可分为真性和假性肥大。

（1）真性肥大　指组织、器官的实质细胞体积增大，同时伴有功能增强的一种变化，具有适应疾病造成的功能负担增加或代偿某器官功能不足的作用，故又称为代偿性肥大。如一侧肾脏发育不全或因疾病手术摘除，另一侧肾脏的肾小球、肾小管发生肥大；心脏主动脉瓣闭锁不全引起的左心室肥大；肝部分实质细胞发生萎缩或坏死时，其余部分肝细胞发生肥大等。

眼观肥大组织、器官外形保持正常形态，其体积增大、颜色加深、质地变实。镜检可见肥大的细胞体积增大、细胞结构清晰、胞核增大、胞质增多、细胞器体积比正常大。细胞肥大的超微结构变化，主要是细胞器增多、蛋白质合成和微丝增加。肌肉肥大时肌纤维明显变粗，肌原纤维的长度和数量都增加，并含有较大的线粒体。

代偿性肥大的发生是组织、器官的功能加重所致，在一定的程度上对动物机体是有利的，但也是有限的。过度的肥大或负荷超过极限会使器官功能发生衰竭。在心肌肥大超过一定限度时，可引起心力衰竭。

(2) 假性肥大　指组织、器官的间质增生所引起的体积增大的现象。实质细胞因受到增生的间质挤压而出现萎缩，所以假性肥大的组织、器官体积增大、功能下降。如长期休闲、缺乏锻炼或运动时，体内脂肪蓄积过多，不仅外形肥胖，心脏内脂肪过多蓄积而发生假性肥大。

假性肥大时，由于增生的间质主要是脂肪组织，故又称为间质脂肪浸润。如使役动物长期休闲，而饲喂多量精料时可使心脏纵沟、冠状沟发生脂肪蓄积，同时脂肪细胞向心肌纤维间浸润生长，导致心肌细胞萎缩，此时心肌切面的肌纤维间出现的淡黄色脂肪层，称为"脂肪心"。剖检可见心脏体积增大，且功能减退，易发生急性心力衰竭。

(四) 化生

化生指已分化成熟的组织在环境条件改变的情况下，其在形态和功能上完全转变为另一种组织的过程。通常在类型相似的组织之间发生，常见于上皮组织及结缔组织。如上皮组织中的柱状上皮、移行上皮可化生为鳞状上皮，称为鳞状上皮化生，但不能化生为肌肉组织；结缔组织可化生为黏液组织、软骨组织、骨组织或脂肪组织，但不能化生为上皮组织。

1. 原因

(1) 机械性刺激　如膀胱、肾盂结石可引起变移上皮的鳞状化生。

(2) 化学物质作用　如胰弹性蛋白酶可引起支气管上皮的杯状细胞化生。

(3) 激素作用　如给鼠持续注射雌激素可引起子宫内膜上皮的鳞状化生、水貂雌性激素中毒可引起尿道上皮鳞状化生。

(4) 维生素 A 缺乏　可引起鼻、咽、食管、支气管、尿道、消化腺和唾液腺上皮的鳞状化生，如鸡食管腺由单层柱状上皮化生为复层鳞状上皮。

(5) 组织内代谢障碍　软组织出血、变性并坏死后，在结缔组织修补和瘢痕形成过程中，常出现结缔组织的骨化生或软骨化生。

(6) 慢性炎症　口腔、食管、膀胱等，因慢性炎症的长期刺激导致黏膜上皮的一部分发生角质样化生，如慢性支气管炎可引起支气管假复层纤毛柱状上皮鳞状化生、慢性胆囊炎可引起胆囊黏膜柱状上皮鳞状化生。

(7) 肿瘤化生　在腮腺等唾液腺肿瘤中，可见上皮细胞化生形成的黏液样及软骨样组织。

2. 分类及机制

根据化生发生的过程不同可分为直接化生和间接化生。

(1) 直接化生　指一种组织不经过细胞分裂增殖而直接转变为另一种类型的组织。如结缔组织中的疏松结缔组织化生为骨组织，纤维细胞直接转变为骨细胞，胶原纤维融合成为类骨基质，经钙化形成骨组织。

(2) 间接化生　指通过细胞增生来完成的，将一种组织由新生的幼稚组织而转变为另一种类型组织的化生。如慢性支气管炎时，支气管的假复层柱状纤毛上皮可脱落，经新生的细胞转变为复层鳞状上皮（图5-1）；肾盂结石时，肾盂黏膜的移行上皮可转变为复层鳞状上皮等。

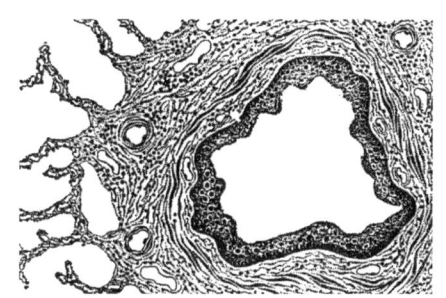

图5-1　支气管黏膜鳞状上皮化生

3. 对机体的影响

化生对机体的影响视具体情况而异，因为化生是组织适应环境的一种反应，能增强局部组织对刺激的抵抗力，这是化生积极的表现；但化生后的组织类型发生改变，会失去原有组织的部分功能，可造成不利的影响。如呼吸道黏膜纤毛柱状上皮的鳞状上皮化生，一定程度上强化了抵御刺激的能力，具有适应新环境的意义；但鳞状上皮无纤毛，使黏膜的自净机制和分泌黏液的功能减弱或消失，易造成局部感染，甚至可在此基础上发生鳞状细胞癌。有些化生没有适应意义，仅是一种病理表现，如维生素A缺乏引起的支气管黏膜鳞状上皮化生。

> 技能训练

适应的病理学观察

1. 准备工作

动物病理实验室，各组织或器官适应的大体标本、病理组织切片，显微镜，多媒体教学设备。

2. 训练方法

①对常见组织或器官增生、萎缩、肥大和化生的大体标本进行识别。

②能够识别常见组织或器官增生、萎缩、肥大和化生的病理组织切片。

将学生分为每组 5 人，以小组为单位进行训练，每组的成员在训练的过程中互帮互助并相互之间进行逐项考核，最后老师对各组进行抽考，以提高技能训练的效果。

适应的考核项目见表 5-1。

表 5-1　　　　　　　　考核项目八　适应

单项内容	考核标准	标准分	得分
增生、萎缩、肥大和化生大体标本的识别	对 10 种常见增生、萎缩、肥大和化生标本进行识别，每错一个扣 4 分	40	
增生、萎缩、肥大和化生病理组织切片的识别	对 12 种常见增生、萎缩、肥大和化生病理组织切片进行识别，每错一个扣 5 分	60	
合计		100	

考核人：_____　　指导教师：_____　　　　　　日期：____年____月____日

3. 归纳总结

适应在临床诊断中比较常见，可以单独出现也可和其他病理症状一起出现。我们要根据出现的病理变化及组织学特点进行区分识别并分析其产生的病因，最终对疾病的诊疗提供帮助。本次技能训练主要掌握增生、萎缩、肥大和化生的病理变化及组织学特点。

4. 实验报告

绘制出常见组织或器官增生、萎缩、肥大和化生的病理组织图片并标注其病变特点。

子项目二　修复

> 项目目标

1. 理解再生的概念、分类及各种组织再生的特点。
2. 掌握肉芽组织的形态结构、功能及结局。
3. 掌握创伤愈合的概念、分类、形成过程及特点。
4. 了解影响修复的因素。

> 知识准备

修复指组织损伤后的重建过程，即机体对死亡的细胞组织的修补性生长过程及对病理产物的改造过程，修复后可完全或部分恢复原组织的结构和功能。修复的内容包括再生、肉芽组织、创伤愈合和机化等。

（一）再生

1. 概念及分类

再生指体内的细胞或组织损伤后，由邻近健康的组织细胞分裂增殖进行修复的过程。再生是为了替代丧失的细胞，是动物进化过程中获得的一种代偿性、适应性反应。可分为生理性再生和病理性再生两种。

（1）生理性再生　指机体在正常的生命活动过程中，某些细胞组织不断衰老、死亡，由新生的细胞组织所补充，新老交替，始终保持原有细胞组织的结构和功能。如正常机体的表皮细胞、红细胞、被毛等不断衰亡与新生。

（2）病理性再生　指局部细胞组织在致病因素的作用下引起的细胞死亡和组织破坏后，经周围组织细胞再生而修复损伤的过程。病理性再生有以下三种表现形式：

①完全再生：指再生的细胞组织在结构和功能上均与原损伤细胞组织完全相同。多见于小面积的组织损伤或受损组织再生能力较强的损伤修复。

②不完全再生：又称为瘢痕修复，指新生的组织与原损伤组织不完全相同，主要由增生的毛细血管和纤维组织来替代，最后形成瘢痕，其结构和功能与原来的组织不同。多见于大面积的损伤或受损组织再生能力较弱的损伤修复。

③过度再生：再生组织多见于原损伤组织。如黏膜溃疡部过度再生可形成赘生息肉，皮肤过度再生可形成瘢痕疙瘩等。

2. 各种组织的再生

（1）上皮组织的再生

①被覆上皮的再生：皮肤、黏膜的鳞状上皮缺损时，由创缘或残存的上皮基底层细胞分裂增生，先形成单层扁平上皮并向缺损部中心伸延覆盖，然后经增生分化为复层鳞状上皮。黏膜表面被覆的柱状上皮缺损后，由邻近腺上皮细胞分裂增生来修复，新生上皮初为立方形的幼稚细胞，以后分化为成熟的柱状细胞，有时还可向深部生长形成管状腺。

②腺上皮的再生：腺上皮的再生能力虽比被覆上皮细胞弱，但具有很强的再生能力，再生的状态因腺上皮细胞损伤的程度不同而异。如损伤轻微，只有腺上皮坏死，而间质及网状支架完好时，腺上皮可完全再生；如腺上皮、间质及网状支架一同被破坏，虽腺上皮可以再生，但难以修复至原有的组织结构。

一些结构较简单的腺体,如肠腺、子宫腺等可从残存的部分再生,形成新的腺泡。肝脏细胞如发生广泛坏死,其网状支架也被破坏时,肝细胞再生形成结构紊乱的肝细胞团,网状纤维转化为胶原纤维,间质的结缔组织大量增生,形成肝小叶内的纤维间隔,使肝脏的固有结构发生改变,其质度变硬、表面粗糙而形成肝硬化。

【2011年执业兽医资格考试真题】肝硬化时,肝脏变硬的主要原因是(　　)

A. 大量假小叶形成　　B. 肝脏出血、水肿　　C. 大量炎性细胞浸润
D. 肝细胞大量坏死消亡　　E. 间质结缔组织大量增生

(2) 纤维组织的再生　结缔组织在动物机体分布广泛,再生能力较强。其不仅见于结缔组织本身受损伤,也可见于其他组织受损伤后不完全再生时的修复。如增生性炎症、创伤愈合、机化和包囊形成过程中均可见到纤维结缔组织的再生。这种再生起始于成纤维细胞的分裂增殖,当成纤维细胞停止分裂后,开始合成并分泌前胶原蛋白,在细胞周围形成胶原纤维,细胞逐渐成熟,变成长梭形,胞质越来越少,胞核越来越深染,最后形成由胶原纤维和狭长的纤维细胞共同构成的纤维性结缔组织。

(3) 血管的再生　各种组织特别是结缔组织再生时,多伴有血管的再生。毛细血管的再生过程又称为血管形成,主要通过以下两种方式进行。

①芽生:又称为发芽性生长,指在原有损伤血管的基础上以发芽方式进行再生的,其在蛋白酶作用下基底膜分解,原有毛细血管内皮细胞肿大、分裂增生,形成向外突起的幼芽,随后幼芽继续向外伸展,胞核呈相对平行排列,而形成实心的内皮细胞条索;条索在血流冲击下,出现管腔而流入血液成为新生的毛细血管,且互相吻合构成毛细血管网(图5-2)。新生的毛细血管为适应功能的需要又将不断地改建,其中有的重新关闭,内皮细胞被吸收而消失;有的管壁则逐渐增厚而发展为小动脉或小静脉。

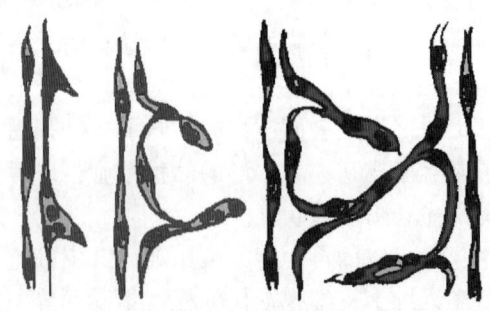

图5-2　芽生
(毛细血管以出芽方式再生,幼芽伸展呈条索状,然后出现管腔)

②自生性生长：这种血管再生方式与原来血管无关，是直接由结缔组织内的间叶细胞新生分化而形成新的毛细血管和小血管。它的发生与胚胎时期的血管发生相似，是由类似于幼稚的成纤维细胞呈平行性排列，然后在细胞间逐渐出现小裂隙，与附近的毛细血管相连，并有血液通过。被覆在裂隙内的细胞随之变为内皮细胞，构成了新生的毛细血管内膜，这种新生的毛细血管可发展为小动脉或小静脉。

较大血管断裂后必须要手术吻合，吻合处两侧的内皮细胞分裂增殖而修复。但断裂的肌层不易完全再生，而是由结缔组织增生连接，形成瘢痕修复。

(4) 血细胞的再生　血细胞的再生能力是很强的。当机体因频繁或持续性出血、血管内红细胞严重破坏时，机体造血器官的血细胞再生能力增强，即出现造血功能亢进，表现为原有的红骨髓中的血细胞分裂增殖增强，大量新生的血细胞进入血液循环；四肢管状骨中的黄骨髓（脂肪性骨髓）转变成红骨髓，恢复其造血功能；另外在骨髓之外的其他器官，如肝、脾和淋巴结内也可出现一些新生的造血组织即髓外造血组织。红细胞再生增强时，外周血液中网织红细胞增多，并可出现晚幼红细胞。

(5) 肌肉组织的再生　肌肉组织的再生能力较弱，只有在轻度损伤时才能完全再生，损伤严重时由结缔组织所替代。骨骼肌的再生因肌纤维膜是否存在及肌纤维是否完全断裂而有所不同。当损伤较轻，肌纤维膜未保留完整，肌原纤维未断裂仅部分发生坏死时，白细胞（嗜中性粒细胞）及巨噬细胞进入肌纤维内吞噬清除坏死物质，残存的肌细胞核及肌浆分裂成肌细胞，排列成行，肌浆逐步分化形成肌原纤维和横纹，恢复骨骼肌的正常结构而完全再生。当肌纤维膜损伤，肌原纤维完全断裂时，如外伤、手术切断肌肉，其断端膨大，肌浆逐渐增多，胞核分裂，形成多核巨细胞样的肌芽，肌芽逐渐延长，肌浆内形成横纹和纵纹，但肌纤维断端不能直接连接，而是由新生的结缔组织来连接，最后形成瘢痕。平滑肌只有一定的再生能力，其轻微损伤时可由结缔组织增生修复。心肌再生能力极弱，损伤后一般由结缔组织修复而形成瘢痕。

【2018年执业兽医资格考试真题】再生能力较弱的细胞是（　　）
A. 肠黏膜上皮细胞　　　B. 肾小管上皮细胞　　　C. 肝细胞
D. 成纤维细胞　　　　　E. 心肌细胞

(6) 骨组织的再生　骨组织的再生能力很强，骨损伤后由骨膜成分的增生和分化，主要是依靠骨外膜和骨内膜内层的细胞分裂增殖形成成骨母细胞进行修复，也可由原始间叶细胞和成纤维细胞化生为骨母细胞进行修复。先形成骨样组织，逐步分化为骨组织，一般可完全再生。

(7) 软骨组织的再生　软骨组织的再生能力较骨组织弱。无软骨膜的软骨如关节面的软骨，不能再生；较大的软骨组织损伤时疤痕修复；较小的损伤时，由软骨膜内层的细胞分裂增殖并逐步分化成软骨母细胞，在细胞质之间形成软骨基质，一部分软骨细胞萎缩消失，一部分被埋在软骨陷窝内面成为静止的软骨细胞。

(8) 神经组织的再生　神经细胞通常无再生能力。中枢神经的神经细胞受损坏死后，常由神经胶质细胞及其纤维进行修复并形成胶质瘢痕。外周神经纤维损伤后，如与其相连的神经细胞仍然存活，则可完全再生。首先是神经细胞失去联系的远侧断端的神经纤维髓鞘及轴突发生崩解，近侧的断端也有少量崩解，由巨噬细胞吞噬并吸收；然后两端的神经膜细胞分裂增殖，形成带状的细胞索；同时近端残存的轴突作分支状生长，其中一支新生的轴突进入神经膜管内，其余的分支逐渐消失；随后两端的神经膜相连并产生髓磷脂而形成髓鞘，轴突逐渐增粗并向远端生长，最后到达末梢，恢复其传导功能（图5-3）。当神经纤维断离的两端相隔太远或断端之间有疤痕等组织隔开或远端随截肢被切除后，近端再生的轴突就不能达到末梢端，而是与增生的结缔组织混在一起，卷曲成团，呈结节状肿瘤样，常引起顽固性疼痛，称为损伤性神经瘤。

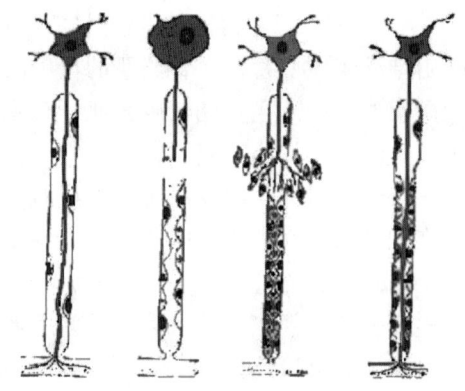

图5-3　神经组织的再生

（二）肉芽组织

肉芽组织指由毛细血管内皮细胞和成纤维细胞分裂增殖所形成的富含毛细血管的幼稚的结缔组织。其眼观呈颗粒状、色泽鲜红、表面柔软湿润、形似鲜嫩的肉芽，它是创伤愈合的基础。

【2012年执业兽医资格考试真题】构成肉芽组织的主要成分是毛细血管内皮细胞和（　　）

A. 肌细胞　　　　　　B. 多核巨细胞　　　　C. 成纤维细胞
D. 上皮细胞　　　　　E. 纤维细胞

【2016年执业兽医资格考试真题】肉芽组织是指新生幼稚的（　　）

A. 上皮组织　　　　B. 网状组织　　　　C. 纤维结缔组织
D. 肌组织　　　　　E. 软骨组织

【2019年执业兽医资格考试真题】肉芽组织是一种幼稚结缔组织，其中富含（　　）

A. 炎性细胞和胶原纤维　　　　B. 新生毛细血管和成纤维细胞
C. 网状纤维和胶原纤维　　　　D. 胶原纤维和纤维细胞
E. 成纤维细胞和纤维细胞

1. 肉芽组织的形态结构

肉芽组织是由幼稚的纤维细胞、新生的毛细血管、少量的胶原纤维和多量炎性细胞等有形成分所组成的。因其富含血管，触之易出血；但因尚无神经长入，故触之不痛。光镜下可见具有明显的层次性结构即表面为坏死层（坏死组织、渗出液和炎性细胞）；下层为肉芽组织层（大量的成纤维细胞和丰富的毛细血管、大量的炎性细胞）；再下层为较成熟的结缔组织层（成纤维细胞逐渐成熟，分泌、合成许多胶原纤维，毛细血管和炎性细胞逐渐减少）；最下层是成熟的结缔组织层（大量有规则的胶原纤维束和少量的纤维细胞）。此外肉芽组织中含有肌纤维母细胞，其形态和功能上具有成纤维细胞和平滑肌细胞特点的一类细胞。肌纤维母细胞核呈长梭形，常见核膜有深的或浅的凹陷或皱褶，染色质呈细颗粒状散在分布，沿核膜有异染色质集聚。可合成胶原纤维，因具收缩能力，可起到闭合伤口、促进愈合的作用。

【2009年执业兽医资格考试真题】创伤愈合时，不属于肉芽组织固有成分的是（　　）

A. 胶原纤维　　　　B. 成纤维细胞　　　　C. 嗜中性粒细胞
D. 平滑肌细胞　　　E. 新生毛细血管

【2010年执业兽医资格考试真题】构成肉芽组织的主要成分除毛细血管外，还有（　　）

A. 肌细胞　　　　　B. 上皮细胞　　　　C. 纤维细胞
D. 成纤维细胞　　　E. 多核巨细胞

【2014年执业兽医资格考试真题】创伤性肉芽组织的表层结构的组成主要是（　　）

A. 渗出液和炎性细胞　　　　B. 成纤维细胞和毛细血管
C. 纤维细胞和胶原纤维　　　D. 成熟的结缔组织
E. 疏松结缔组织

2. 肉芽组织的功能

肉芽组织在组织修复和创伤愈合中有如下功能：抗御感染、保护创面、清除坏死物；填补伤口或修复其他缺损；机化或包裹血凝块、坏死组织、血栓、炎性渗出物及其他异物。

3. 肉芽组织的结局

肉芽组织在组织损伤后 2~3d 即可出现，自下向上或从周围向中心生长推进，填补创口或机化异物。随着时间推移，肉芽组织在修复创伤同时按其生长的先后顺序也在不断地成熟，其中毛细血管和成纤维细胞停止增生，成纤维细胞成熟变成纤维细胞，毛细血管闭合消失，炎性细胞逐渐减少，液体成分不断吸收，组织固缩，逐步成熟演变成疤痕组织。

（三）创伤愈合

创伤愈合指机体创伤造成的组织缺损，由损伤周围的健康细胞组织再生进行修复的过程。创伤愈合的过程很复杂，基本过程都是以炎症和组织再生为基础。

1. 皮肤创伤愈合

（1）皮肤创伤愈合的基本过程

①伤口止血：毛细血管出血通常可自行止血，较大血管出血需人工止血。

②创口净化与炎症反应：早期的出血和渗出各种因子引起局部组织创伤时，均会导致局部组织的变性、坏死和血管损伤而发生出血，严重的创伤还可见肌肉、肌腱、神经等组织的断裂。创伤的修复，首先要清除出血、坏死组织及血液、细菌，该过程称为创口净化，简称清创。清创过程是以炎症为基础的。创伤局部因炎症反应出现红、肿，为周围血管扩张充血、浆液和白细胞渗出所致。白细胞的作用是吞噬和消化伤口内的细菌和坏死组织。渗出液中含纤维蛋白，并联结成网使伤口内血液和渗出物凝固、干燥后形成痂皮，以保护创面。

③创口收缩：创口收缩 2~3d 后，创口边缘的整层皮肤及皮下组织向创腔中心移动，使创口收缩，创面缩小。创口收缩是创伤处肉芽组织迅速增生以及创口边缘肉芽组织中新生的成纤维细胞牵拉所致。

④肉芽组织增生及瘢痕形成：约从第 3 天起，创口边缘、底部长出肉芽组织，向伤口中的血凝块伸入，机化血凝块，并填平伤口。肉芽组织主要由新生的毛细血管和成纤维细胞组成，此外还有不同程度的坏死组织和各种类型的炎性细胞，炎性细胞对创腔内的细菌、死亡的细胞和渗出的纤维蛋白等物质起着清除作用。

从第 5~6 天起，成纤维细胞开始产生胶原纤维。随着胶原纤维的增多与成熟，成纤维细胞转化为纤维细胞，许多毛细血管闭合、退化、消失，肉芽组织就逐渐转化成由胶原纤维组成的灰白色坚韧的瘢痕，其瘢痕组织血管稀少。如瘢痕组织形成过多且呈瘤状突起,称为瘢痕疙瘩。

⑤表皮及其他组织再生:肉芽组织填平伤口后,表皮开始迅速生长,至闭合为止。表皮再生的营养由新生肉芽供应,若肉芽水肿、感染、高于表皮,则影响表皮再生。

当肉芽组织填满创口后,即停止生长,成纤维细胞纤维化,形成胶原纤维,部分毛细血管消失退化,最后成结缔组织瘢痕。瘢痕组织进一步可发生玻璃样变,胶原纤维被逐渐吸收,瘢痕逐渐变小、变软,但时间很长。

在结缔组织成熟过程中,由于成纤维细胞形成的胶原纤维收缩作用,及毛细血管退化、充血水肿减退,故创面一般都较低于表面,呈凹陷状。

皮肤附属器如遭到完全破坏时,不能完全再生,多为瘢痕修复。

(2)皮肤创伤愈合的类型

①第一期愈合:又称直接愈合,见于损伤创口较小、创缘整齐、出血较少、组织破坏较轻、渗出物少、炎症反应轻、无感染、经缝合后创面对合严密的创伤,如手术或无感染的创伤。

特点:在损伤后 1~2h,创口周围发生炎症反应,炎性细胞浸润,12~24h 肉芽开始生长,3d 左右填平伤口,一周左右完全愈合。因肉芽组织少,表皮覆盖完整,一般不留明显疤痕,也很少影响局部的功能(图5-4)。

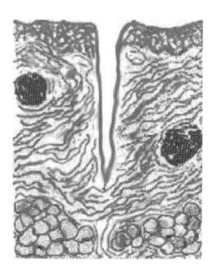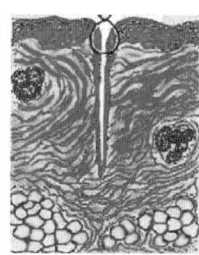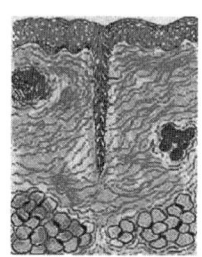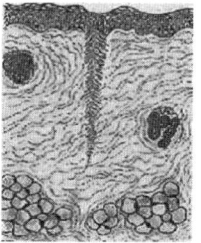

图5-4 第一期愈合过程

②第二期愈合:又称间接愈合,是开放性创伤愈合。见于创伤较大、创缘不整齐、创内坏死组织及渗出物较多、出血严重、无法对合而呈开口状、伴有感染、炎症反应明显的创伤,如开放性感染创。创腔内有较多的坏死组织、异物、脓液等,愈合前先有一个控制感染和清创的过程。第二期愈合过程较为复杂,需要时间较长。

特点:初创腔炎性渗出,白细胞崩解释放溶解酶,净化创口,然后肉芽从底部生长。当创伤过大,特别是上皮生长缓慢,肉芽过度增生,突出于创腔表面,可形成"瘢痕疙瘩"(图5-5)。

③痂皮下愈合:见于皮肤的挫伤。创伤渗出液与坏死组织凝固后水分被蒸

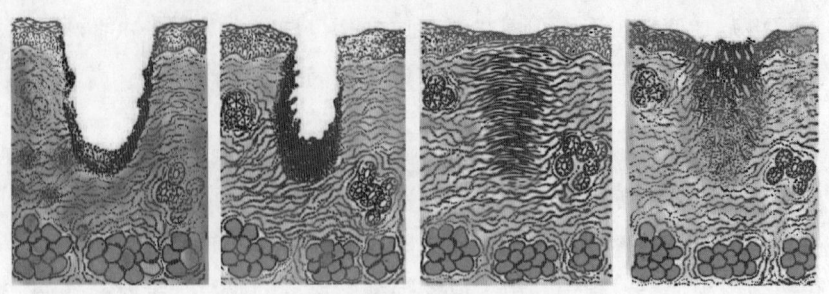

图 5-5　第二期愈合过程

发，形成干燥硬固的褐色较厚痂皮，在痂皮下进行直接或间接愈合，上皮再生完成后，痂皮即脱落。痂皮由于干燥不利于细菌生长繁殖，对伤口有一定的保护作用；如果痂皮下渗出液较多，尤其是已有细菌感染时，痂皮就成了渗出液引流的障碍，使感染加重而不利于愈合。

2. 骨折愈合

骨折愈合指骨折后局部所发生的一系列修复过程。轻度的、单纯性的外伤骨折经过良好的复位，几个月内就可完全愈合，完全恢复正常的结构和功能。骨折愈合的基础是骨膜的成骨细胞再生。骨折愈合过程包括以下几个阶段。

（1）血肿形成　骨折处血管破裂出血，在骨折断端间及其周围受损的软组织中形成血肿，随后凝固。血凝块使骨折两端初步连接，为肉芽组织的生长提供了一个支架。骨折与其他创伤一样，局部常出现轻度的炎症反应，外观局部红肿。

（2）纤维性骨痂形成　骨折后 2~3d，骨内、外膜的新生成骨细胞、成纤维细胞和毛细血管开始向血凝块中长入，这种成骨细胞性肉芽组织可将血凝块完全吸收并取代，使骨折断端紧密连接起来，局部形成梭形膨大的软组织，称为纤维性骨痂。整个过程需要 2~3 周。

（3）骨性骨痂形成　继纤维性骨痂形成之后，成骨细胞分泌骨基质，细胞本身则成熟为骨细胞而形成类骨组织，类骨组织钙化后便形成骨组织，称为骨性骨痂。骨性骨痂虽使断骨连接比较牢固，但由于其为松质骨，结构不致密，骨小梁排列比较紊乱，故比正常骨脆弱。这一过程约需要几周。

（4）骨的改建　改建指在破骨细胞吸收骨质和成骨细胞形成新骨质的协调作用下进行的，它使骨质逐渐变得更加致密，骨小梁逐渐适应于力学方向使其排列规则，并吸收多余的骨痂，成为板成骨并逐渐恢复原有骨骼的结构和功能。骨的改建一般需 6~12 个月。

骨折后虽然可完全再生，但如发生粉碎性骨折，尤其是骨膜破坏较多或断端对位不好、断端有软组织嵌塞时，均可影响骨折愈合。因此，保护骨膜、正确复位与固定，对促进骨折愈合是十分必要的。

（四）影响修复的因素

影响组织再生的速度和修复的程度主要包括全身因素和局部因素两方面。

(1) 全身因素

①机体的营养状况：饲料蛋白质的缺乏，尤其是含硫氨基酸（如甲硫氨酸、胱氨酸）缺乏时，对组织再生有明显的影响。如长期饥饿或营养不良的动物，其肉芽组织及胶原形成不良，创伤愈合过程迟滞，甚至被完全抑制，严重影响再生。维生素 C 缺乏时使前胶原分子难以形成，从而影响胶原纤维形成。锌缺乏不利于创伤愈合，锌是一些酶如 DNA 和 RNA 聚合酶的辅助因子，是细胞生长和蛋白质合成所必需的微量元素。

②年龄：一般幼龄动物组织再生能力强，愈合快；老龄动物的再生能力则明显减弱，且愈合慢，这与血管硬化、血液供应不足有直接的关系。

③激素：激素能影响组织的生长，如大剂量的肾上腺皮质激素能抑制毛细血管和成纤维细胞生长，因而阻碍了组织的再生修复。

④神经系统的状态：再生与神经对营养的调节过程有着密切关系，当神经系统受到损害时，神经营养功能失调，使组织的再生过程受到抑制。

⑤环境温度：如寒冷季节创伤愈合较慢，可影响组织的再生。

(2) 局部因素

①局部组织的再生能力：受损伤的局部组织再生能力的强弱，直接影响到该组织的再生过程。完全再生一般只出现在不稳定或稳定细胞受损伤时；永久性细胞被破坏多发生于不完全再生。

②损伤程度：局部组织损伤的范围大小，直接影响再生的速度及修复程度，组织损伤越大其再生所需要的时间越长，如超过该组织再生能力的极限，就形成不完全再生。

③感染和异物：感染对再生修复的影响较大，感染过程中许多化脓菌产生一些毒素和酶，能引起组织坏死，溶解基质或胶原纤维，加重局部组织损伤，妨碍创伤愈合；伤口感染时，渗出物多可增加局部伤口张力，常使正在愈合的伤口或已缝合的伤口裂开，或导致感染扩散，加重损伤；坏死组织及其他异物，也可妨碍愈合并易于感染。因此，伤口如有感染或有较多坏死组织及异物时必然是第二期愈合。临床上对于创面较大，已被细菌污染，但尚未发生明显感染的伤口，施行清创术以清除坏死组织、异物和细菌，并在确保没有严重感染情况下，缝合创口。这样有可能使本来二期愈合的伤口，达到一期愈合。

④局部血液循环状况：局部血液循环良好，是该组织实现再生的营养物质

的保证，同时对坏死组织的吸收和控制局部感染也起到重要作用。

⑤局部组织的神经功能状况：组织的再生依赖完整的神经支配，如果局部神经受损后，其所支配的组织再生过程迟缓或不完全再生。

⑥电离辐射：电离辐射能破坏细胞、损伤小血管、抑制组织再生，故可影响创伤愈合。

（3）影响骨折愈合的主要因素

①断端及时、正确的复位：完全性骨折由于肌肉收缩，常常发生错位或有其他组织、异物嵌塞于骨折处，可使愈合延迟或不能愈合。及时、正确的复位可为以后骨折的完全愈合创造必要条件。

②局部的固定：骨折断端即便已经复位，由于肌肉活动仍可错位，因而复位后的及时、牢靠固定（如打石膏、用小夹板或髓腔钢针固定）更显重要，一般要固定到骨性骨痂形成后。

③功能的恢复：应根据骨折发生的不同阶段，恰当地解决"动""静"关系，正确认识局部与整体的关系，既要注意保持局部相对固定，又要重视全身和患部的适当活动。只有这样才有利于功能恢复。

项目思考

1. 萎缩可分为哪几种？其病变特点有哪些？
2. 简述直接化生与间接化生的区别。
3. 简述上皮组织的再生特点。
4. 肉芽组织是如何形成的？
5. 创伤愈合可分为哪几种？其特点有哪些？

项目六　水盐代谢障碍和酸碱平衡紊乱

本项目主要介绍了常见水肿、脱水的概念、类型、病因、机制、病理变化和结局，临床上常见的酸碱平衡紊乱发生的原因、特点及对机体的影响，通过学习能够运用水盐代谢障碍和酸碱平衡紊乱相关知识分析动物机体在患病时怎样合理地进行补液并纠正其酸碱平衡紊乱的状态。

子项目一　水肿

项目目标

1. 理解水肿的概念、分类、发生机制和结局及对机体的影响。
2. 掌握水肿的病理变化并能够识别大体病变和组织学变化特点。

知识准备

（一）水肿的概念

水肿指过多的等渗性液体积聚在组织间隙或体腔中。水肿通常是指组织间液过量，而伴有细胞内液增多，如细胞内液体增多时则称为细胞水肿。过多的液体积聚于体腔内时也称为积水，其是水肿的一种特殊形式，如心包积水、胸腔积水和腹腔积水等。水肿不是一种单独的疾病，而是多种疾病可能出现的一种病理过程，如肉鸡腹水综合征、仔猪水肿病等。

水肿液主要指组织间隙中能自由移动的水，它不包括组织间隙中被胶体网状物（如透明质酸、胶原、黏多糖等）吸附的水。水肿液来自血浆，除蛋白质含量外其余成分与血浆相同。水肿液的密度取决于蛋白质的含量，而蛋白质的含量取决于毛细血管壁的通透性和淋巴回流。当毛细血管壁通透性增高、淋巴回流受阻时，水肿液中蛋白质含量增高、密度增加。通常将蛋白质含量高，密度大于 1.018kg/L 的水肿液称为渗出液；而将蛋白质含量少，密度小于 1.015kg/L 的水肿液称为漏出液。两者的主要区别（表 6-1）。

表 6-1　　　　　　　　渗出液与漏出液的主要区别

	渗出液	漏出液
产生原因	炎症	非炎症
外观	混浊、浓稠、可含组织碎片	清亮、稀薄、不含组织碎片
蛋白质含量	大于 25g/L	低于 25g/L
pH 及颜色	酸性，黄色、白色或红黄色	碱性，淡黄色
密度	大于 1.018kg/L	小于 1.015kg/L
细胞成分	多量嗜中性粒细胞和红细胞	不含嗜中性粒细胞和红细胞
细胞数	大于 $0.50×10^9$ 个/L	小于 $0.10×10^9$ 个/L
细菌培养	阳性	阴性
凝固性	在体外或尸体内凝固	不凝固，含微量纤维蛋白
李凡他试验	阳性	阴性

（二）水肿的分类

1. 按水肿发生的范围分类

（1）局部性水肿　水肿局限于某个组织或器官，水肿部位常与疾病的主要病变部位一致，如炎性水肿。

（2）全身性水肿　机体多处同时或先后发生水肿，水肿发生的部位只是疾病过程中全身性变化的局部表现，如心性水肿、肾性水肿等。

2. 按水肿发生的部位分类

按发生部位水肿可分为皮下水肿、肺水肿、脑水肿、喉头水肿、视乳头水肿、心包积水、胸腔积水和腹腔积水等，皮下水肿称为浮肿。

3. 按水肿发生的程度分类

按发生程度水肿可分为隐性水肿（外观表现不明显，仅体重增加）和显性水肿（外观表现明显，局部肿胀，体积增大，质量增加，皮肤紧张、弹性降低、按压留痕，局部温度降低，颜色变淡等）。

4. 按发病的主要环节分类

按发病环节水肿可分为血管源性水肿、脑源性水肿、血管神经源性水肿、静脉阻塞性水肿、通透性增高性水肿、淋巴阻塞性水肿等。

5. 按水肿发生的原因分类

按发生原因水肿可分为心性水肿（左心衰竭可引起肺水肿，右心衰竭可引起全身水肿)、肾性水肿、肝性水肿、炎性水肿、过敏性水肿、中毒性水肿、淤血性水肿、营养不良性水肿和内分泌性水肿等。

【2010年、2013年执业兽医资格考试真题】左心功能不全常引起（　　）
A. 肾水肿　　　　　　B. 肺水肿　　　　　　C. 脑水肿
D. 肝水肿　　　　　　E. 脾水肿

(三) 发生机制

生理情况下，血浆液体可不断地从毛细血管动脉端透过血管壁滤出到组织间隙，形成组织液，而组织液又不断地从毛细血管静脉端和淋巴管回流入血液。所以正常动物组织液的量是相对恒定的，当血管内外液体交换、体内外液体交换失去平衡时可引起水肿的发生。

1. **血管内外液体交换失去平衡（组织液的生成量大于回流量）**

组织液生成是受血管壁内流体静压、有效胶体渗透压、毛细血管壁的通透性和淋巴回流等因素所制约的。在生理条件下，组织液的生成和回流处于动态平衡；在病理条件下，组织液的生成量大于回流量，则发生水肿。引起组织液生成增多的因素有以下几点。

（1）毛细血管内流体静压升高　毛细血管内流体静压是促使血浆液体滤出的力量，当其升高时可促使血浆液体滤出增多，组织液回流减少，从而引起水肿的发生。见于充血、炎症引起的毛细血管动脉端血压升高和静脉回流障碍。

（2）有效胶体渗透压降低　有效胶体渗透压＝血浆胶体渗透压-组织胶体渗透压，是对抗流体静压的一种力量，促进组织液回流的力量，当其降低时可导致组织液回流减少，从而引起水肿。血浆胶体渗透压取决于血浆蛋白的含量，血浆蛋白含量降低，可使血浆胶体渗透压降低。

引起血浆胶体渗透压下降的因素如下：

①蛋白质摄入不足：饲喂低蛋白质饲料、慢性胃肠病时可导致蛋白质摄入不足。

②蛋白质大量消耗：慢性传染病、寄生虫病和恶性肿瘤等可导致体内蛋白质大量消耗。

③蛋白质丧失过多：大面积创伤、烧伤时，体液中的蛋白质大量流失；肾脏疾病，大量蛋白质随尿排出，体内蛋白质大量丧失。

④蛋白质合成不足：肝脏疾病。

引起组织液渗透压增高的因素有：

①微血管壁通透性增高，使组织液胶体渗透压增高。

②局部炎症时组织细胞变性、坏死，组织分解加剧，使大分子物质分解为小分子物质，引起局部渗透压增高。

（3）毛细血管壁的通透性增高　组织缺氧、代谢产物蓄积、细菌毒素、酸中毒、炎症、变态反应等，均可使毛细血管壁通透性增强。血浆液体的滤出增多，一些大分子血浆蛋白可滤出，而使组织胶体渗透压升高，导致血浆液体滤出增多、组织液回流减少，引起水肿。

（4）淋巴回流受阻　当淋巴管狭窄或阻塞、淋巴管痉挛、淋巴泵失去功能时，致使淋巴回流受阻，使组织液在组织中大量蓄积，毛细血管滤出的部分蛋白质不能回流蓄积在组织中，致使组织胶体渗透压升高，引起水肿发生。

2. 体内、外液体交换失去平衡（水钠潴留）

动物不断从饲料和饮水中摄取水和钠盐，并通过呼吸、出汗和粪、尿将其排出。它们的摄入量和排出量在正常的成年动物通常保持着平衡，这种平衡的维持是通过神经-体液的调节而实现，其中肾脏的作用尤为重要，肾脏通过肾小球的滤过和肾小管的重吸收作用而维持动物体钠、水的平衡，称为肾小球-肾小管平衡，简称球-管平衡。如果球-管平衡失调可导致钠、水在体内的潴留，钠、水潴留是水肿发生的物质基础。

（1）肾小球滤过率降低　肾小球滤过减少，而肾小管重吸收不变，可导致钠、水在体内潴留。广泛的肾小球病变可严重影响肾小球的滤过，如急性肾小球肾炎时由于炎性渗出物和内皮肿胀增生，阻碍了肾小球的滤过；慢性肾小球肾炎时由于肾小球严重纤维化而致肾小球大量被破坏，从而影响滤过；出血、休克、充血性心力衰竭造成有效循环血量下降，可引起肾血流量减少而导致肾小球滤过降低，使钠、水在体内潴留。

（2）肾小管的重吸收增多　激素醛固酮可促进肾小管重吸收钠的作用；抗利尿激素可促进远曲小管和集合管重吸收水的作用。任何能使血浆中抗利尿激素或醛固酮分泌增多的因素，都可引起肾小管重吸收水、钠增多。当肝功能严重损伤时可使抗利尿激素和醛固酮的灭活减弱，促进或加重水肿的发生。

肾血流重分布动物的肾单位有皮质肾单位和髓旁肾单位两种。皮质肾单位接近肾脏表面，它们的髓袢较短，因此重吸收钠、水的作用较弱。髓旁肾单位靠近肾髓质，它们的髓袢长，重吸收钠、水的作用也比皮质肾单位强得多。正常时，肾血流大部分通过皮质肾单位，只有小部分通过髓旁肾单位，在心力衰竭、休克等病理情况下可出现肾血流的重新分配，这时肾血流大部分被分配到髓旁肾单位，使较多的钠、水被重吸收，导致钠、水潴留。

（四）病理变化

1. 皮肤水肿

皮肤水肿的初期或水肿程度轻微时，水肿液与皮下疏松结缔组织中的凝胶网状物结合而呈隐性水肿。随病情的发展，当细胞间液超过凝胶网状物结合能力时，可产生自由液体扩散于组织细胞间，指压留痕，称为凹陷性水肿。眼观皮肤肿胀，弹性下降，质如面团，局部组织因贫血而苍白色，切开有浅黄色液体流出，皮下组织呈淡黄色胶冻状，称为显性水肿。

镜检可见细胞和纤维结缔组织间有粉红色蛋白性液体，组织间隙增宽。结缔组织细胞、肌肉纤维、腺上皮细胞肿大，胞浆内出现水泡。

2. 肺水肿

当肺脏发生水肿时，眼观体积增大，质量增加，质地变实，被膜紧张而有光泽，肺表面因高度淤血而呈暗红色。肺间质增宽，尤其是猪、牛的肺脏因富有间质故增宽尤为明显。肺切面呈紫红色，从支气管和细支气管内流出大量白色或粉红色泡沫状液体。

镜检可见非炎性水肿，肺泡壁毛细血管高度扩张，肺泡腔内出现多量红染的浆液，其中混有少量脱落的肺泡上皮。肺间质因水肿液蓄积而增宽，结缔组织疏松呈网状，淋巴管扩张。在炎性水肿时，除见上述病变外，可见肺泡壁结缔组织增生，有时病变肺组织发生纤维化。

3. 脑水肿

眼观可见软脑膜充血，脑回变宽而扁平，脑沟变浅。脉络丛血管常淤血，脑室扩张，脑脊液增多。

镜检可见软脑膜和脑实质内毛细血管充血，血管周围淋巴间隙扩张，充满水肿液。神经细胞肿胀，体积变大，胞浆内出现大小不等的水泡，核偏位，严重时可见核浓缩甚至消失。神经细胞内尼氏小体数量明显减少。细胞周围因水肿液积聚而出现空隙。

4. 实质器官水肿

心、肝、肾等实质性器官发生水肿时，器官的肿胀较轻微，只有镜检才能发现。肝脏水肿时，水肿液主要蓄积于狄氏间隙内，使肝细胞索与窦状隙发生分离。心脏水肿时，水肿液出现于心肌纤维之间，心肌纤维彼此分离，受到挤压的心肌纤维可发生变性。肾脏水肿时，水肿液蓄积在肾小管之间，使间隙扩大，有时导致肾小管上皮细胞变性并与其底膜分离。

5. 浆膜腔积水（浆膜水肿）

当浆膜腔发生积水时，水肿液一般为淡黄色透明液体。浆膜小血管和毛细血管扩张充血。浆膜面湿润有光泽。如由于炎症所引起，则水肿液内含有较多蛋白质，并混有渗出的炎性细胞、纤维蛋白和脱落的间皮细胞而呈混浊。此时可见浆膜肿胀、充血或出血，表面常被覆薄层或厚层灰白色呈网状的纤维蛋白。

6. 黏膜水肿

黏膜肿胀，呈半透明胶样外观，触压时有波动感，质量增加，有光泽，有时可见出血点或水泡。

7. 全身性水肿

全身性水肿包括心性水肿、肾性水肿、肝性水肿等。

（1）**心性水肿**　是心功能不全、特别是右心功能不全时，引起的一种全身性水肿，主要表现为四肢、胸腹部皮下水肿，严重时出现胸腔积水、腹腔积水；而左心心功能不全可引起肺水肿。

（2）**肾性水肿**　是急性肾功能不全引起的全身性水肿，常见于动物组织结构比较疏松的部位，例如眼睑、面部、腹部皮下、公畜阴囊等处水肿。

（3）**肝性水肿**　是严重肝功能不全、特别是肝硬化时，发生的全身性水肿，同样伴有大量的腹水形成。

（五）结局及对机体的影响

1. 结局

水肿是一种可逆的病理过程，当病因消除后，在心血管系统功能改善的条件下，水肿液被吸收，发生水肿的组织器官功能和形态可恢复。但长期持续的水肿可因组织缺氧、缺血、继发结缔组织增生从而引起组织器官发生纤维化或硬化，病因消除后难以恢复至正常。

2. 对机体的影响

（1）**有利的影响**　炎性水肿的水肿液对毒素或其他有害物质有稀释作用；输送抗体到炎症部位；蛋白质能吸附有害物质，阻碍其吸收入血液；纤维蛋白凝固可限制微生物在局部的扩散等。水肿液实际上就是组织液，不过其量比正常增多而已。可以把组织液看成储备形式的血浆，组织液增多或减少对调节动物的血量和血压起重要的作用（肾脏也起重要作用）。肾炎、心衰时，大量血浆以水肿液形式贮备于组织间，能降低静脉压，减轻血液循环负担。

（2）**不利的影响**　有害的影响程度主要取决于水肿的发生部位、严重程度和持续时间。

①器官功能障碍：水肿对组织器官功能活动的影响，取决于水肿发生的速度和程度。由于多量水肿液对组织细胞和器官的压迫，使其功能发生障碍，如肺水肿可使呼吸功能障碍，引起机体缺氧；心包积液或胸腔积液，可直接压迫心脏和肺脏，使心脏舒缩和肺的呼吸运动发生障碍。如果能及时消除病因，水肿所引起的组织损伤和功能障碍可以恢复。

②细胞代谢障碍：组织间液蓄积增多，使物质交换弥散距离增大，同时水肿液压迫毛细血管和组织细胞，使代谢发生障碍，导致营养不良；严重时可引起组织细胞发生萎缩、变性、坏死；长时间的水肿可刺激结缔组织增生，使组织器官发生硬化，如瘀血水肿性肺硬化和肝硬化。

> 技能训练

水肿的病理学观察

1. 准备工作

动物病理实验室,各组织或器官水肿的大体标本、病理组织切片,显微镜,多媒体教学设备。

2. 训练方法

①对常见组织或器官水肿的大体标本进行识别。

②能够识别常见组织或器官水肿的病理组织切片。

将学生分为每组 5 人,以小组为单位进行训练,每组的成员在训练的过程中互帮互助并互相之间进行逐项考核,最后老师对各组进行抽考,以提高技能训练的效果。

水肿的考核项目见表 6-2。

表 6-2　　　　　　　　　考核项目九　水肿

单项内容	考核标准	标准分	得分
水肿大体标本的识别	对 10 种常见贫血性梗死标本进行识别,每错一个扣 4 分	40	
水肿病理组织切片的识别	对 6 种常见贫血性梗死病理组织切片进行识别,每错一个扣 10 分	60	
合计		100	

考核人:_____　　指导教师:_____　　　　　　日期:___年___月___日

3. 归纳总结

水肿在临床诊断中比较常见,可以单独出现也可和其他病理症状一起出现。我们要根据出现的病理变化及组织学特点进行区分识别并分析其产生的病因,最终对疾病的诊疗提供帮助。本次技能训练主要掌握水肿的病理变化及组织学特点。

4. 实验报告

绘制出常见组织或器官水肿的病理组织图片并标注其病变特点。

子项目二　脱水

> **项目目标**
>
> 1. 理解脱水的概念和类型。
> 2. 掌握高渗性脱水、低渗性脱水、等渗性脱水的发生病因、机制、特点及对机体的影响。
> 3. 了解脱水的补液原则。
> 4. 掌握脱水的病理变化并能够识别大体病变和组织学变化特点。

> **知识准备**

脱水指各种原因引起的细胞外液容量明显减少的一种病理过程,是机体内因水分摄入不足或丧失过多所引起的病理现象。机体在丧失水分的同时,都伴有不同程度的盐类(钠离子)丧失,所以说脱水实际上包括水分和电解质的共同丢失。脱水根据细胞外液的渗透压变化的不同可分为高渗性脱水、低渗性脱水和等渗性脱水三种。

（一）高渗性脱水

高渗性脱水又称为缺水性脱水或单纯性脱水,指失水多于失钠,细胞外液容量减少、渗透压升高的一种脱水。在临床上患病动物表现口渴、尿少、尿比重增加和皮肤皱缩等症状。

【2015年执业兽医资格考试真题】高渗性脱水的特点是（　　）

A. 细胞外液容量减少,渗透压降低

B. 细胞外液容量增加,渗透压降低

C. 细胞外液容量减少,渗透压增高

D. 细胞外液容量增加,渗透压升高

E. 细胞外液容量减少,细胞内溶液量增加

【2019年执业兽医资格考试真题】失水多于失钠可引起（　　）

A. 等渗性脱水　　　B. 低渗性脱水　　　C. 高渗性脱水

D. 水中毒　　　　　E. 水肿

1. 发生原因

（1）饮水不足　多见于动物得不到正常饮水(长期在山地或沙漠行走放牧时水源断绝)或不能饮水(咽炎、食道阻塞、昏迷以及破伤风引起的牙关紧闭

等引起的吞咽困难）。

（2）失水过多

①经胃肠道丢失：如呕吐、腹泻时，由于在短时间内排出大量的低钠性水样内容物，造成机体丢水多于丢钠。

②经皮肤、肺脏丢失：如过度使役、高热病畜，常使动物水汗淋漓；换气过度，导致大量水分随汗液和呼吸运动蒸发水分而丢失。

③经肾丢失：下丘脑因受肿瘤等的压迫而使抗利尿激素合成、分泌障碍，或由于肾小管上皮代谢障碍而对抗利尿激素反应性降低，因而经肾排出大量低渗尿；也可见于因服用过量的利尿剂，使大量水分随尿排出而造成高渗性脱水。

2. 机制

（1）细胞内液向细胞外转移　由于细胞外液高渗，使细胞内液向细胞外转移，细胞外液容量得到部分恢复。但同时也引起细胞脱水，严重者发生脑细胞脱水出现神经症状，如步态不稳、抽搐、嗜睡甚至昏迷。

（2）口渴和 ADH 分泌增加　细胞外液容量减少和渗透压增高，可通过渗透压感受器和口渴中枢引起动物渴感和 ADH 分泌增加，使水的重吸收增多、尿量减少、血钠浓度增高，动物有渴感时饮水增加。

（3）血浆容量减少　压力感受器和容量感受器兴奋性降低，使醛固酮分泌增加和 ANP（心房钠尿肽）分泌下降，有利于肾小管对钠、水的重吸收。

3. 特点

细胞外液容量减少和渗透压升高是高渗性脱水的两个特点。

（1）血液学变化　血钠和血浆蛋白浓度增高，单位体积血液中红细胞数增加，血红蛋白含量增高，但红细胞压积通常变化不大（红细胞体积缩小所致）。

（2）细胞外液容量减少　皮肤水分蒸发减少，影响散热；细胞内脱水引起细胞分解代谢增强，以增加内生性水，但产热增加，发生脱水热。

（3）中枢神经系统功能障碍　严重高渗性脱水时，由于细胞外液高渗使脑细胞脱水，出现一系列神经症状。脑体积因细胞脱水而缩小，颅骨与脑皮质之间血管张力增大，导致静脉破裂而出血、局部脑出血、蛛网膜下腔出血、静脉窦血栓形成及脑实质软化等病变。

4. 对机体的影响

（1）脱水热　脱水过多或时间过长引起血液浓稠，血容量减少而导致血液循环障碍，各种腺体、皮肤、呼吸器官分泌和蒸发的水分相应减少，使机体散热困难，温热在体内蓄积引起体温升高，发生脱水热。

（2）酸中毒　细胞内脱水导致细胞功能紊乱、氧化酶活性降低、物质代谢发生障碍，酸性代谢产物蓄积而引起酸中毒。

(3) 自体中毒　由于血浆渗透压升高，组织细胞间液得不到及时更新，循环衰竭使大量有毒代谢产物不能迅速排出而滞留体内所引起的自体中毒。

（二）低渗性脱水

低渗性脱水又称为缺盐性脱水或单纯性脱水，指失钠多于失水，细胞外液容量减少、渗透压降低、细胞内水肿的一种脱水。在临床上患病动物表现无口渴感，初期尿量较多，尿密度降低，后期易发生低血容量性休克等症状。

1. 发生原因

（1）经肾丢失　利尿剂使用不当及肾上腺皮质功能低下时醛固酮分泌减少，均可抑制肾小管对钠的重吸收，使钠随尿液排出增加；慢性间质性肾病，可使肾髓质正常结构被破坏，不能维持正常的渗透压梯度和髓袢升支功能受损等，使钠随尿排出增加。

（2）经肾外丢失　体液大量丧失后，由于补液不当所引起，如大量出汗、严重呕吐、腹泻、大面积烧伤后单纯性补水或葡萄糖而未补充氯化钠，补充的水分进入血浆，使血浆中 Na^+ 浓度降低，引起缺盐性脱水。

2. 机制

（1）细胞外液容量减少　低渗性脱水时，细胞外液容量减少，同时由于细胞外液的低渗，使水从细胞外液向渗透压相对较高的细胞内转移，从而使本来已减少的细胞外液进一步下降，严重者导致外周循环衰竭，如水分进入脑细胞内，引起脑细胞水肿，可出现神经症状。

（2）血浆渗透压降低　一般无渴感，饮水减少，故机体虽缺水，但却难以经口补充液体。同时，由于细胞外液低渗，可直接抑制丘脑下部视上核中的渗透压感受器，反射性地抑制垂体后叶释放抗利尿素，使肾小管对水的重吸收减少，尿量增多，血容量减少。

（3）血浆容量减少　此时压力感受器和容量感受器兴奋性降低，使醛固酮分泌增加和 ANP 分泌下降，有利于肾小管对钠、水的重吸收。

3. 特点

细胞外液容量减少和渗透压降低是低渗性脱水的两个特点。

（1）血液学变化　血浆容量减少和渗透压降低，可使单位体积血液中红细胞数量增加、血红蛋白含量增多，红细胞压积明显增大。血容量减少，组织间液向血管内转移，使组织间液减少更加明显，出现明显的失水体征，如皮肤弹性减退、眼球凹陷、血压下降、脉搏细速及肢端厥冷等。

（2）钠离子浓度降低　经肾失钠的患病动物，尿钠含量增多，如是肾外原因所致，则因低血容量所致的肾血流量减少而激活肾素–血管紧张素醛固酮系统，使肾小管重吸收钠增多，结果导致尿钠含量减少。

（3）休克倾向　细胞外液容量明显不足，患病动物易发生休克。

4. 对机体的影响

（1）细胞水肿　由于细胞间液的钠离子不断进入血液而引起渗透压降低，细胞间液的水分可通过细胞膜转移至渗透压相对较高的细胞内而引起细胞水肿。如果此时不适当补水又可导致水中毒。神经细胞水肿可引起颅内压升高而发生神经症状。

（2）低血容量性休克　严重而持续的低渗性脱水，体液已明显减少，加之水分大量通过尿液排出并进入细胞内，细胞外液容量降低，从而使有效循环血量减少，动脉压下降，重要器官微循环灌流不足，极易发生低血容量性休克。

（3）自体中毒　低渗性脱水发展到严重阶段时，随着有效循环血量的下降，肾血液灌流不足，致使肾小球滤过率降低、尿量骤减，细胞水肿，物质代谢和排泄障碍引起各种有害产物在体内蓄积，患病动物可发生自体中毒而死亡。

（三）等渗性脱水

等渗性脱水又称为混合性脱水，指体液中的钠与水按血浆中比例丢失，细胞外液容量减少、渗透压不变的一类脱水。其病理特点是：血浆渗透压保持不变，水的丧失比钠盐稍多一些。在临床上患病动物表现尿量减少，尿比重降低等症状。

1. 发生原因

等渗性脱水是一些疾病过程中水分和钠盐同时丧失而引起的，多见于急性肠炎、剧烈而持续性腹痛及大面积烧伤等疾病。如呕吐、腹泻时，丢失大量的消化液；剧烈而持续性腹痛时，因大量出汗，肠内消化液分泌增多，大量血浆漏入腹腔；大面积烧伤时，由于广泛的体表失去皮肤遮盖，使大量浆液从创面流出；低渗性脱水时，未补充水分，而从肺、皮肤不断失水等，均可使肌体内的水和盐大量丧失，从而引起等渗性脱水。中暑、过劳等疾病和长途运输等情况由于动物大量出汗，也可导致等渗性脱水。

2. 机制

细胞外液大量丢失造成有效循环血量减少，机体分别通过容量感受器的反射性调节和肾素-血管紧张素-醛固酮系统活动加强，可引起 ADH 和醛固酮分泌增多，促进肾重吸收水和钠，使细胞外液量有所增加。

3. 特点

（1）细胞外液容量减少使回心血量下降、心输出量降低，严重者可引起血压降低，甚至休克。

（2）细胞外液容量减少而细胞内液变化不大，使血液浓缩，单位体积血液中红细胞数量增加，血红蛋白含量增高，红细胞压积增大。

（3）等渗性脱水患病动物，如不及时处理，可由于呼吸蒸发等继续丢失水分而转变为高渗性脱水；但如补液时只补充水，而不补钠，在容量尚未补足前，则可转变为低渗性脱水。

4. 对机体的影响

（1）等渗性脱水时病理过程持续加重，代偿失调，最终也可发生低血容量性休克。

（2）等渗性脱水的初期如果处理不及时，患病动物可通过皮肤出汗和呼吸蒸发继续丧失水分，从而转变为失水大于失钠的高渗性脱水，机体出现与高渗性脱水相似的变化。

（3）如果对等渗性脱水的患病动物治疗不当，大量补水或输注葡萄糖溶液，则可由等渗性脱水转变为低渗性脱水，甚至发生水中毒。

（四）脱水的补液原则

脱水是一种常见的病理过程，在控制原发性疾病的基础上，可通过补液来纠正、治疗。补液的基本原则是缺什么补什么，缺多少补多少。同时需要预防和治疗酸中毒。

高渗性脱水时，血钠浓度虽高，但仍有钠的丢失，除补充足量的水分（等渗葡萄糖溶液及适量碳酸氢钠）外，还要补充一定量的钠溶液，以防因补充大量水分而使机体的细胞外液处于低渗状态。临床上常用2份5%葡萄糖溶液加1份生理盐水治疗。

低渗性脱水，一般给予足量的等渗性电解质溶液即可。如仅补充葡萄糖溶液而不补钠，则会加重病情使之恶化，甚至导致严重的水中毒。对缺钠明显的应先补充高渗盐水，以迅速提高细胞外液的渗透压，然后再补充一定量的等渗电解质溶液，使机体完全恢复水、钠平衡。临床上常用1份5%葡萄糖溶液加2份生理盐水治疗。

等渗性脱水时，因其缺水较缺钠更多，所以补液时应输入低渗的溶液，临床上常用1份5%葡萄糖溶液加1份生理盐水来治疗。

输液足量的标准：患病动物精神好转，脱水症状消失或减轻，脉搏、呼吸和尿量恢复正常，眼结膜由蓝紫色恢复正常色彩，实验室检查血清钠浓度、红细胞压积趋于正常。

子项目三　酸碱平衡紊乱

项目目标

1. 理解酸碱平衡的概念及正常调节。

2. 掌握酸中毒、碱中毒的概念、分类、特点、结局及对机体的影响。

3. 了解混合型酸碱平衡紊乱的概念、分类及特点。

> 知识准备

（一）酸碱平衡的概述

1. 概念

动物体液环境必须具有适宜的酸碱度，才能维持组织细胞的正常代谢和功能活动。在正常情况下，动物机体新陈代谢过程中会不断产生酸性或碱性产物，同时也有一定量的酸性或碱性物质伴随饲草、饲料或饮水等进入体内。动物体液环境的酸碱度经常保持在 pH 7.4 左右，机体这种维持内环境 pH 相对恒定的过程，称为酸碱平衡。许多因素可以破坏这种平衡而引起酸碱平衡障碍，称为酸碱中毒。机体之所以能维持体液环境的酸碱平衡，是因为机体具有强大的酸碱调节机制。

2. 酸碱平衡的调节

（1）血液缓冲系统的调节

①碳酸氢盐缓冲系统：$NaHCO_3/H_2CO_3$，是体内最大、最重要的缓冲系统，主要存在于血浆中和红细胞内。临床上常用血浆中这一对缓冲系统的量代表体内的缓冲能力。

②磷酸盐缓冲系统：Na_2HPO_4/NaH_2PO_4，是红细胞和其他细胞内的主要缓冲系统，特别是在肾小管内它的作用更为重要。主要存在于血浆中和红细胞内。

③血浆蛋白缓冲系统：Na-Pr/H-Pr，Pr 为血浆蛋白。主要存在于血浆中。

④血红蛋白、氧合血红蛋白缓冲系统：血红蛋白缓冲系统为 K-Hb/H-Hb，Hb 为血红蛋白；氧合血红蛋白缓冲系统为 $K-HbO_2/H-HbO_2$，HbO_2 为氧合血红蛋白。主要存在于红细胞内。

（2）肺的调节　肺可通过改变呼吸运动频率和幅度来控制肺泡通气量，呼出 CO_2 的量可调节血浆中 H_2CO_3 的浓度，从而调节血液的 pH。

（3）肾的调节　血液缓冲系统和肺的调节作用比较迅速，而肾的调节作用发生较慢，但维持时间较长。主要是通过排出过多的酸或碱，调节血浆中 H^+、Na^+、$NaHCO_3$ 的含量，维持体液正常 pH。其作用方式有排酸保碱（近端肾小管重吸收 HCO_3^-，远端肾小管和集合管内尿液的酸化、NH_4^+ 的排出）；在碱中毒时的碱多排碱。

（4）组织细胞的调节　红细胞、肌细胞等组织细胞都能通过细胞内外离子交换方式进行调节酸碱平衡。如细胞间液 H^+ 浓度升高时，H^+ 弥散入细胞内；而细胞内等量的 K^+ 移至细胞外，以维持细胞内外电荷平衡。进入红细胞的 H^+ 可被细胞内缓冲系统所处理，当细胞间液 H^+ 浓度降低时，上述过程相反。细胞内外离子交换及细胞内缓冲作用需时较长，2~4h 才能完成。

（二）酸中毒

1. 概念

在生理条件下，通过机体的调节，将体内多余的酸性物质排出体外，使体液的 pH 维持相对恒定，在病理情况下，由于体内酸过多，而引起体液酸碱平衡紊乱，使血液 pH 低于 7.35，机体表现出多方面的临床症状，称为酸中毒。酸中毒主要是由于 HCO_3^- 浓度降低或 H_2CO_3 浓度升高所引起的酸碱平衡障碍。

2. 分类

根据起因不同，将酸中毒分为两种类型，血浆中代谢性成分 HCO_3^- 含量降低时引起的酸中毒称代谢性酸中毒；血浆中呼吸性成分 H_2CO_3 含量升高时引起的酸中毒称呼吸性酸中毒。

（1）代谢性酸中毒　以血浆 HCO_3^- 浓度原发性减少为特征的病理过程，在兽医临床上最为常见和重要，主要见于体内固定酸生成过多或酸性物质摄入过多、碱性物质丧失过多或酸性物质排出减少。

【2009 年执业兽医资格考试真题】动物某些原发性疾病导致体内 $NaHCO_3$ 含量降低，主要引起（　　）

A. 代谢性碱中毒　　　B. 呼吸性碱中毒　　　C. 代谢性酸中毒

D. 呼吸性酸中毒　　　E. 呼吸性酸中毒合并代谢性碱中毒

（2）呼吸性酸中毒　以血浆 H_2CO_3 浓度原发性升高为特征的病理过程，在兽医临床上也较多见，主要见于 CO_2 排出障碍（如呼吸中枢抑制、呼吸肌麻痹、呼吸道堵塞、胸廓及肺部疾病等）和 CO_2 吸入过多（如冬季密闭饲养的圈舍）。

【2014 年、2017 年执业兽医资格考试真题】呼吸性酸中毒的特征是（　　）

A. 血浆 H_2CO_3 浓度原发性减少　　B. 血浆 H_2CO_3 浓度原发性升高

C. 血浆 HCO_3^- 浓度原发性升高　　D. 血浆 HCO_3^- 浓度原发性减少

E. 血浆 HCO_3^- 浓度不变

3. 特点

（1）代谢性酸中毒的特点　血浆中 $NaHCO_3$ 含量原发性减少，CO_2 结合力

（指血浆 $NaHCO_3$ 中的 CO_2 含量，CO_2 C.P.）降低；动脉血 CO_2 分压（指动脉血血浆中溶解的 CO_2 分子所产生的压力，$PaCO_2$）代偿性降低，H_2CO_3 含量代偿性减少；当充分代偿时，pH 可在正常范围内，失代偿时，pH 则低于正常值的下限。

（2）呼吸性酸中毒的特点　血浆 H_2CO_3 含量原发性增加，CO_2 分压升高；$NaHCO_3$ 含量代偿性增多，CO_2 结合力代偿性升高；当充分代偿时，pH 可在正常范围内，失代偿时，pH 则低于正常值的下限。

4. 酸中毒对机体的影响及结局

（1）代谢性酸中毒

①对中枢神经系统的影响：酸中毒尤其发生失代偿性酸中毒时，由于神经细胞能量代谢障碍和抑制性神经介质 γ-氨基丁酸含量增多，从而抑制中枢神经系统的功能，动物表现为精神沉郁、感觉迟钝，甚至昏迷。

②对心血管系统的影响：酸中毒产生的大量 H^+ 可竞争性地抑制 Ca^{2+} 与肌钙蛋白结合，同时也影响 Ca^{2+} 内流和心肌细胞内肌浆网释放 Ca^{2+}，抑制心肌兴奋-收缩偶联，使心肌收缩力减弱，同时心跳中枢麻痹，最终导致心输出量减少，引起急性心功能不全。

酸中毒常伴发高钾血症。血清钾浓度升高可使心脏传导阻滞，引起心室颤动、心律失常，引起急性心功能不全。

血浆 H^+ 浓度升高，可使小动脉、微动脉、后微动脉、毛细血管等部位的前括约肌对儿茶酚胺的敏感性降低，而微静脉、小静脉仍保持对儿茶酚胺的反应性，故毛细血管的"前门开放、后门关闭"，血容量扩大，而回心血量明显减少，严重时可引发低血容量性休克，甚至死亡。

③对骨骼系统的影响：慢性肾功能不全时可伴发慢性代谢性酸中毒。由于骨内磷酸钙不断释放入血以缓冲 H^+，对骨骼系统的正常发育和功能造成严重的影响。在幼年动物中可导致生长迟缓和佝偻病，在成年动物可导致骨软化症。

（2）呼吸性酸中毒

①对中枢神经系统的影响：呼吸性酸中毒时高浓度的 CO_2 能直接引起脑血管扩张、颅腔内压升高，导致患病动物精神沉郁和疲乏无力；若 CO_2 含量不断升高，脑血管扩张严重，则可引起脑水肿，致使患病动物陷入昏迷状态。CO_2 分子为脂溶性的，能自由透过血-脑屏障，而 $NaHCO_3$ 是水溶性的，不易透过血-脑屏障，故脑脊髓液 pH 降低较血浆及其他部位细胞间液更加明显。由于 CO_2 的直接毒性作用，呼吸性酸中毒引起的脑功能紊乱比代谢性酸中毒时更为严重，有时可因呼吸中枢、心血管运动中枢麻痹而使动物昏迷死亡。

②对心血管系统的影响：当急性、慢性呼吸性酸中毒急性发作时，K^+ 往

往从细胞内移向细胞外，使血钾浓度急剧升高，导致高钾血症，同时血浆中 H^+ 浓度增高，可引起心肌收缩力减弱、末梢血管扩张、血压下降以及心律失常。

（三）碱中毒

1. 概念

在病理情况下，由于体内碱过多，而引起体液酸碱平衡紊乱，使血液 pH 高于 7.45，机体表现出多方面的临床症状，称为碱中毒。碱中毒主要是由于 HCO_3^- 浓度升高或 H_2CO_3 浓度降低所引起的酸碱平衡障碍。

2. 分类

根据起因不同，将碱中毒分为两种类型，血浆中代谢性成分 HCO_3^- 含量升高时引起的碱中毒称代谢性碱中毒，血浆中呼吸性成分 H_2CO_3 含量降低时引起的碱中毒称呼吸性碱中毒。

（1）代谢性碱中毒　血浆 HCO_3^- 含量原发性升高为特征的病理过程，兽医临床上表现为严重呕吐、高位肠梗阻、低钾血症等情况。主要见于体内碱性物质摄入过多、酸性物质丧失过多或碱性物质排出减少。

（2）呼吸性碱中毒　以血浆 HCO_3 含量原发性降低为特征的病理过程，主要见于某些中枢神经系统疾病、某些药物中毒、机体缺氧和机体代谢亢进等情况。

【2012 年执业兽医资格考试真题】呼吸性碱中毒的特点是（　　）

A. 血浆 $NaHCO_3$ 原发性增加　　B. 血浆 $NaHCO_3$ 原发性减少

C. 血浆 H_2CO_3 含量原发性增加　D. 血浆 H_2CO_3 含量继发性增加

E. 血浆 H_2CO_3 含量原发性减少

3. 特点

（1）代谢性碱中毒的特点　血浆中 $NaHCO_3$ 含量原发性增加，CO_2 C. P. 升高；$PaCO_2$ 代偿性升高，H_2CO_3 含量代偿性增多；当充分代偿时，pH 可在正常范围内，失代偿后，pH 则高于正常值的上限。

（2）呼吸性碱中毒的特点　血浆中 H_2CO_3 含量原发性减少，$PaCO_2$ 降低；$NaHCO_3$ 代偿性减少，CO_2 C. P. 代偿性降低；当充分代偿时，pH 在正常范围内，失代偿后，pH 高于正常值的上限。

4. 碱中毒对机体的影响及结局

（1）代谢性碱中毒

①对中枢神经系统的影响：碱中毒特别是失代偿性碱中毒时，由于血浆 pH 升高，引起脑组织中 γ-氨基丁酸转氨酶的活性增高，γ-氨基丁酸分解代谢

加强，脑内含量减少，对中枢神经系统的抑制性作用减弱，患病动物表现躁动、兴奋等症状。

②对血液离子的影响：代谢性碱中毒，血 K^+、Cl^- 降低，Ca^{2+} 浓度降低，可引起神经肌肉组织的兴奋性升高，患病动物出现肢体肌肉抽搐、反射活动亢进，甚至发生痉挛。

（2）呼吸性碱中毒　严重的 CO_2 分压降低可引起脑血管收缩和脑血流量减少，严重碱中毒时可引起脑组织缺氧，患病动物可由兴奋状态转化为萎靡不振、精神沉郁，甚至发生昏迷。

（四）混合型酸碱平衡紊乱

在临床上，除了代谢性酸中毒、呼吸性酸中毒、代谢性碱中毒、呼吸性碱中毒这四种单纯型的酸碱平衡紊乱外，有时两种或两种以上的酸碱中毒可能在同一动物个体上同时并存或相继发生，称为混合型酸碱平衡紊乱。这种平衡紊乱可分为两类，一是酸碱一致型；二是酸碱混合型。

（1）酸碱一致型　指酸中毒、碱中毒在同一动物个体上不交叉发生。

①呼吸性酸中毒合并代谢性酸中毒：见于通气障碍引起的呼吸功能不全时，CO_2 在体内滞留导致呼吸性酸中毒，而缺氧又可引起代谢性酸中毒，引起动物血浆的 pH 明显下降。

②呼吸性碱中毒合并代谢性碱中毒：见于剧烈呕吐并伴有高热的疾病，高热造成过度通气引起呼吸性碱中毒，呕吐导致胃酸丢失引起代谢性碱中毒，引起动物血浆的 pH 明显升高。

（2）酸碱混合型　指酸中毒、碱中毒在同一动物个体上交叉发生。

①代谢性酸中毒合并呼吸性碱中毒：见于严重肾功能不全或腹泻并伴有高热的疾病，可在原代谢性酸中毒的基础上因过度通气而合并发生呼吸性碱中毒，动物血浆的 pH 变化不大。

②代谢性酸中毒合并代谢性碱中毒：见于肾炎、尿毒症并伴发呕吐的疾病，在原代谢性酸中毒基础上因胃酸大量丧失而引发代谢性碱中毒，动物血浆的 pH 变化不明显。

③呼吸性酸中毒合并代谢性碱中毒：见于慢性肺部并伴发呕吐的疾病，在原呼吸性酸中毒基础上因呕吐使含有盐酸的胃液大量丧失而引发代谢性碱中毒，动物血浆的 pH 变化不明显。

项目思考

1. 简述渗出液与漏出液的区别。

2. 简述脑水肿的病理变化特点有哪些？
3. 脱水可分为哪几种？如何对其进行区别？
4. 如何区别代谢性酸中毒与呼吸性酸中毒？
5. 混合型酸碱平衡紊乱在临床上表现为哪些形式？

项目七 炎症

本项目主要介绍了炎症的概念、病因、炎症介质、局部表现与全身反应、局部的病理变化、炎症的类型及结局，通过学习能够运用各种炎症的病理变化特点分析疾病中出现各种炎症反应的发生发展过程。

子项目一 概述

项目目标

1. 理解炎症的概念和原因。
2. 掌握炎症的局部表现与全身反应。

知识准备

（一）炎症的概念

炎症指机体对抗各种致炎因子及局部损伤所产生的以防御为主的应答性反应。炎症是致炎因子对机体的损伤与机体抗损伤反应的斗争过程，在这个过程中，既存在致炎因子对机体引起的损伤反应，包括局部组织细胞结构的破坏、代谢的紊乱和功能的减退或丧失；也存在机体为清除致炎因子及修复损伤所产生的抗损伤应答。炎症是常见的、基本的病理过程，可发生在机体的任何部位和组织，表现为局部组织的变质、渗出和增生。炎症能否发生，取决于致炎因子的性质、强度和作用时间、机体的防御能力、应激功能、反应性和遗传性。

（二）炎症的原因

致炎因子指能引起组织损伤并导致炎症反应的因素。

1. 外源性致炎因素

（1）生物性因素　如细菌、病毒、支原体、立克次氏体、螺旋体、真菌等病原微生物和寄生虫都是动物最常见的致炎因子，它们可通过机械性损伤直接破坏组织、产生毒素及代谢产物损伤组织、作为抗原性物质诱发超敏反应最终导致炎症。

（2）化学性因素　如强酸、强碱、松节油等外源性化学物质腐蚀组织导致炎症。

（3）物理性因素　如高温、低温、放射线物质和紫外线等均可造成组织损伤引起炎症。

（4）机械性因素　如创伤、扭伤、挫伤、摩擦等机械性损伤均可引起炎症。

2. 内源性致炎因素

内源性致炎因素指由体内产生的致炎因素，主要有免疫过程中产生的免疫反应、组织分解产物、某些病理代谢产物等均可刺激机体并引起炎症。

（三）炎症的局部表现与全身反应

炎症是一种全身性病理过程的局部表现，有红、肿、热、痛和功能障碍，是炎区组织发生变质、渗出和增生的结果。当局部炎症严重或机体抵抗力下降时往往出现不同程度的全身反应，可使机体出现发热、外周血白细胞增多、单核巨噬细胞系统功能增强等。

1. 局部表现

（1）红　由于炎症局部血管扩张，病灶内充血所致。炎症初期，由于动脉性充血，氧和血红蛋白含量增加，局部组织呈鲜红色。后期随着炎症发展，血流减慢，动脉性充血转为静脉性充血，血液中氧和血红蛋白含量减少，还原血红蛋白含量增加，局部组织呈暗红色，但动物皮肤有颜色且较厚时表现不明显。

（2）肿　由于局部血管扩张、组织充血，毛细血管通透性增高，炎性渗出物增多，引起局部组织炎性水肿；慢性炎症时由局部肿胀增生所致。

【2011年执业兽医资格考试真题】与炎性渗出有关的因素是（　　）

A. 血管壁通透性增高　　　　　B. 血管壁通透性下降

C. 血浆胶体渗透压升高　　　　D. 组织内晶体渗透压下降

E. 组织内晶体渗透压增加

（3）热　由于局部动脉性充血时血流量增多，血流加快，物质分解代谢加强，产热增多，致使炎症灶的温度较周围正常组织高，一般在体表的急性炎症表现明显，内脏器官发炎时，局部温度变化不明显。

(4) 痛　由于炎症介质、钾离子和氢离子刺激神经末梢而引起疼痛；炎性渗出引起组织肿胀、张力升高，压迫或牵拉感觉神经末梢也可引起疼痛。

(5) 功能障碍　由于局部组织损伤或结构改变，实质细胞变性坏死，代谢功能异常，炎性渗出等造成的压迫或机械阻塞都可引起炎症器官的功能障碍。

【2009年执业兽医资格考试真题】红、肿、热、痛和功能障碍是指（　　）

A. 炎症的本质　　　　　　　B. 炎症的基本经过
C. 炎症局部的主要表现　　　D. 炎症时机体的全身反应
E. 炎症局部的基本病理变化

2. 全身反应

(1) 发热　指当炎症反应严重时，在致热原的作用下，机体体温调节中枢的调定点升高所引起的一种高水平的体温调节活动。致热原指凡能引起动物发热的刺激物。致热原分为两类，一是病原微生物、寄生虫及其代谢产物，二是炎症时细胞组织的坏死崩解产物、抗原抗体复合物、淋巴因子等，被巨噬细胞、嗜中性粒细胞吞噬后，产生内源性致热原，引起发热。

炎症时一定程度的体温升高对机体是有利的，可使机体代谢增强，促进抗体形成、白细胞生成增多、增强肝解毒功能和单核-吞噬细胞系统的吞噬功能，从而提高了机体抵抗疾病的防御性能力。但发热持久或体温过高，可影响机体的代谢过程而不利于机体的生命活动，可引起中枢神经系统的损害和功能紊乱，造成严重的后果。如果炎症病变十分严重时，体温反而不升高，说明机体的反应能力差、抵抗力低下，是预后不良的征兆。

(2) 血液的变化　炎症时血液中最主要的变化是白细胞数目增多，是机体抗感染、抗损伤非常重要的防御性反应。不同炎症或炎症的不同阶段，白细胞增多的种类不同。一般情况下，急性炎症特别是化脓性炎症时，以嗜中性粒细胞增多为主；过敏性炎症或寄生虫感染时，以嗜酸性粒细胞增多为主；慢性炎症和病毒感染时，以巨噬细胞和淋巴细胞增多为主。但在某些病毒性疾病中，虽然也有炎症，但白细胞总数不见增加，甚至减少，如犬细小病毒病、猫泛白细胞减少症等。在机体抵抗力低下或严重感染时，白细胞没有明显增多，甚至减少，往往是预后不良的征兆。

(3) 单核-吞噬细胞系统的变化　炎症时单核巨噬细胞增生，吞噬和杀菌功能增强。表现为局部淋巴结增生、肿大，淋巴窦内单核细胞增多，T淋巴细胞、B淋巴细胞增生。严重炎症时，全身淋巴结、脾肿大，肝、脾、骨髓内单核-吞噬细胞系统细胞和血管窦内皮细胞增生，吞噬功能增强，这些都是机体的防御反应。

(4) 实质器官的变化　在炎症过程中，特别是较严重的感染所引起的急性炎症，由于发热、细菌毒素、炎性分解产物的吸收，可引起心、肝、肾等器官的实质细胞常发生不同程度的细胞肿胀、脂肪变性，严重时可出现局灶性坏死。

子项目二　炎症介质

项目目标

1. 理解炎症介质的概念及分类。
2. 掌握体液源性炎症介质的分类、组成及作用。
3. 掌握细胞源性炎症介质的分类、组成及作用。
4. 了解炎症介质的作用特点。

知识准备

炎症介质指炎症的过程中在致炎因子的作用下，由局部细胞释放或体液中产生的、参与或引起炎症反应的化学活性物质。炎症介质有外源性和内源性两大类。内源性炎症介质根据其来源可分为体液（血浆）源性介质和细胞源性介质；根据其作用可分为血管活性物、趋化剂等。

（一）体液（血浆）源性炎症介质

体液（血浆）血浆源性炎症介质以前体的形式存在，需要蛋白水解酶才能激活，包括激肽系统、补体系统、凝血系统和纤溶系统。

1. 激肽系统

（1）组成　激肽系统是由激肽原酶作用于激肽原而产生的，包括激肽释放酶原、激肽释放酶、激肽释放酶结合蛋白、激肽原、激肽（缓激肽、赖氨酰缓激肽）、特异性 B1 和 B2 受体及激肽酶。激肽原酶有血浆激肽原酶和组织激肽原酶两种。血浆激肽原酶是肝细胞合成的一种碱性糖蛋白，被凝血因子的活化产物激活而转变为血浆激肽释放酶，使血浆中的高分子质量激肽原生产缓激肽；组织激肽原酶存在于肾脏、胃肠、唾液腺、胰腺、汗腺等组织和腺体分泌物中，炎症时受损细胞释放的组织蛋白酶使其转变为组织激肽释放酶，使血浆中的低分子质量激肽原生产胰激肽，胰激肽经氨基肽酶解生成缓激肽。

（2）作用　缓激肽是激肽系统激活后的最终产物，通过与其受体结合而发挥作用，缓激肽 B1 受体参与慢性炎症反应，B2 受体参与急性炎症反应。能使毛细血管和微静脉通透性升高；使微循环血管扩张；对非血管平滑肌有收缩作用而引起哮喘、腹泻和腹痛；增强痛觉感受器的兴奋性引起致痛作用；刺激成纤维细胞合成胶原纤维。

【2010年执业兽医资格考试真题】引起炎症局部疼痛的炎症介质是（　　）

A. P物质　　　　　　B. 组织胺　　　　　　C. 缓激肽
D. 一氧化氮　　　　　E. 溶酶体酶

2. 补体系统

（1）组成　补体系统是由血清和组织液中具有酶活性的一组糖蛋白组成的。血浆中的补体主要来源于肝细胞，炎性病灶中的补体主要来源于巨噬细胞。

（2）作用　生理状态下，血清中大多数补体均以无活性的前体形式存在。在致炎因子作用下，补体系统可通过经典途径、凝集素活化途径和替代途径被依次激活，出现一定顺序的连锁酶促反应，并产生多种补体成分的水解片段或组成新的具有酶活性的复合分子，从而参与机体的防御功能。补体系统能引起肥大细胞和血小板释放组胺，导致血管扩张和通透性升高；对吞噬细胞还具有强烈的趋化作用，可使嗜中性粒细胞黏附于血管内皮细胞；病原菌易被吞噬细胞识别并吞噬；能促进嗜中性粒细胞释放溶酶体成分；对细菌、原虫、病毒感染细胞均能溶解。

3. 凝血系统

（1）组成　炎症时由于血管内皮细胞受损，内皮下基底膜胶原纤维暴露，其带负电荷，可激活凝血因子Ⅻ并启动内源性凝血系统；同时，受损细胞释放大量凝血因子Ⅲ进入血液，启动外源性凝血系统。

（2）作用　凝血系统被激活后，产生凝血酶和Xa因子。凝血酶可使纤维蛋白原形成纤维蛋白，同时释放出纤维蛋白多肽。纤维蛋白多肽可使血管壁通透性升高，对白细胞有趋化作用，促使白细胞渗出。Xa因子与效应细胞蛋白酶受体结合后发挥炎症介质作用。

4. 纤溶系统

（1）组成　Ⅻa因子在启动凝血系统的同时，也激活纤维蛋白溶解系统。该系统在激活过程中，通过水解纤维蛋白，使纤维蛋白凝块溶解而与凝血作用相拮抗。纤维蛋白溶解系统的激活也与激肽系统的激活密切关联。

（2）作用　激肽释放酶可使纤维蛋白溶解酶原转变为纤维蛋白溶解酶。纤维蛋白溶解酶是一种多功能蛋白酶，可使纤维蛋白溶解，在溶解过程中形成的纤维蛋白降解产物，具有增加血管壁通透性和趋化白细胞等的作用。纤维蛋白溶解酶的炎症活性还可降解C_3，形成C_{3a}。

（二）细胞源性炎症介质

细胞源性炎症介质是在致炎因子直接或间接作用下，由肥大细胞、组织细胞、巨噬细胞、白细胞、血小板等细胞产生并释放的炎症介质，主要包括血管活性胺、花生四烯酸代谢产物、细胞因子、白细胞产物和血小板激活因子等。

1. 血管活性胺类

血管活性胺类主要有组胺和5-羟色胺或血清素两种，是炎症过程中血管反应最常见的活性物质。

（1）组胺

①分布：主要储存于肥大细胞、嗜碱性粒细胞和血小板中。当受到致炎因子刺激时，迅速以脱颗粒方式释放出来。

②作用：能使毛细血管、微静脉和微动脉明显扩张，血管内皮细胞收缩，内皮细胞间紧密连接部间隙增大，使微静脉和毛细血管壁通透性升高，血浆外渗，引起炎症局部水肿；刺激支气管、胃、肠和子宫平滑肌收缩，促进支气管和消化道腺体分泌，引起哮喘、腹泻和腹痛；直接刺激心肌，导致心率加快、心肌收缩力和房室间传导增强；对嗜酸性粒细胞有特异性的趋化作用，是过敏性炎症中引起嗜酸性粒细胞浸润的主要因素，具有致痒作用。

（2）5-羟色胺　5-羟色胺（5-HT）又称血清素，是色氨酸脱羧、羟化生成的衍生物，与组胺共同参与急性炎症的早期反应。

①分布：主要储存于肥大细胞、血小板、肠道上皮组织间的嗜银细胞中。

②作用：可引起肾脏、肺细动脉收缩，使炎症局部血管壁通透性升高，促进组织胺释放；还可引起多数器官微血管扩张，低浓度时具有致痛作用，高浓度时导致大静脉收缩。

2. 花生四烯酸代谢产物

花生四烯酸（AA）主要储存于细胞膜的磷脂内，在细胞受损情况下，磷脂酶被激活，促使 AA 从质膜磷脂中释放出来，通过环加氧酶或脂质加氧酶途径分别代谢为前列腺素（PG）和白细胞三烯（LT）等炎症介质。

（1）前列腺素

①分布：广泛存在于各种组织，主要来源于血小板和白细胞，嗜中性粒细胞、单核细胞、巨噬细胞等炎性细胞也可产生和释放 PG。

②作用：主要在炎症后期起作用，具有扩张微血管、增强血管壁的通透性，加剧水肿；致痛、致热；对嗜中性粒细胞和嗜酸性粒细胞有微弱的趋化作用。

（2）白细胞三烯

①分布：主要来源于肥大细胞、白细胞和单核细胞，包括 LTA4、LTB4、LTC4、LTD4 和 LTE4。

②作用：LT 能增强血管壁通透性，对支气管和血管平滑肌有强烈的收缩作用。其中 LTB4 致炎作用最强，可促使嗜中性粒细胞、嗜酸性粒细胞和单核细胞在小静脉内皮细胞黏附，并对其产生强烈的趋化及激活作用。

（3）脂质素　脂质素（LX）是新确定的一类由 AA 产生的活性物质。

①分布：血小板本身不能合成脂质素，当其与白细胞接触并由细胞内衍生的中间介质转入后才能形成。

②作用：具有抑制炎症和促进炎症的双重作用，可促进单核细胞的黏附，抑制嗜中性粒细胞的黏附及趋化作用；LXA4 具有扩张血管的作用，同时可削弱 LTC4 的缩血管作用；对 LT 具有负调节作用。

3. 细胞因子

细胞因子（CK）是一组由免疫细胞和非免疫细胞合成、分泌的非免疫球蛋白性质的多肽类分子，主要作用于免疫细胞、成纤维细胞和血管内皮细胞，并与激素、神经肽、神经递质共同组成细胞间信号分子系统，主要参与和调节机体免疫应答、炎症反应、损伤修复、细胞生长分化等过程。根据功能可分为趋化细胞因子、炎性细胞因子和造血因子；根据来源可分为淋巴因子和单核因子。淋巴因子由致敏的 T 细胞产生，包括巨噬细胞移动抑制因子、巨噬细胞趋化因子、巨噬细胞活化因子、嗜中性粒细胞趋化因子、嗜酸性粒细胞趋化因子、嗜碱性粒细胞趋化因子、白细胞移动抑制因子、皮肤反应因子、γ-干扰素和淋巴毒素等。单核因子由单核巨噬细胞组成，包括干扰素、肿瘤坏死因子、白细胞介素。

【2019 年执业兽医资格考试真题】下列由细胞释放的炎症介质是（　　）
A. 激肽系统　　　　B. 补体系统　　　　C. 单核因子
D. 凝血系统　　　　E. 纤溶系统

（1）白细胞介素

①组成：来自 T 淋巴细胞和单核巨噬细胞等所分泌的某些非特异性发挥免疫调节和在炎症反应中起作用的细胞因子，统称为白细胞介素（ILs）。它们是介导白细胞间相互作用的细胞因子，包括 IL-1~IL-24。

②作用：IL 是体内作用最强的炎症介质之一，其生物学功能广泛而复杂，能介导多种炎症反应，并具有抗病毒、抗肿瘤和免疫调节等作用。其中 IL-1 主要是增强机体的抗肿瘤、抗感染作用，促进 T 淋巴细胞和 B 淋巴细胞分裂，促进成纤维细胞增生和胶原纤维合成，上调血管内皮细胞上黏附分子的表达，促使凝血和血小板内活性物质的释放诱导发热，并使细胞内 PGE 合成增多；IL-5 可激活 B 淋巴细胞，产生抗体；IL-6 具有抗病毒活性，和 IL-1 协调增强血管内皮细胞上黏附分子的表达，是炎症时血清急性期 C-反应蛋白的诱生物，并参与发热；IL-8 对嗜中性粒细胞具有较强的趋化作用。

【2009年执业兽医资格考试真题】能引起恒温动物体温升高的物质是（　　）
A. 钙离子　　　　　B. 白细胞介素　　　　C. 精氨酸加压素
D. 脂皮质蛋白　　　E. α-黑素细胞刺激素

（2）集落刺激因子（CSF）　根据其刺激造血干细胞和造血祖细胞在半固体培养基中所形成的不同细胞集落，包括多系-集落刺激因子、粒细胞-巨噬细胞集落刺激因子、粒细胞集落刺激因子、巨噬细胞集落刺激因子、促红细胞生成素和干细胞因子等。

（3）趋化因子家族（CF）　指一组结构和功能相似、相对分子质量为8000～12000，对白细胞具有激活和趋化作用的小分子细胞因子。目前已知的趋化性细胞因子有50多种，主要由免疫细胞产生。

根据来源，可将趋化因子分为外源性和内源性两类。外源性趋化因子包括细菌及其代谢产物；内源性趋化因子由机体产生，包括补体系统、激肽系统、淋巴因子、阳离子蛋白、组织崩解产物等。也可根据趋化因子分子结构特点，将其分为四个家族或亚族，即 CXC（α-亚族）、CC 亚族（β-亚族）、C 亚族（γ-亚族）、CX3C 亚族（δ-亚族），C 为半胱氨酸，X 为非保守氨基酸。

（4）干扰素

①组成：干扰素（IFN）是由白细胞和成纤维细胞产生的。根据其理化和生物学特性，可将 IFN 分为 IFN-α、IFN-β、IFN-γ 三类。

②作用：IFN 具有很强的免疫调节作用及抗病毒、抗细胞增殖、抗肿瘤的功能。小剂量 IFN 对 T 淋巴细胞和 B 淋巴细胞功能具有促进作用；大剂量起发挥抑制功能。

（5）肿瘤坏死因子

①组成：肿瘤坏死因子（TNF）由活化的单核巨噬细胞和 T 淋巴细胞产生。可分为 TNF-α 和 TNF-β 两类。

②作用：TNF 在炎症中发挥多种重要作用，如诱导发热和 IL-1、IL-6 等细胞因子的合成，能与 IL-1、IL-6 协同诱发血清急性期蛋白和黏附分子在血管内皮细胞的表达；能活化白细胞，增强白细胞吞噬功能，促进嗜中性粒细胞的聚集和激活间质组织释放蛋白水解酶，刺激巨噬细胞合成细胞因子；还有抗病毒、抗肿瘤的作用。

（6）转化生长因子-β 超家族

①组成：转化生长因子-β 超家族（TGF-βfamily）由多种细胞产生，主要包括 TGF-β、抑制素、激活素、骨形态形成蛋白等，目前至少有 25 个成员。

②作用：它们是一类调节细胞生长和分化的多肽，可通过多种环节导致细胞外基质积聚和纤维化。

（7）生长因子

①组成：生长因子（GF）包括胰岛素样生长因子、表皮生长因子、血小板衍生的生长因子、成纤维细胞生长因子、血管内皮细胞生长因子、肝细胞生长因子、神经生长因子、血小板衍生的内皮细胞生长因子和转化生长因子-α等。

②作用：GF对细胞生长和分化等具有明显的调节作用，也参与炎症反应。

4. 白细胞产物

嗜中性粒细胞及单核细胞被致炎因子激活后，释放出活性氧代谢产物和多种溶酶体（酸性蛋白酶、中性蛋白酶、弹性蛋白酶等），可促进炎症反应和破坏组织。

（1）活性氧代谢产物

①组成：当嗜中性粒细胞及巨噬细胞吞噬微生物形成吞噬体时，可产生超氧负离子、过氧化氢和羟自由基等大量的活性氧代谢产物，可在细胞内与一氧化氮结合形成活性氮中间产物，这些中间产物大量释放到细胞外损伤血管内皮细胞。

②作用：血管内皮细胞被损伤后可引起血管壁通透性增高；可损伤红细胞或其他实质细胞；可激活嗜中性粒细胞，产生毒性物质，刺激内皮细胞本身的黄嘌呤氧化作用，从而产生更多的过氧化物；灭活抗蛋白酶，致使相应蛋白酶活化，破坏组织结构并使基质损伤。

（2）溶酶体

①组成：溶酶体存在于多种细胞的胞质中，以吞噬细胞内分布最为丰富。嗜中性粒细胞和单核细胞的溶酶体内含有40多种酶性和非酶性炎症介质。

②作用：中性蛋白酶是炎症中损伤组织的主要介质，在中性或弱碱性环境中活性最强，能降解胶原纤维、基底膜、软骨组织、弹性蛋白而引起组织损伤；在血管炎、关节炎和肾小球肾炎的发生、发展中起重要作用；可促进脓肿形成和增加血管壁的通透性。

酸性蛋白酶在酸性环境中活性最强，主要在吞噬溶酶体内降解病原微生物和细胞碎片，还能促进肥大细胞脱颗粒。

阳离子蛋白能引起肥大细胞脱颗粒，释放组胺，增加血管壁的通透性；对单核巨噬细胞有趋化作用，但对嗜中性粒和嗜酸性粒细胞游走有抑制作用。

5. 急性期蛋白

（1）组成　急性期蛋白（APP）指炎症、感染或恶性肿瘤等引起机体组织损伤的急性期内合成的一组蛋白质。正常时，血浆中不存在APP或仅含极少量APP。只有组织损伤后，这些蛋白质才迅速合成并释放进入血液。其在血液中的出现是初期组织损伤和炎症反应的一个标志，因此称为急性期蛋白。大多数

APP 由肝合成，同一个肝细胞可产生四种以上的 APP。

（2）作用　炎症时，血浆中 APP 浓度迅速升高，也有部分 APP 发生降低的变化，通常将升高称为阳性 APP；降低称为阴性 APP。APP 是通过与特异性配体结合来发挥其生物学效应的，它不仅是炎症反应的生物学标志，也是炎症过程中的调节因子。

6. 血小板激活因子

（1）组成　血小板激活因子（PAF）是一种活性很强的炎症介质，由被激活的嗜碱性粒细胞、肥大细胞、嗜中性粒细胞、单核巨噬细胞和血管内皮细胞所产生。

（2）作用　PAF 可参与多方面的炎症过程，可引起血流动力学改变；激活血小板，促进血小板聚集、脱颗粒释放血管活性胺类物质；增加血管壁的通透性导致炎症局部水肿；促进白细胞聚集和黏附，对成纤维细胞具有趋化作用。PAF 还可刺激白细胞及其他细胞合成 PG 和白细胞三烯等炎症介质。

7. 一氧化氮

（1）组成　一氧化氮（NO）主要由内皮细胞、巨噬细胞和一些特定的神经细胞在一氧化氮生成酶作用下产生的。

（2）作用　NO 参与炎症过程时，主要是作用于血管平滑肌，扩张血管；抑制血小板的黏着和聚集；抑制肥大细胞引起的炎症反应；调节、控制白细胞向炎区的聚积。NO 与活性氧代谢产物可形成多种具有杀灭微生物的物质，细胞内有大量 NO 可减少微生物的复制，但也可造成组织细胞的损伤。内皮细胞、巨噬细胞和其他细胞所产生的 NO 可引起血管扩张并具有细胞毒性。

【2017 年执业兽医资格考试真题】一氧化氮参与炎症过程时，主要作用是（　　）

　　A. 激活肥大细胞　　　　　　B. 促进微生物增殖
　　C. 激活血小板黏着和聚集　　D. 扩张血管
　　E. 保护组织细胞免于损伤

8. 神经肽类

（1）组成　主要有 P 物质（SP）和血管活性肠肽（VIP），这些神经肽类由弥散神经内分泌系统（DNES）的细胞产生，主要分布于肠道和呼吸道上皮中，DNES 细胞在受到抗原刺激后，可大量产生和释放神经肽类物质。

（2）作用　SP 可传递疼痛信号、调节血压和刺激免疫细胞、内分泌细胞的分泌作用；可刺激 T 细胞增殖，调节 B 细胞合成抗体；可增加血管通透性的强有力介质，促进单核巨噬细胞释放溶酶体酶和花生四烯酸代谢物；可直接或间接刺激肥大细胞脱颗粒而引起血管扩张和通透性增加，并加强组胺的作用而引起水肿；在过敏反应中引起支气管平滑肌收缩。VIP 是中枢和外周神经系统的重要递质，能引起平滑肌和血管的扩张以及神经的去极化、调节水盐代谢等作用；是神经系统和免疫系统之间的一种信号分子。

（三）炎症介质的作用特点

在炎症过程中，各种来源的炎症介质既有各自作用的重点环节和作用时期，又在各个环节中有着密切联系，彼此起着协同作用。一种炎症介质可表现多种致炎效应，而不同的炎症介质也可表现出相同的致炎效应。炎症介质可作用于一种或多种靶细胞，依据细胞和组织的类型不同而起不同的作用。

一般在炎症早期，以血管活性胺和激肽为主；而炎症后期则以 PG、淋巴因子和溶酶体成分为主。

几乎所有介质均处于灵敏的调控和平衡体系中，一方面在细胞内处于严密隔离状态的介质，或在血浆和组织内处于前体或非活性状态的介质，都必须经过许多步骤才能被激活，在其转化过程中，限速机制控制着产生介质的生化反应速度；另一方面，介质一旦被激活和释放，将迅速被灭活或破坏。机体就是通过上述调控体系使体内介质处于动态平衡状态。

子项目三　炎症的局部病理变化

项目目标

1. 了解变质的概念、细胞形态、物质代谢和细胞功能的变化。
2. 掌握渗出的概念及过程。
3. 掌握常见炎性细胞的种类和功能。
4. 掌握增生的概念、原因和作用及增生细胞。

知识准备

各种炎症性疾病在临床和病理形态学上都有不同表现，但无论何种原因所引起的炎症都具有共同的基本发展规律，即炎症局部的基本病理变化或炎症反应的基本过程，包括不同程度的组织变质、血管反应即渗出和局部组织的增生性反应。在炎症过程中这些病理变化按照一定的先后顺序发生，一般急性炎症或炎症早期以变质、渗出变化为主，慢性炎症或炎症后期以增生为主，三者互相密切联系，在一定的条件下可相互转化。通常变质属于损伤过程，而渗出和增生属于抗损伤过程。

(一) 变质

变质指炎症局部细胞组织发生变性和坏死的过程。在变质部位，除了形态发生改变之外，还有不同程度的代谢和功能障碍。

1. 细胞形态变化

形态变化主要发生在实质细胞或间质。实质细胞表现为颗粒变性、脂肪变性、水泡变性，严重时组织崩解发生坏死并释放大量化学物质；间质表现为水肿、黏液样变性、玻璃样变性、纤维素样变性和坏死等。形态变化在炎灶中心较为明显，边缘较轻微。由于其主要损害实质细胞，所以实质器官发生炎症时，变质性变化最为明显。

2. 物质代谢变化

炎症过程中，炎区物质分解代谢加强，氧化过程加快，耗氧量增加（比正常高 2~3 倍），由于酶系统受损和局部血液循环障碍造成的缺血性缺氧，使局部氧化过程迅速下降，而导致氧化不全的酸性代谢产物在局部组织蓄积，引起局部代谢性酸中毒。但在炎症的初期，可由组织中的碱贮物质中和而代偿。急性化脓性炎症时酸中毒较严重，慢性炎症时酸中毒较轻。另外，由于炎区盐类的解离、分解代谢加强和坏死组织崩解，局部组织中离子浓度（K^+）和分子浓度增加，导致炎区局部的渗透压升高、毛细血管通透性升高。

3. 细胞功能改变

轻微的形态和代谢变化可使局部组织细胞功能降低，如物质代谢障碍严重或发生坏死时，其功能完全丧失。

(二) 渗出

渗出指由于炎区内血管扩散，其中的液体成分和细胞成分通过血管壁进入炎区间质组织间隙、体表、体腔或黏膜表面的过程。渗出的液体成分和细胞成分称为炎性渗出物或渗出液。渗出在炎症反应中具有非常重要的防御作用，即抗损伤过程，是机体清除致炎因子和有害物质的积极措施，是多种炎症介质共同作用的结果，是在充血、血管壁通透性升高的基础上发生、发展而来的。渗出的全过程包括微循环反应、血液液体渗出和细胞渗出三部分。

1. 微循环反应

在炎症过程中，组织发生损伤后微循环很快发生血液流变学的变化，表现为血流和血管口径的改变，病变发展速度取决于损伤的严重程度。血液流变学变化过程包括细动脉短暂收缩、血管扩张血流加速、血流速度减慢、白细胞附壁随着。

2. 血液液体渗出

由于血管壁通透性升高，微循环血管内的流体静脉压增加和局部组织渗透压升高，使血液成分透过血管壁进入到炎症局部组织，分为液体渗出和细胞渗出两类。液体渗出指随着炎区局部血液循环障碍的发展，毛细血管壁的通透性增高，导致血液内的液体成分透过血管壁进入血管外的过程，炎症过程中的液体渗出最终形成炎性水肿，这种水肿液称为炎性渗出液或渗出液；而非炎性水肿液称为漏出液。渗出液潴留于浆膜腔或关节腔时称为炎性积液。

（1）液体渗出的原因和机制

①血管通透性增强：致病因素（细菌毒素、化学物质、高温等）直接作用和炎症介质（血管活性胺、激肽等）间接作用，损害血管壁的黏合质和基膜，使血管的通透性增强。

②微循环内流体静压升高：血管活性胺使微动脉扩张而毛细血管收缩，可导致瘀血使微循环内流体静压升高，最终引起液体外渗。

③组织液渗透压升高：由于血管通透性增强，血浆蛋白外渗进入炎区以及组织分解加强，使组织液内分子和离子浓度升高，导致炎区组织液渗透压升高，引起液体外渗。

（2）渗出液的成分　渗出液的成分随炎症的发展阶段和血管的损伤程度而异，主要有水、盐类和蛋白质，炎症早期或血管壁受损轻微时渗出的是小分子的白蛋白；当血管壁受损较重时，渗出是较大分子的球蛋白甚至大分子的纤维蛋白原。渗出的纤维蛋白原在坏死组织释放的组织因子等作用下形成纤维蛋白即纤维素，导致纤维素性炎症。炎性渗出液不同于单纯流体静压升高所形成的漏出液，其特点是蛋白含量高、密度大、混浊、易凝固、含有大量的炎性细胞。

（3）炎性渗出的意义　渗出液可带有抗体、补体、溶菌素和药物，能稀释、抑制和杀灭炎症组织的生物性病原体，中和毒素等有害物质，减轻毒素对组织的损伤。渗出的纤维蛋白，交织成网状结构，阻止细菌蔓延和扩散，使炎症局限化。渗出液中含有多种成分，为炎区组织细胞带来营养物质，并带走炎症灶中的代谢产物，加速局部物质代谢。

渗出液过多，可压迫周围组织器官，加剧局部血液循环障碍，影响器官正常活动，引起严重的后果。渗出液中含纤维素过多，长期不能吸收时，可发生机化造成组织粘连，影响组织的修复。

3. 细胞渗出

细胞渗出主要是各种白细胞的渗出，是炎症反应最重要的特征。白细胞渗出，又称白细胞游出，指白细胞通过变形运动穿过血管壁游出到血管外的过程，游出的白细胞称为炎性细胞。炎性细胞进入到组织间隙内并发挥吞噬作用，称为炎性细胞浸润，是炎症反应的主要形态学特征。炎症时红细胞也可通过血管壁进入组织，称为红细胞漏出。红细胞没有变形运动的能力，其漏出是由血管壁完整性破坏后红细胞在流体静压的作用下被推出血管进入到组织，是炎症反应剧烈或血管壁受损严重的标志。

（1）白细胞渗出的过程　白细胞渗出是一个复杂、主动运动的过程，包括边集附壁、黏着、游出等步骤，受趋化作用到达炎症局部病灶，发挥其吞噬作用。炎症发生时，炎区内血液循环发生障碍，血流缓慢，白细胞从血液的轴流逐步进入边流靠近血管壁，称为边流或白细胞边集；然后与血管内皮细胞发生紧密黏附，称为白细胞附壁黏着；随后白细胞伸出伪足穿过血管内皮细胞间隙，依靠其阿米巴样运动，使整个胞体穿出血管，这一过程称为白细胞游出（图7-1，图7-2，图7-3，图7-4）。

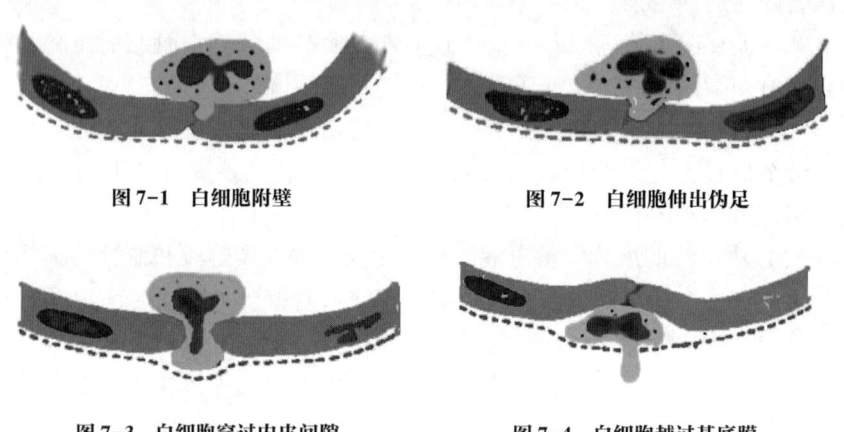

图7-1　白细胞附壁　　　　　　图7-2　白细胞伸出伪足

图7-3　白细胞穿过内皮间隙　　图7-4　白细胞越过基底膜

（2）吞噬作用和趋化作用　白细胞游出后能将病原体和组织崩解碎片吞噬并进行消化，称为白细胞的吞噬作用，是炎症防御过程的主要组成部分。如果被吞噬的病原微生物毒力较强不能被消化时，其有可能在吞噬细胞内繁殖，并通过吞噬细胞移动而造成病原体在患病动物体内传播扩散。

白细胞穿过血管壁后向炎区集中，这种朝着化学刺激物做定向运动的现象称为趋化作用。调节白细胞定向运动的化学刺激物称为趋化因子。趋化因子的作用有特异性，有些趋化因子只吸引嗜中性粒细胞，有些趋化因子吸引单核细胞或嗜酸性粒细胞。趋化因子分为外源性和内源性化两种，外源性的有细菌及其代谢产物；内源性的是由其体内产生的趋化因子，有补体系统、激肽系统、淋巴因子、阳离子蛋白及组织崩解产物等炎症介质。

（3）炎性细胞的种类和功能　炎症过程中，炎性细胞多数由血液渗出而来，主要有嗜中性粒细胞、嗜酸性粒细胞、单核细胞、淋巴细胞和浆细胞等；还有由巨噬细胞转化而来的上皮样细胞和多核巨细胞。不同致炎因子所引起的炎症，以及炎症过程中的不同阶段出现的炎性细胞种类和数量也不尽相同。

①嗜中性粒细胞：又称为小吞噬细胞，是急性炎症、化脓性炎症、炎症早期最常见的炎性细胞，在炎症区局部明显增多，外周血液中嗜中性粒细胞数量也增多，是机体清除和杀灭病原微生物的主要成分。某些病毒感染时，嗜中性粒细胞可能减少。

【2011 年执业兽医资格考试真题】化脓灶内的炎性细胞是（   ）

A. 单核细胞　　　　　B. 淋巴细胞　　　　　C. 嗜中性粒细胞
D. 嗜酸性粒细胞　　　E. 嗜碱性粒细胞

【2010 年、2012 年执业兽医资格考试真题】犊牛感染了化脓性棒状杆菌，剖检见肾脏有明显的化脓灶，组织病理学观察见病灶局部有大量的炎性细胞浸润，该病灶中渗出的主要炎性细胞种类为（   ）

A. 淋巴细胞　　　　　B. 嗜中性粒细胞　　　C. 嗜酸性粒细胞
D. 嗜碱性粒细胞　　　E. 单核细胞

嗜中性粒细胞起源于骨髓干细胞，细胞直径 10~12μm，细胞核呈分叶状，一般分为 2~5 叶，幼稚型嗜中性粒细胞的胞核呈弯曲的带状、杆状或锯齿状而不分叶。核染色质呈块状、着色深，细胞质内含有中性颗粒。

嗜中性粒细胞具有很强的游走运动能力，主要吞噬细菌、组织碎片、抗原抗体复合物以及细小的异物颗粒；溶酶体中的阳离子蛋白可促进血管壁通透性升高及对单核细胞有趋化作用；蛋白酶可引起组织损伤并促进脓肿的形成；释放内生性致热原引起发热。

②嗜酸性粒细胞：在寄生虫感染、过敏反应和食盐中毒时，嗜酸性粒细胞明显增多。寄生虫感染时嗜酸性粒细胞可占白细胞总数的 1%~7%；在过敏反应时嗜酸性粒细胞可占白细胞总数的 20%~25%。

嗜酸性粒细胞起源于骨髓干细胞，细胞直径 12~17μm，细胞核呈八字叶状，一般分为 2 叶，各自成卵圆形。胞质内含丰富粗大的强嗜酸性的颗粒，即溶酶体，内含多种水解酶，不含溶菌酶和吞噬素。

嗜酸性粒细胞具有游走运动能力，在趋化因子的作用下游走至炎症灶中，主要通过脱颗粒发挥其生物学效应；对寄生虫有直接杀灭作用；对组织胺等过敏反应中的化学介质有降解灭活作用。

【2010 年、2011 年、2014 年执业兽医资格考试真题】寄生虫性炎症病灶内特征性的炎性细胞是（   ）

A. 单核细胞　　　　　B. 淋巴细胞　　　　　C. 嗜中性粒细胞
D. 嗜酸性粒细胞　　　E. 嗜碱性粒细胞

③嗜碱性粒细胞：是血液中数量最少的白细胞，在过敏反应（Ⅰ型变态反应）所引起的炎症和寄生虫性炎症时增多。来源于血液，存在于组织的血管周

围，细胞直径 10~12μm，细胞核呈 S 形或 T 形，分叶不清晰，胞质丰富，含大小不等的嗜碱性颗粒。

肥大细胞来源于血液中嗜碱性粒细胞或由间叶细胞演变而来，贴附于血管外膜或分布在结缔组织中。胞质含嗜碱性颗粒。能释放多种作用强烈的介质，可引起速发型变态反应，具有趋向性。

嗜碱性粒细胞和肥大细胞均存在有免疫球蛋白 IgE 和 Fc 受体，能与 IgE 结合，当收到过敏因子刺激时，带有 IgE 的嗜碱性粒细胞和肥大细胞与特异性抗原结合后可引起细胞颗粒脱落，释放出炎症介质。

【2009年执业兽医资格考试真题】在寄生虫性炎症或变态反应性炎症时，引起渗出的白细胞主要是（   ）

  A. 淋巴细胞　　　　　　B. 单核细胞　　　　　　C. 嗜中性粒细胞
  D. 嗜酸性粒细胞　　　　E. 嗜碱性粒细胞

④淋巴细胞：其产生于淋巴结及其他淋巴组织，经胸导管进入血液循环，是免疫系统的最基本功能单位。主要见于慢性炎症、炎症恢复期、病毒性炎症、迟发性变态反应的过程中。从形态学上淋巴细胞大小不一，可分为小、中、大型三类。小淋巴细胞是成熟的淋巴细胞，中淋巴细胞和大淋巴细胞是未成熟的或处于转化中的淋巴细胞。小型的成熟的淋巴细胞，直径 6~9μm，细胞核为圆形或卵圆形，常见在核的一侧有小缺痕；核染色质较致密，染色深；胞质很少，嗜碱性。中淋巴细胞介于大、小淋巴细胞之间，平均直径 10μm，胞质丰富，细胞核椭圆形或肾形。大淋巴细胞血液中无，见于骨髓、脾脏和淋巴结的生发中心，数量较少，直径 12~15μm，胞质较多。根据淋巴细胞来源、功能和淋巴细胞膜表面标志不同，可分为 T 淋巴细胞、B 淋巴细胞、K 细胞和 NK 细胞。

【2009年执业兽医资格考试真题】在病毒性脑炎时渗出的炎性细胞主要是（   ）

  A. 淋巴细胞　　　　　　B. 单核细胞　　　　　　C. 嗜中性粒细胞
  D. 嗜酸性粒细胞　　　　E. 嗜碱性粒细胞

【2010年、2012年执业兽医资格考试真题】鸡感染了新城疫病毒，临诊见有观星姿势，组织病理学观察见有非化脓性脑炎，脑血管周围有大量炎性细胞浸润，该病灶中渗出的主要炎性细胞种类为（   ）

  A. 淋巴细胞　　　　　　B. 嗜中性粒细胞　　　　C. 嗜酸性粒细胞
  D. 嗜碱性粒细胞　　　　E. 单核细胞

T 淋巴细胞（T 细胞）：又称胸腺依赖淋巴细胞，是骨髓先驱细胞迁移到胸腺后发育生成的淋巴细胞。包括细胞毒性 T 细胞、抑制性 T 细胞和辅助性 T 细胞三个亚群。其主要功能是参与机体的细胞免疫，T 细胞受抗原刺激后，即转变为致敏淋巴细胞，当其再次与相同抗原接触时，便产生释放多种淋巴因子，发挥其细胞免疫及各种炎症介质的重要作用；对其他 T 细胞或 B 细胞介导的免疫反应起重要的调节作用；作为淋巴因子的趋化因子可吸引巨噬细胞和嗜中性粒细胞，游走抑制因子可抑制嗜中性粒细胞从炎症区移动分散，使其聚集于炎症灶内。

B 淋巴细胞（B 细胞）：淋巴细胞在哺乳动物的骨髓中分化发育，称为骨髓依赖细胞（骨髓细胞）；在鸟类或禽类中，B 淋巴细胞是在法氏囊中分化发育，称为腔上囊依赖细胞（滑囊依赖细胞）。B 淋巴细胞存在于血液、淋巴样组织和骨髓中，其功能是参与机体的体液免疫。

K 细胞：又称杀伤细胞，主要存在于腹腔渗出液、血液和脾脏，淋巴结中很少，在骨髓、胸腺和胸导管中含量甚少。其主要功能是通过抗体依赖性细胞毒性（ADCC）杀伤与特异性抗体结合的靶细胞。在 K 细胞表面分布有抗体 Fc 受体（FcR），当靶细胞与抗体结合后，抗体 Fc 便可与 K 细胞的 FcR 结合，从而使 K 细胞活化，释放细胞毒来杀伤靶细胞。因为 K 细胞在发挥杀伤作用时，必须依赖抗体，故又称抗体依赖细胞介导的细胞毒性细胞（ADCC 细胞）。

NK 细胞：又称自然杀伤细胞，主要分布于外周血液和脾脏，其次是淋巴结和腹腔。其不需要抗原致敏，也不需要抗体或补体参与便具有杀伤能力。NK 细胞具有抗感染、抗肿瘤及免疫调节等功能，可通过自然杀伤作用来控制病毒的感染，或通过 ADCC 来杀伤病毒感染的靶细胞，其分泌的细胞因子在抗寄生虫和细胞内病原菌感染方面发挥重要作用。

⑤单核巨噬细胞：炎症时血液中的单核细胞受刺激后，单核细胞游出血管，进入炎性病灶内进行吞噬活动，从而转变为巨噬细胞，又称为大吞噬细胞，见于急性炎症后期、慢性炎症、某些非化脓性炎症、病毒及寄生虫感染。

单核巨噬细胞起源于骨髓干细胞，形成血液的单核细胞和组织的巨噬细胞。细胞体积较大，细胞直径 15~25μm，呈圆形或椭圆形，常有钝圆的伪足样突起，细胞核为卵圆形或马蹄形，染色质细粒状，胞质丰富，内含许多溶酶体及少数空泡，空泡中常含一些消化中的吞噬物。

单核巨噬细胞具有趋化能力，其游走速度慢于嗜中性粒细胞，但有较强的吞噬能力，能够吞噬非化脓菌、原虫、衰老细胞、肿瘤细胞组织碎片和体积较大的异物；参与特异性免疫反应，并能产生许多炎症介质促进调整炎症反应；可转变为上皮样细胞和多核巨细胞；具有细胞毒作用。

⑥上皮样细胞和多核巨细胞：炎症反应过程中，炎症灶内存在某些病原体或异物时，巨噬细胞可转变为上皮样细胞或多个巨噬细胞融合成多核巨细胞。

上皮样细胞：主要见于肉芽肿性炎症，是构成肉芽肿的主要细胞。外形呈梭形或多角形，胞质丰富，内含大量内质网和许多溶酶体。细胞膜不清晰，细胞核呈圆形、卵圆形或两端粗细不等的杆状，核内染色质较少，着色淡。上皮样细胞具有强大的吞噬和内分泌功能。

多核巨细胞：简称巨细胞，由多个巨噬细胞融合而成。见于结核病、副结核病、鼻疽、放线菌病及曲霉菌病病灶中，常出现在坏死组织的边缘。细胞体积巨大，胞质丰富，在一个细胞体内含有许多个大小相似的胞核。胞核的排列有三种不同形式：一是细胞核沿着细胞体的外周排列，呈马蹄状，这种细胞又称朗格汉斯细胞；二是细胞核聚集在细胞体的一端或两极；三是胞核散布在整个巨细胞的胞浆中。多核巨细胞具有十分强大的吞噬功能，有时可见它包围着嵌进组织的异物，如芒刺、缝线等。

【2019年执业兽医资格考试真题】在结核肉芽肿性炎症灶内的特异性细胞成分是（ ）

A. 肥大细胞　　　　B. 多核巨细胞　　　　C. 淋巴细胞
D. 嗜中性粒细胞　　E. 嗜酸性粒细胞

⑦浆细胞：主要见于慢性炎症，是B淋巴细胞受抗原刺激后演变而成。细胞呈圆形或卵圆形，胞质丰富嗜碱性，细胞核圆形常位于一端，染色质致密呈粗块状，多位于核膜的周边呈辐射状排列，致使细胞核染色后呈车轮状，这种特征是识别浆细胞的标志之一。浆细胞一般无吞噬功能，具有参与免疫反应产生抗体的作用，并且是血液中抗体的重要发源地。免疫球蛋白IgG、IgA、IgM、IgD和IgE都是由浆细胞产生的。

⑧肥大细胞：参与急性和持续性慢性炎症反应，是速发型过敏反应的主要靶细胞。来源于血液中嗜碱性粒细胞或由间叶细胞演变而来，分布于疏松结缔组织或黏附于血管外膜。其能释放多种作用强烈的介质，引发速发型变态反应，有一定趋向性，可与成纤维细胞和上皮的增生血管的生成、肿瘤的发生、血脂的清除、寄生虫的排除等密切相关。

（三）增生

增生指在炎症的发生发展过程中，由于致炎因子、组织崩解产物或理化因素的刺激下，炎症局部的实质细胞、间质细胞、炎性细胞等发生增殖，细胞数目增多的现象。一般情况下，增生贯穿于炎症整个过程，在炎症的早期，增生表现不明显，随着炎症的发展，增生逐步明显，在炎症后期尤为明显。但在炎症的急性炎症或某些炎症初期就有明显的增生现象，如沙门菌病早期就有大量巨噬细胞增生、急性肾小球肾炎时血管内皮细胞和间质细胞明显增生等。

1. 增生的细胞

增生的细胞有巨噬细胞、淋巴细胞、浆细胞等炎性细胞，还有成纤维细胞、血管内皮细胞、神经胶质细胞、上皮细胞和实质细胞等。正常情况下，这些细胞处于静止状态，当炎症时，就肿大、变圆、增生，并变成具有活动和吞噬功能的吞噬细胞，积极参与炎区吞噬细菌和坏死物的过程。

2. 增生的原因

炎症过程中组织变性、坏死、崩解产物的刺激；炎症代谢产物的刺激；由于炎区组织细胞坏死、崩解释放出 K^+，使局部 K^+ 浓度增高，促进细胞蛋白质合成过程而诱导增生。

3. 增生的作用

增生是机体对致炎因子损伤的防御性反应；增生的巨噬细胞就有吞噬病原微生物和清除组织崩解产物的作用；增生的成纤维细胞核血管内皮细胞可形成肉芽组织，有利于炎症局限化和最后形成瘢痕组织而修复。

子项目四　炎症的类型

项目目标

1. 理解炎症的分类方法。
2. 掌握变质性炎、渗出性炎和增生性炎的分类、病因和结局。
3. 掌握炎症的病理变化并能够识别大体病变和组织学变化特点。

知识准备

炎症根据其发生的经过、持续的时间可分为超急性炎症、急性炎症、亚急性炎症和慢性炎症；根据其发生的部位可分为脑膜炎、心肌炎、肺炎、胃炎、肠炎、胰腺炎、肝炎、肾炎等，通常器官名称加"炎"；根据其三种基本病理变化可分为变质性炎、渗出性炎和增生性炎。

（一）变质性炎

变质性炎指炎区内细胞组织出现变性、坏死为主的变质性变化，同时伴有轻微的渗出和增生性的变化。变质性炎多发生于脑、心、肝、肾等实质性器官，主要病变表现为器官的实质细胞发生变性和坏死，甚至发生崩解和液化。

1. 病因

变质性炎常见于某些中毒、过敏反应和重症感染，病因直接或间接引起组织代谢的急性障碍、细胞组织变质。

2. 病理变化

（1）一般病理变化　器官外观体积肿大，质地柔软脆弱，实质细胞出现严重的颗粒变性、脂肪变性和坏死，可见到炎性充血、水肿和程度不等的炎性细胞浸润及间质细胞轻度增生。

（2）心肌变质性炎　心肌暗灰色，质地松弛，局部灰黄或灰白色斑块或条纹，分布在黄红色背景上，心内外膜下都可见，沿心冠横切时，灰黄色条纹在心肌内呈环状分布，如虎皮样花纹。镜检肌纤维呈颗粒变性、水泡变性、脂肪变性、坏死、断裂、崩解；间质充血、水肿、渗出、增生、淋巴和单核细胞浸润。常见于恶性口蹄疫、牛恶性卡他热等。

（3）肝脏变质性炎　肝脏肿大、质脆，表面或切面灰黄色。镜检肝细胞呈局灶性或弥漫性颗粒变性、水泡变性、脂肪变性、坏死和溶解；窦状隙、中央静脉充血，汇管区和肝索之间有淋巴细胞浸润；间质轻度水肿和炎性细胞浸润。常见于中毒性肝炎、马传染性贫血等。

（4）肾脏变质性炎　肾脏肿大、质脆、灰黄色。镜检肾小管上皮变性或坏死，间质轻度充血、水肿，炎性细胞浸润；肾小球、肾小囊壁细胞轻度增生。

3. 结局

变质性炎一般呈急性过程，其结局主要取决于实质细胞的损伤程度。轻度损伤引起的炎症在病因消除后可完全恢复；实质细胞大量损伤可引起器官功能障碍，严重者造成死亡，有时可转为慢性且延期不愈，局部损伤通常经结缔组织增生来修复。

（二）渗出性炎

渗出性炎指炎区内形成大量渗出物为主的渗出性变化，同时伴有轻微的变质和增生性的变化。渗出性炎多见于急性炎症。根据炎症发生的部位、渗出物的性质或主要成分及病变特点的不同，渗出性炎可分为浆液性炎、纤维蛋白性炎、卡他性炎、化脓性炎和出血性炎。

1. 浆液性炎

浆液性炎指在炎症过程中，以渗出大量浆液为主要特征的炎症。浆液呈黄色半透明状，易凝固。常发生于浆膜、黏膜、皮肤、肺、淋巴结等组织疏松部位。浆液性炎是渗出性炎的早期表现。

（1）原因　机械性损伤、烧伤、化学毒物等理化因素和生物性因素。

（2）病理变化

①一般病变：渗出的浆液含3%~5%的蛋白质，主要为白蛋白和少量的纤维蛋白原、白细胞、脱落的上皮细胞或间质细胞等。初期渗出液透明无色或淡黄稀薄，久后则混浊。在体外或死后因纤维蛋白析出而凝固成半透明状胶冻样物。

【2017年执业兽医资格考试真题】渗出性炎症时，炎灶局部最先渗出的蛋

白成分是（　　）

A. 血红蛋白　　　　B. 白蛋白　　　　C. α-球蛋白

D. β-球蛋白　　　　E. γ-球蛋白

②浆液性浆膜炎：浆膜腔内有轻度混浊的浆液，浆膜血管扩张、充血、肿胀，间皮脱落。如胸腔积液、心包积液、腹腔积液、关节腔积液等。

③浆液性黏膜炎：又称为浆液性卡他，主要见于黏膜层的浆液性炎，是卡他性炎的初期表现。黏膜表面有大量稀薄透明的浆液渗出物，黏膜充血、肿胀、增厚，黏膜上皮细胞变性或坏死脱落，固有层毛细血管充血、出血，同时见水肿和少量白细胞浸润；发生在黏膜下层表现为胶冻样水肿，切开肿胀部位可见淡黄色浆液流出，疏松结缔组织呈淡黄色半透明胶冻样。常发生于呼吸道黏膜、胃肠道黏膜、子宫黏膜等。

④皮肤和皮下结缔组织浆液性炎：皮肤浆液性炎时浆液积聚在表皮棘细胞间或真皮乳头层，皮肤局部形成结节或水泡。皮下结缔组织浆液性炎，局部水肿，指压有凹陷，切开时流出多量淡黄色液体，皮下呈黄色半透明胶冻样。毛细血管充血，白细胞浸润，疏松结缔组织中的细胞和纤维呈不同程度的变质性变化。

⑤浆液性肺炎：眼观肺脏肿大，质量增加，半透明状，肺胸膜紧张、湿润、富有光泽，挤压切面有多量泡沫样液体流出。镜检肺泡壁毛细血管充血，肺泡壁上皮细胞肿胀、脱落，肺泡腔和间质内有大量浆液，含数量不等的白细胞、脱落的上皮细胞和少量红细胞及纤维蛋白，间质可见浆液渗出。

⑥浆液性淋巴结炎：眼观淋巴结肿大，切面潮红多汁。镜检淋巴窦扩张，内含大量浆液、巨噬细胞和数量不等的嗜中性粒细胞、淋巴细胞和浆细胞等。

（3）结局　浆液性炎是一种较轻微的炎症，一般呈急性经过，一旦炎症停止，浆液性渗出物可被吸收消散，局部变性、坏死组织通过再生可完全修复。如病程较长、浆液渗出过多，可引起结缔组织增生，组织、器官纤维化，导致功能障碍造成严重的后果，甚至危及生命；同时过多液体在浆膜腔中也有压迫作用。

2. 纤维蛋白性炎

纤维蛋白性炎指在炎症过程中，以渗出大量纤维蛋白为主要特征的炎症。纤维蛋白来源于血浆中的纤维蛋白原，纤维蛋白原从血液中渗出后，受到损伤组织释放出的酶的作用，凝固成淡灰黄色的不溶性的纤维蛋白。常发生于浆膜、黏膜和肺等部位。纤维蛋白原的大量渗出说明血管壁损伤比较严重。根据病变特征不同，可分为浮膜性炎和固膜性炎。

（1）原因　某些病原微生物感染，如鸡传染性喉气管炎感染可引起纤维蛋白性气管炎等，某些细菌毒素，各种内源性或外源性毒性物质等都可引起纤维蛋白性炎。

(2) 病理变化

①浮膜性炎：指发生于浆膜、黏膜和肺脏上，渗出的纤维蛋白凝固而形成一层淡黄色、有弹性的膜状物，称为假膜，被覆于炎灶表面的假膜易于剥离，剥离后其下层组织结构无损伤，是一种单纯的纤维蛋白性炎，没有明显的组织坏死。常见于急性纤维蛋白性胃肠炎等。

浆膜的浮膜性：发生于胸膜、腹膜和心外膜，渗出物中的纤维蛋白被覆在浆膜表面，形成一层灰白色或灰黄色的絮状、网状或片状的纤维蛋白膜，此膜易于剥离，剥离后可见浆膜充血、出血、肿胀、粗糙，失去光泽。如纤维蛋白随渗出液进入浆膜腔，浆膜腔中的渗出液中会含有大量的淡黄色纤维蛋白絮片。心外膜发生浮膜性炎时，覆盖在心外膜的纤维蛋白假膜，由于心脏的搏动使心包脏层和壁层之间相互摩擦，造成心外膜上的纤维蛋白呈绒毛状，称为"绒毛心"。

黏膜的浮膜性炎：发生于喉头、气管、支气管、胃肠道、子宫和膀胱等部位，渗出的纤维蛋白、游出的白细胞和坏死脱落的黏膜上皮细胞凝集一起，形成一层灰白色薄膜覆盖在黏膜表面，称为伪膜。伪膜剥离后，可见黏膜充血、肿胀。黏膜上皮细胞发生变性、坏死和脱落，固有层则见充血、水肿和炎性细胞浸润。

肺脏的浮膜性炎：纤维蛋白性肺炎（大叶性肺炎），其纤维蛋白在小支气管凝固并以致密的网状结构积聚在肺泡内，纤维蛋白网之间有数量不等的红细胞、白细胞和脱落的肺泡上皮细胞，肺间质也可因纤维蛋白性渗出液浸润而变宽，肺组织质地变坚实类似肝脏样，称为"肝变"。其病变过程分为充血水肿期、红色肝变期、灰色肝变期和消散期。

【2012年执业兽医资格考试真题】某牛场成年牛突然发病，症见高热，呼吸困难，听诊有明显的罗音，叩诊有大面积浊音区，X射线检查可见肺部呈现大面积的渗出性阴影。死后剖检可见肺肿大，暗红色，质地坚实如肝脏，病变肺组织切块可沉入水底。

①该牛肺的病变为（　　）

A. 过敏性肺炎　　　B. 小叶性肺炎　　　C. 大叶性肺炎
D. 真菌性肺炎　　　E. 间质性肺炎

②该肺炎的变化处于（　　）

A. 充血期　　　　　B. 红色肝变期　　　C. 灰色肝变期
D. 水肿期　　　　　E. 消散期

③如果病情进一步发展，该肺的病变会呈现（　　）

A. 充血明显，肺泡内充满大量网状物
B. 充血消失，肺泡内见少量网状物

C. 充血消失，肺泡内充满大量网状物

D. 水肿明显，肺泡内见少量均质红染物

E. 出血明显，肺泡内充满大量网状物

②固膜性炎：指发生于黏膜上，渗出的纤维蛋白形成假膜，如果假膜较厚，伴有严重坏死，与深层组织发生牢固结合，难以剥离，强行剥离后下层组织形成溃疡，是一种纤维蛋白坏死性炎。

固膜性炎根据炎症波及范围又可分为局灶性和弥漫性两种。局灶性固膜性肠炎黏膜上可见圆形隆起的痂，呈灰黄或灰白色，表面粗糙不平，直径大小不一，质度硬实，炎症可侵及黏膜下层，甚至到达肌层或浆膜，坏死灶周围见充血、出血和白细胞浸润，慢性经过时还可见外围结缔组织增生，如慢性猪瘟肠管可见同心圆状的纽扣样溃疡。弥漫性固膜性肠炎病变性质与上述相似，但范围扩大，可有大面积肠黏膜受损伤，如慢性仔猪副伤寒的弥漫性固膜性结肠炎。

（3）结局　纤维蛋白性炎一般呈急性经过，渗出物较少时可被嗜中性粒细胞和坏死组织所释放的溶蛋白酶溶解、并通过淋巴管和血管吸收或经自然管道排出，对机体不造成明显损伤；正常组织和血清中有一定量的抗胰蛋白酶，可对抗溶蛋白酶的作用，当渗出物较多时，纤维蛋白不能完全被溶解吸收，损伤组织通过再生而修复。浆膜纤维蛋白性炎时因机化使浆膜肥厚和粘连，严重时浆膜腔闭塞，严重影响器官功能；纤维蛋白性肺炎时因机化导致肺肉样变；支气管黏膜的假膜大量脱落可引起支气管堵塞而窒息等。

3. 卡他性炎

卡他性炎指发生于黏膜的急性渗出性炎症，当黏膜发生炎症时，由于分泌增强，浆液和黏液性渗出物从黏膜的表面大量流出。渗出物主要是黏蛋白，混有脱落的上皮细胞和白细胞。常发生于呼吸道、消化道。根据渗出物的性质不同，可分为浆液性卡他、黏液性卡他、脓性卡他、纤维蛋白性卡他和出血性卡他等。

【2009年、2019年执业兽医资格考试真题】卡他性炎常发生在（　　）

A. 肌肉　　　　　　B. 皮肤　　　　　　C. 黏膜

D. 浆膜　　　　　　E. 实质器官

【2010年执业兽医资格考试真题】卡他性炎发生的部位在（　　）

A. 黏膜　　　　　　B. 浆膜　　　　　　C. 肌膜

D. 筋膜　　　　　　E. 滑膜

【2011年执业兽医资格考试真题】发生于黏膜的渗出性炎称（　　）

A. 伪膜性炎　　　　B. 浆液性炎　　　　C. 化脓性炎

D. 卡他性炎　　　　E. 固膜性炎

（1）原因　微生物感染、刺激性气体、药液等均可引起卡他性炎。

(2) 分类

①浆液性卡他：以大量浆液渗出为主，渗出物透明稀薄，只含少量黏液、白细胞和脱落上皮，实则是发生在黏膜的浆液性炎。

②黏液性卡他：炎性渗出时，伴有黏液腺和黏膜上皮分泌增加，产生大量灰白色黏液，渗出物黏稠而不透明。

③脓性卡他：发生于黏膜的化脓性炎，其渗出物含大量白细胞和脱落的上皮细胞，呈黄白色或浅绿色、灰黄色黏稠混浊液，如脓样。

【2015年执业兽医资格考试真题】发生在黏膜表面的化脓性炎是（　　）
A. 蓄脓　　　　　　B. 脓性卡他　　　　　C. 脓肿
D. 蜂窝织炎　　　　E. 坏疽

卡他性炎的分类并非是绝对的，它们可以是同一炎症过程中的不同阶段，有时也可混合发生，如浆液性黏液性卡他、脓性黏液性卡他等。

(3) 病理变化

①急性卡他性炎时，眼观黏膜充血肿胀，表面附着大量渗出物，有时见斑点状、条纹状出血，黏膜腔内有大量渗出物蓄积。镜检可见黏膜分泌增多，黏膜上皮变性、坏死、脱落，黏膜表面有数量不等的黏液和白细胞，毛细血管充血、出血，黏膜固有层和黏膜下层充血、水肿，炎性细胞浸润。

②慢性卡他性炎时，眼观黏膜表面也附着大量黏液，但黏膜可因发生萎缩而变薄，或因增生而肥厚。

(4) 结局

卡他性炎一般比较轻微，病因消除后即迅速痊愈，否则可引起继发感染，或转为慢性卡他性炎。

4. 化脓性炎

化脓性炎指在炎症过程中，以渗出大量嗜中性粒细胞，伴有不同程度组织坏死和脓液形成为主要特征的炎症，可发生于机体的任何部位。

(1) 原因　葡萄球菌、链球菌、绿脓杆菌、大肠杆菌等化脓菌感染均可引起化脓性炎。某些化学物质如松节油、巴豆油等，或机体自身的坏死组织如坏死骨片，也可引起无菌性化脓性炎。

【2009年执业兽医资格考试真题】引起猪化脓性脑炎的病因是（　　）
A. 链球菌　　　　　B. 猪瘟病毒　　　　　C. 食盐中毒
D. 维生素D缺乏　　E. 维生素E-硒缺乏

(2) 病理变化　脓性渗出物又称脓液，是灰白色、灰黄色或灰绿色的浑浊凝乳状液体，由脓球（变性坏死的嗜中性粒细胞）和脓汁（液化状态的坏死崩解的组织碎片和少量浆液，包括白蛋白、球蛋白、水、细菌等微生物）组成。脓汁的形成是由于白细胞释放的蛋白水解酶的作用溶解液化而成的。脓液中的嗜中性粒细胞除少数保持吞噬能力外，大多数白细胞都发生变性坏死。脓液的颜色、性状因感染微生物的种类及动物种类不同而不同，如葡萄球菌引起的脓液其质浓稠，链球菌引起的脓液其质稀薄。形成脓液的过程称为化脓。因致炎因子和发生部位不同，有不同的表现形式，常见以下几种：

【2016年执业兽医资格考试真题】脓液中的脓球是指变性坏死的（　　）

A. 浆细胞　　　　　B. 淋巴细胞　　　　　C. 嗜酸性粒细胞

D. 单核细胞　　　　E. 嗜中性粒细胞

【2016年执业兽医资格考试真题】一病死猪，剖检见肺表面有大小不一的灰白色隆起，切开病灶见灰黄色浑浊的凝乳状物流出。该病灶属于（　　）

A. 变质性炎　　　　B. 浆液性炎　　　　　C. 出血性炎

D. 化脓性炎　　　　E. 增生性炎

①脓性浸润：指深部组织化脓时，脓性渗出物使局部组织溶解，细胞分离，脓液弥漫渗透在组织间隙中的现象，是化脓性炎早期的特点。

②脓性卡他：指发生于黏膜的化脓性炎，黏膜充血肿胀，被覆黄色或灰白色脓性分泌物，伴有出血，严重时黏膜腔出现积脓。常见于化脓性鼻炎（马鼻疽）、化脓性子宫内膜炎等。

③积脓：指发生于浆膜的化脓性炎，脓性渗出物大量蓄积于体腔内的现象，又称为蓄脓。常见于化脓性胸膜肺炎、化脓性腹膜炎、牛创伤性化脓性心包炎等。

④脓肿：指组织内发生的局限性化脓性炎症。化脓的组织中心区坏死液化，形成充满脓液的囊腔，形成的化脓灶有一定界限，时间较久者，脓肿周围还有包囊形成（脓肿膜），这是使化脓局部化的一种防御性反应。

发生在皮肤的脓肿常以疖、痈的形式表现出来。疖是单个毛囊、所属皮脂腺及其邻近组织所发生的脓肿，常发生于毛囊和皮脂腺丰富的部位，主要由金黄色葡萄球菌引起。痈是由多个疖融集而成，在皮下脂肪、筋膜组织中形成许多互相沟通的脓腔，在皮肤表面可有多个开口，常需及时在多处切开引流排脓，方可愈合。

皮肤或黏膜的脓肿可向深层发展，使浅层组织坏死溶解，脓肿穿破皮肤或黏膜，使其发生破溃并向外排出脓液，形成溃疡。位于深部的脓肿如果向体表或自然管道穿破，可形成窦道或瘘管。窦道是只有一个开口的病理性盲管；瘘管是连接于体外与有腔器官之间或两个有腔器官之间有两个以上开口的病理性盲管，空腔器官之间的通道也称为瘘管，如气管瘘、食管瘘等。窦道或瘘管因长期排脓，一般不易愈合。

小脓肿可以自行吸收消散，大脓肿因脓液过多，很难吸收，需要切开排脓或穿刺抽脓，最后由肉芽组织修复并形成瘢痕。

【2015年执业兽医资格考试真题】发生在组织内的局限性化脓性炎是（　　）

A. 蓄脓　　　　　　B. 脓性卡他　　　　　C. 脓肿
D. 蜂窝织炎　　　　E. 坏疽

⑤蜂窝织炎　指疏松结缔组织内发生的一种弥漫性化脓性炎。常见于皮下组织、肌间膜或肌肉间，范围大，发展快，大量脓汁浸润于疏松组织间，与周围健康组织无明显界限，主要由溶血性链球菌产生的透明质酸酶和溶纤维蛋白酶，引起结缔组织的透明质酸和纤维蛋白溶解，使细菌容易在组织内或沿淋巴管扩散蔓延。

【2016年执业兽医资格考试真题】疏松结缔组织内的弥漫性化脓性炎称为（　　）

A. 纤维素性炎　　　B. 蜂窝织炎　　　　　C. 浆液性炎
D. 出血性炎　　　　E. 变质性炎

（3）结局　化脓性炎一般呈急性经过，早期病因消除并及时清除脓液，可痊愈。发生在皮肤、黏膜化脓性炎可形成溃疡，深部化脓可形成包囊或钙化，通过肉芽组织增生而修复。当机体抵抗力下降时，局部化脓菌可进入血流或淋巴，在血液中大量繁殖，转移至其他组织器官，形成新的化脓灶，可引起败血症或脓毒败血症。

5. 出血性炎

出血性炎指在炎症过程中，由于血管壁损伤严重，以渗出大量红细胞为主要特征的炎症，它不是一种独立的炎症类型，任何一种类型的炎症渗出物中含有大量红细胞均可称为出血性炎，如浆液性出血性炎、化脓性出血性炎等。

（1）原因　凡能严重损伤血管壁的病原微生物均可引起出血性炎，常见某些急性败血性传染病，如炭疽、猪瘟、猪丹毒、球虫病、巴氏杆菌病、鸡新城疫、法氏囊病和中毒病等。

（2）病理变化　炎性渗出物中含有多量红细胞，呈红色。炎症局部组织充血、点状出血、水肿、炎性细胞浸润。

（3）结局　出血性炎一般呈急性经过，结局主要取决于原发性疾病和出血的严重程度。

（三）增生性炎

增生性炎指炎症过程中结缔组织或某些细胞的以增生为主的增生性变化，同时伴有轻微的变性与渗出性的变化。根据增生的致病因素和病变特点可分为普通增生性炎（非特异性增生性炎）和肉芽肿性炎（特异性增生性炎）两类。普通增生性炎无特定病原，增生组织无特殊结构；肉芽肿性炎有特定致炎因子，增生组织有独特结构。

1. 普通增生性炎

普通增生性炎指增生的病理组织不形成特殊组织结构的一般增生炎症。可分为急性增生性炎和慢性增生性炎两类。

（1）急性增生性炎 是以组织细胞增生为主，伴有轻微的变质和渗出的一类急性炎症，如急性肾小球肾炎时，肾小球毛细胞血管内皮细胞、血管系膜细胞及肾小囊上皮细胞均有增生，肾小球体积增大，细胞数量增多，还可见嗜中性粒细胞浸润和毛细血管内皮细胞变性。

（2）慢性增生性炎 是以结缔组织细胞增生为主，伴有少量组织细胞、淋巴细胞、浆细胞和肥大细胞等浸润为特征的一类慢性炎症。增生的结缔组织含有成纤维细胞、血管和纤维等成分。由于炎症起始于间质，又称为慢性间质性炎。如反刍兽的肝片形吸虫病引起的慢性肝炎和猪的慢性间质性肾炎。多数器官体积缩小，质地变硬，表面因结缔组织收缩而凹凸不平。

2. 肉芽肿性炎

肉芽肿性炎指由于某些病原微生物引起的，以巨噬细胞增生为主，并形成特殊的肉芽肿结构的慢性增生性炎症。炎症发生时，来自血液的单核细胞和局部组织增生，形成巨噬细胞，转化为上皮样细胞和多核巨细胞构成肉芽肿。根据致炎因子，肉芽肿炎可分为感染性肉芽肿和异物性肉芽肿两类。

（1）感染性肉芽肿 指由病原微生物或寄生虫引起的肉芽肿。因其结构具有一定特异性，故又称为特异性肉芽肿。如结核分枝杆菌、鼻疽杆菌、放线菌等引起的增生性结核结节、鼻疽结节、放线菌性肉芽肿均为感染性肉芽肿。

【2014年执业兽医资格考试真题】结核结节的病变属于（　　）

A. 化脓性炎　　　　B. 出血性炎　　　　C. 特异性增生性炎
D. 非特异性增生性炎　　E. 急性增生性炎

炎症初期，局部可见大量巨噬细胞，之后巨噬细胞转变为上皮样细胞，其中部分上皮样细胞又融合为多核巨细胞，细胞间还有淋巴细胞和浆细胞。炎症后期，增生的肉芽组织将上述病灶包裹，形成典型的肉芽肿结构。

【2012年执业兽医资格考试真题】结核性肉芽肿病灶内的上皮样细胞来源于（　　）

A. 淋巴细胞　　　　B. 浆细胞　　　　C. 巨噬细胞
D. 嗜中性粒细胞　　E. 嗜酸性粒细胞

镜检，可见典型的感染性肉芽肿从其中心向外依次由三部分组成。中央部位为病原菌或病理产物，如结核分枝杆菌引起的肉芽肿，中央常是干酪样坏死和钙化，抗酸染色尚见结核分枝杆菌；鼻疽性肉芽肿的中央为嗜中性粒细胞的核碎片；放线菌病肉芽肿的中央为星玫瑰花状的放线菌菌块和嗜中性粒细胞；

禽曲霉菌肉芽肿的中央为干酪样坏死，并可见霉菌菌丝及孢子。中间部位由上皮样细胞和多核巨细胞组成，这是感染性肉芽肿的标志性细胞成分。外围部分为肉芽组织，其中可见淋巴细胞和浆细胞，是纤维结缔组织构成的包裹层。

（2）异物性肉芽肿　指由异物刺激引起的肉芽肿，中央部位为异物，周围有数量不等的上皮样细胞、巨噬细胞、异物巨细胞、成纤维细胞和结缔组织所包裹形成的肉芽组织。异物有寄生虫、虫卵、缝线、硅尘、滑石粉、石棉小体及某些难溶解的代谢产物（尿酸盐结晶、类脂质）等。

3. 结局

增生性炎多为慢性经过，有明显的结缔组织增生，病变部位常发生不同程度的纤维化而变硬，导致器官功能出现障碍。

> 技能训练

炎症的病理学观察

1. 准备工作

动物病理实验室，各组织或器官炎症的大体标本、病理组织切片，显微镜，多媒体教学设备。

2. 训练方法

①对常见组织或器官变质性炎、渗出性炎和增生性炎的大体标本进行识别。

②能够识别常见组织或器官变质性炎、渗出性炎和增生性炎的病理组织切片。

将学生分为每组5人，以小组为单位进行训练，每组的成员在训练的过程中互帮互助并互相之间进行逐项考核，最后老师对各组进行抽考，以提高技能训练的效果。

炎症的考核项目见表7-1。

表7-1　　　　　　　　　考核项目十　炎症

单项内容	考核标准	标准分	得分
炎症大体标本的识别	对10种常见贫血性梗死标本进行识别，每错一个扣4分	40	
炎症病理组织切片的识别	对10种常见贫血性梗死病理组织切片进行识别，每错一个扣6分	60	
合计		100	

考核人：_____　　指导教师：_____　　日期：____年____月____日

3. 归纳总结

炎症在临床诊断中比较常见，可以单独出现也可和其他病理症状一起出现。我们要根据出现的病理变化及组织学特点进行区分识别并分析其产生的病因，最终对疾病的诊疗提供帮助。本次技能训练主要掌握变质性炎、渗出性炎和增生性炎的病理变化及组织学特点。

4. 实验报告

绘制出常见组织或器官变质性炎、渗出性炎和增生性炎的病理组织图片并标注其病变特点。

子项目五 炎症的结局

项目目标

1. 理解影响炎症结局的因素。
2. 掌握痊愈、迁延不愈或转为慢性、蔓延扩散的特点。

知识准备

在炎症过程中，致炎因子引起的损伤和抗损伤双方的斗争贯穿于整个炎症的过程中，决定着炎症发生、发展的方向、经过和结局。炎症的结局主要取决于机体的抵抗力和反应性以及致炎因子的性质、刺激强度、作用时间的长短等。如抗损伤过程占优势，则炎症向痊愈的方向发展；如损伤过程占优势，则炎症逐渐加重并可向全身扩散；如损伤和抗损伤矛盾双方处于一种相对平衡的状态，则炎症可迁延不愈或转为慢性。

（一）痊愈

1. 完全痊愈或消散

完全痊愈或消散指如果炎区组织损伤轻微，致炎因子被清除，病理产物和渗出物被吸收，组织的损伤通过炎灶周围健康细胞的再生而修复，炎症部位组织可完全恢复其正常结构和功能。

【2010年执业兽医资格考试真题】动物机体抵抗力较强，且经适当治疗，多数急性炎症局部的结构和功能均可恢复正常，此情形炎症结局最可能是（　　）

  A. 局部蔓延 B. 血道扩散 C. 完全愈合
  D. 不完全愈合 E. 淋巴道扩散

2. 不完全痊愈或修复愈合

不完全痊愈或修复愈合指如果炎区组织损伤严重、机体的抵抗力较弱时，虽然致炎因子已被清除，周围组织细胞再生能力有限或渗出的纤维蛋白较多而能被完全吸收溶解，病理产物和损伤的组织则通过肉芽组织增生、机化或形成包囊将其包裹，形成瘢痕或纤维素性粘连，达到瘢痕性修复，炎症部位组织的正常结构和功能不能完全恢复。

（二）迁延不愈或转为慢性

当机体抵抗力降低、致炎因子未被彻底清除、治疗不及时或不彻底时，造成局部炎症过程迁延不愈。炎症反应时轻时重，时好时坏，反复发作，甚至多年不愈最后转变为慢性炎症。

（三）蔓延扩散

当机体抵抗力降低或病原微生物数量增多、毒力增强时，不能有效地控制感染，病原微生物在局部组织大量繁殖并向周围组织蔓延扩散或经淋巴道、血道扩散至全身而引起严重后果，如果治疗不及时，可引起死亡。主要有以下几种方式：

1. 局部蔓延

炎症局部的病原微生物可经组织间隙或器官的自然通道向周围组织、器官蔓延扩散，使炎区扩大。如心包炎可蔓延扩散引起心肌炎，支气管炎可蔓延扩散引起肺炎等。

【2010年执业兽医资格考试真题】动物机体抵抗力低下，或病原微生物侵入机体的数量多、毒力强时，炎症局部的病原微生物可通过自然通道或组织间隙向周围扩散，此情形炎症结局最可能是（　　）

A. 局部蔓延　　　　B. 血道扩散　　　　C. 完全愈合
D. 不完全愈合　　　E. 淋巴道扩散

2. 淋巴道蔓延

炎症局部的病原微生物，经组织间隙侵入淋巴管，随淋巴液到达局部或远处淋巴结，引起淋巴结炎，淋巴结呈现肿大、充血、出血、渗出、疼痛等炎症变化。淋巴系统内的病原微生物还可经胸导管进入血液，引起血道扩散。

3. 血道蔓延

炎症局部的病原微生物侵入血液或其毒素被吸收入血，引起菌血症、毒血症、败血症、脓毒败血症、病毒血症和虫血症，严重者可危及生命。

项目思考

1. 炎症的局部表现有哪些?
2. 常见的细胞因子包括哪些?并简述其作用。
3. 炎性渗出有何意义?
4. 简述白细胞渗出的过程。
5. 常见的炎性因子包括哪些?其特点是什么?
6. 简述心肌变质性炎病变特点。
7. 简述"绒毛心"的病变特点。
8. 卡他性炎可分为哪几种?
9. 化脓性炎在临床上有哪些表现形式?
10. 炎症的结局有哪些?

项目八　缺氧

本项目主要介绍了氧的正常代谢、缺氧的病理表现形式及其概念、类型、病因、特点、病变特点和对机体的影响，通过学习能够运用各种缺氧的病理变化特点分析疾病中出现缺氧的发生、发展过程。

子项目一　概述

> **项目目标**

1. 理解缺氧的概念和类型。
2. 了解氧的正常代谢。
3. 掌握不同类型缺氧的原因及特点。

> **知识准备**

缺氧又称缺氧症，指机体内氧的供给不足、运输障碍或组织细胞对氧的利用能力降低时，导致机体的代谢、功能和形态结构发生一系列改变的病理过程。缺氧在临床上很常见，它不仅可直接引起特殊性疾病，而且还左右许多常见疾病的发生和发展，是导致患病动物直接死亡的原因之一。窒息指除缺氧外还伴有 CO_2 的增多。

（一）氧的正常代谢

动物机体的生命活动过程中，需不断地从环境空气中摄入 O_2，空气中的 O_2 通过动物吸气吸入肺泡，并透过肺泡毛细血管壁进入血液，通过血液循环运送到全身各部，供组织细胞生物氧化利用。氧在组织细胞内经过一系列的生物氧化过程，最后生成 CO_2，随静脉血回流心脏并运送至肺脏，呼出体外。氧在动物体内的用途是参与组织细胞生物氧化，缺氧的本质就是组织细胞不能充分地获得或利用氧，以致生物氧化过程障碍。

（二）衡量缺氧的指标

血液中氧含量减少，称为低氧血症，血氧是反应组织供氧量与耗氧量的重要指标，常用指标包括以下几种。

1. 血氧分压

血氧分压 [$p(O_2)$] 又称氧张力，指血浆中游离氧的压力，取决于物理状态溶解在血浆中的氧分子数。健康动物正常的动脉血氧分压 [$Pa(O_2)$] 约为 95mmHg，取决于吸入气氧分压和外呼吸功能，当大气氧分压低或肺泡通气量减少时，肺泡氧分压降低，或弥散障碍、通气量与血流量比例失调，使肺动-静脉血功能性或解剖性分流增加，动脉血氧分压则降低；静脉血氧分压 [$p_v(O_2)$] 约为 40mmHg，取决于组织摄取和利用氧的能力。

2. 血氧容量

血氧容量 [$c(O_2)_{max}$] 指每 100mL 血液在体外充分与空气接触后，Hb 结合氧和溶解于血浆中氧的总量，即最大限度的氧含量。血氧容量的高低反映血液携带氧的能力。健康动物正常的血氧容量约为 20mL/dL，取决于单位容积血液内 Hb 量和 Hb 结合氧的能力。当 Hb 含量减少（如贫血）或 Hb 结合氧的能力降低（如高铁 Hb，HbCO），血氧容量则减少。

3. 血氧含量

血氧含量 [$c(O_2)$] 指机体内每 100mL 血液中 Hb 结合氧和溶解在血浆中氧的实际总量，即循环血液中所含氧的毫升数。健康动物正常的动脉血氧含量 [$c_a(O_2)$] 为 19mL/dL；静脉血氧含量 [$c_v(O_2)$] 为 14mL/dL，取决于 [$Pa(O_2)$] 与 Hb 的质和量。当 [$Pa(O_2)$] 明显降低或 Hb 结合氧的能力下降，使 Hb 氧饱和度降低，或单位容积血液内 Hb 含量减少，血氧含量则减少。

4. 血氧饱和度

血氧饱和度 [$s(O_2)$] 指血氧含量与血氧容量的百分比。因为血氧含量和血氧容量均取决于 Hb 结合的氧量，所以血氧饱和度即为 Hb 氧饱和度。血氧饱和度决定 [$p(O_2)$]，两者间的关系可用氧合血红蛋白解离曲线表示。健康动物正常的动脉血氧饱和度 [$s_a(O_2)$] 约为 95%，静脉血氧饱和度 [$s_v(O_2)$] 血约为 70%。

5. 氧合血红蛋白解离曲线

氧合血红蛋白解离曲线（简称氧离曲线）指表示血氧饱和度和血氧分压之

间关系的曲线，呈 S 形，也称为"S"曲线。

由"S"形曲线可以看出，当 $[p(O_2)]$ 增高时 Hb 氧饱和度增加，但二者不是直线平行关系（图 8-1）。曲线上段坡度小，表明 $[p(O_2)]$ 在 7.98~13.3kPa 时，血氧饱和度变化不大，Hb 仍能达到 90% 的饱和度；曲线中下段坡度较陡直，表明 $[p(O_2)]$ 在 1.99~6.65kPa 时，血氧饱和度急剧下降，氧合 Hb 解离度明显增大。氧离曲线受血液酸碱度与 CO_2 含量影响。当血液中 CO_2 浓度下降或 H^+ 浓度降低时，氧离曲线左移，即 Hb 结合氧的能力增强，这有利于血液在肺携带更多氧；当血液中 CO_2 浓度升高或 H^+ 浓度增加时，氧离曲线右移，能使氧合 Hb 解离更多氧供组织利用。红细胞内糖酵解过程中产生的 2,3-二磷酸甘油酸（2,3-DPG）能与还原型 Hb 结合，降低血红蛋白对 O_2 的亲和力，从而阻碍 Hb 与氧结合，也使氧离曲线右移，促使氧合 Hb 在 $[p(O_2)]$ 较低条件下释放更多的氧。曲线右移生理意义表示为相同氧分压时，血氧饱和度降低，即血液中的氧含量减少，血红蛋白释氧增多，可提高对组织细胞的供氧能力。

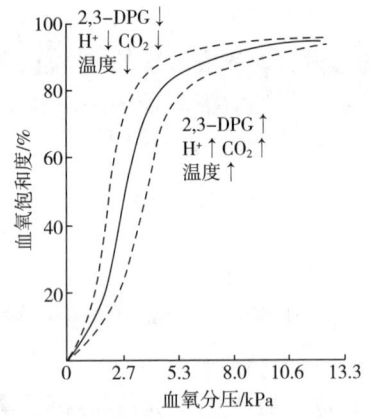

图 8-1　氧合血红蛋白解离曲线及其影响因素

6. 动-静脉氧差

动-静脉氧差 $[a\text{-}v_d(O_2)]$ 指动脉血氧含量减去静脉血氧含量所得的差值，反应组织对氧的摄取量，健康动物正常的动-静脉氧差为 6~8mL。

（三）缺氧的类型

引起缺氧的原因是多方面的，如空气中的氧分压降低、呼吸或血液循环障碍、血液成分质和量的改变以及氧化还原酶系统的功能障碍等均可引起缺氧。缺氧主要取决于缺氧的程度、发生的速度、时间的长短，动物的种类、年龄、中枢神经系统的功能和状态以及机体对缺氧的适应能力等。

根据缺氧发生的原因和血氧变化的特点，可分为低张性、等张性、循环性和组织性缺氧四种。

1. 低张性缺氧

低张性缺氧又称为呼吸性缺氧、乏氧性缺氧、低张性低氧血症，是指动脉血流中血氧分压和血氧含量均低于正常，导致组织供氧不足而引起的缺氧。

（1）原因

①空气中氧分压过低：常因高原地区空气稀薄、圈舍过于拥挤通风不良，空气中氧分压低，动物不能摄入足够的氧，吸入肺泡内的氧分压也随之下降，流经肺脏的血流不能充分氧合，导致动脉血氧分压、血氧含量、血氧饱和度下降，造成机体缺氧。

②外呼吸功能障碍：又称为外呼吸性缺氧，发生于外呼吸功能减弱或肺泡与血液气体交换发生障碍的病理过程，常见于呼吸中枢抑制、呼吸肌麻痹、上呼吸道阻塞或狭窄、肺脏疾病（如肺炎、肺水肿）以及胸腔疾病（如气胸、脓胸）等，可导致外呼吸功能障碍，空气中虽有足够氧气，但因外呼吸功能障碍，吸入肺泡内的氧减少，肺泡氧分压降低，血流经肺泡壁毛细血管不能充分氧合，导致血氧含量、血氧分压、血氧饱和度下降，造成机体缺氧。

【2015年执业兽医资格考试真题】上呼吸道狭窄可引起（　　）

A. 血液性缺氧　　　B. 低张性缺氧　　　C. 缺血性缺氧

D. 瘀血性缺氧　　　E. 组织性缺氧

③静脉血分流入动脉：卵圆孔闭锁不全、心房或心室间隔缺损等先天性心脏病，由于右心的部分静脉血未在肺毛细血管内进行氧合，直接进入左心与动脉血混合，导致血氧含量降低、动脉氧分压下降；或某些肺部疾患引起肺动-静脉吻合支大量开放，肺动脉血未经气体交换流入肺静脉，致使血氧含量降低，造成机体缺氧。

④通气与血流比例不一致：常见于肺泡通气正常，但肺毛细血管灌流不足或无血流；或者肺毛细血管血流正常，但肺泡通气减少或不通气等，造成机体缺氧。

（2）特点　由于动脉的血氧分压、血氧含量和血氧饱和度均降低，使动脉氧分压与组织氧分压差缩小，影响氧向组织内的弥散，所以引起缺氧。由于动脉血中血红蛋白的含量及其与氧的结合能力无改变，故氧容量正常。因为组织利用氧的功能正常，所以动-静脉血中含氧量按比例相应减少，动-静脉氧含量差降低或正常。血液中血氧含量和血氧分压在严重通气障碍时可升高，使血液还原血红蛋白增多，患病动物可视黏膜出现发绀，并反射性地引起呼吸中枢兴奋，出现代偿性呼吸加强。

2. 等张性缺氧

等张性缺氧又称为血液性氧血症，指血红蛋白含量减少或其性质发生改变，使血液携带氧的能力降低或血红蛋白结合的氧不易释出，使动脉血氧含量和血氧容量低于正常，导致组织供氧不足而引起的缺氧。静脉血血氧分压降低，可视黏膜不发绀。

（1）原因

①血红蛋白含量减少：见于各种原因引起的严重贫血，如马传染性贫血、急性大失血、全身性营养不良、骨髓造血功能障碍等疾病。由于血液中红细胞数量和血红蛋白含量减少，血液携带氧的能力降低，使血氧含量和血氧容量低于正常，导致组织缺氧。因为贫血是血液性缺氧最常见的原因，故又称为贫血性缺氧。

②血红蛋白性质改变：一氧化碳中毒（煤气中毒）：一氧化碳（CO）与血红蛋白的结合能力极强（比氧大200多倍），结合后形成碳氧血红蛋白（HbCO）而使血红蛋白失去携氧功能，同时CO还能使血红蛋白的氧难以释放，CO能抑制细胞氧化酶，引起组织缺氧，严重时可致患病动物死亡。CO中毒时HbCO呈樱桃红色，所以血液、皮肤、黏膜呈现樱桃红色，而不会出现发绀。

【2010年执业兽医资格考试真题】动物一氧化碳中毒时，血液呈（　　）
A. 黑色　　　　　　B. 咖啡色　　　　　　C. 紫红色
D. 暗红色　　　　　E. 樱桃红色

【2017年执业兽医资格考试真题】CO中毒性缺氧时，动物的黏膜呈现（　　）
A. 苍白色　　　　　B. 暗红色　　　　　　C. 樱桃红色
D. 咖啡色　　　　　E. 青紫色

③高铁血红蛋白血症：机体发生亚硝酸盐、过氧酸盐、磺胺类、苯胺等具有氧化剂作用的化学制剂和药物中毒时，使血红蛋白中的二价铁氧化为三价铁，即形成高铁血红蛋白，也称为变性血红蛋白。由于高铁血红蛋白不能再与氧结合，失去运输氧的能力，导致机体缺氧。高铁血红蛋白症时，皮肤、黏膜呈咖啡色或褐色，末梢血液呈酱油色。

【2012年执业兽医资格考试真题】动物亚硝酸盐中毒时，末梢血液呈（　　）
A. 浅红色　　　　　B. 酱油色　　　　　　C. 鲜红色
D. 樱桃红色　　　　E. 玫瑰红色

【2014年执业兽医资格考试真题】亚硝酸盐中毒性缺氧，可视黏膜的颜色变化是（　　）

A. 黄色 B. 鲜红色 C. 樱桃红色
D. 酱油色 E. 苍白色

【2016年执业兽医资格考试真题】下列引起血液性缺氧的病因是（　　）
A. 呼吸道狭窄 B. 心力衰竭 C. 氰化物中毒
D. 肺动脉栓塞 E. 亚硝酸盐中毒

【2016年执业兽医资格考试真题】猪，采食烂青菜后，站立不稳，呼吸困难，脉搏细弱，全身发绀，其可能的发病机制是（　　）
A. 血红蛋白 Fe^{3+} 还原为 Fe^{2+} B. 血红蛋白 Fe^{2+} 氧化为 Fe^{3+}
C. 血液 pH 降低使氧离曲线左移 D. 血液 PCO_2 增高使氧离曲线左移
E. CO_2 与血红蛋白结合率降低

（2）特点　因引起缺氧的原因不同而异。贫血引起的缺氧，由于外呼吸功能正常，故血氧饱和度和血氧分压正常，动脉血氧容量降低使血氧含量减少；血红蛋白改变所引起的缺氧，其动脉血氧和氧饱和度下降，使血氧容量和血液含量均降低。

3. 循环性缺氧

循环性缺氧，又称为低血流性缺氧、低动力性缺氧，指由于组织器官的血液循环障碍所致的血流量下降或静脉瘀血，导致组织供氧不足而引起的缺氧。可分为缺血性缺氧和瘀血性缺氧两种情况。缺血性缺氧是由于动脉压降低或动脉阻塞使毛细血管网血液灌注量减少；淤血性缺氧是由于静脉压升高使血液回流受阻，导致毛细血管网淤血所致。

（1）原因

①全身性循环性缺氧：见于心力衰竭和休克、大出血等。心力衰竭可引起全身淤血，血流速度缓慢，以致血氧运输障碍，故可导致缺氧的发生。由于休克时心输出量的减少比心力衰竭时更严重，全身性缺氧也更严重，患病动物可死于因心、脑、肾等重要器官严重缺氧而发生的功能衰竭，严重者可引起动物死亡。

②局部性循环性缺氧：见于局部血管痉挛、血栓形成、栓塞以及淤血等。局部血液循环障碍的后果主要取决于其发生部位，心肌梗死和脑血管梗死可引起动物死亡。

（2）特点　单纯性循环性缺氧常见于组织器官的局部循环功能障碍。由于血流量降低，故单位时间内输送给组织的氧量下降，但动脉的血氧分压、血氧饱和度、血氧容量及血氧含量正常，而由于血流迟缓，血液释出的氧比正常多，以供应细胞利用，故动-静脉血氧含量差增大；由于血流缓慢时，每分钟供给组织的血流量减少，但组织细胞可以充分摄取血中的氧，加之组织中 CO_2 及酸性代谢产物大量进入血液，氧离曲线左移，造成静脉的血氧分压、氧含量明显下降；缺铁性缺氧时，皮肤、可视黏膜、器官呈苍白色；淤血性缺氧时，组织从血液中摄取的氧含量增多，毛细血管内还原血红蛋白增多，动物局部或全身可视黏膜发绀。

4. 组织性缺氧

组织性缺氧又称为氧利用障碍性缺氧，指某些毒物抑制细胞内呼吸酶系，使电子传递链中断，细胞组织利用氧的过程发生障碍而引起的缺氧。

（1）原因

①组织中毒：当含有生氰糖苷的植物被动物食入后，氰化物从糖苷中释放被吸收，很容易进入细胞内，可与多种酶结合，尤其与细胞色素氧化酶亲和力最大，导致该酶的功能障碍，氰基（—CN）与细胞色素氧化酶中的三价铁牢固结合，使铁保持三价状态，而不能再接受并传递电子给氧原子以形成水，导致生物氧化过程障碍，造成细胞内窒息。

②细胞损伤：放射线、细菌毒素、尿毒症等理化因素能引起线粒体损伤而致细胞的生物氧化过程障碍，引起氧的利用障碍。

③呼吸酶合成障碍：呼吸链的递氢体黄素酶的辅酶为维生素 B_2，其缺乏可造成呼吸酶的中断和物质代谢障碍；还原型烟酰胺腺嘌呤二核苷酸的辅酶为尼克酰胺，其缺乏可造成细胞对氧的利用和能量代谢发生障碍；三羧酸循环的丙酮酸脱氢酶的辅酶为维生素 B_1，其缺乏可造成糖代谢中间产物丙酮酸氧化受阻，使机体发生能量代谢障碍。

④组织需氧过多：剧烈运动时，心肌耗氧量增加，可引起心肌需氧量增多而缺氧。

【2019年执业兽医资格考试真题】可引起组织性缺氧的原因是（　　）

A. 呼吸功能不全　　B. 贫血　　C. 一氧化碳中毒
D. 氰化物中毒　　E. 缺血

（2）特点　动脉血氧分压、血氧含量、血氧容量正常，由于含氧量正常的动脉血流经组织时，氧不被组织利用而直接进入静脉，导致动-静脉血氧含量差明显缩小。因为组织不能利用氧而使静脉血氧含量、血氧分压和血氧饱和度高于正常，所以在临床上患病动物可视黏膜呈鲜红色或玫瑰红色。

【2014年执业兽医资格考试真题】氰化物中毒性缺氧，可视黏膜颜色的变化是（　　）

A. 黄色　　B. 鲜红色　　C. 樱桃红色
D. 酱油色　　E. 苍白色

缺氧虽然可分为四种基本类型，但在临诊疾病的过程中，往往是混合性的、互相联系、互相影响的，可能是同时发生或先后发生。如心力衰竭时，除因血流缓慢而引起循环性缺氧外，还可引起肺淤血或肺水肿，使肺脏的呼吸面积减少，氧气弥散困难而导致外呼吸性缺氧的发生。当氧的吸入不足时心脏的负担进一步加重，使心力衰竭更为明显，导致氧的运输更加困难。所以在疾病过程中伴发的缺氧常是混合型的。

子项目二　缺氧的病理变化以及对机体的影响

> 项目目标

1. 掌握不同组织对缺氧的敏感性及病理变化特点。
2. 了解缺氧对机体的影响。

> 知识准备

缺氧时机体可出现一系列的功能和代谢变化。首先是各系统的代偿适应性反应，如呼吸加深加快、心跳加快、心缩加强等，以加强氧的摄入与运输，使血氧尽量维持较高水平，以供给组织和细胞较多的可利用的氧。同时细胞内酶活性及代谢方式的改变，可使细胞在低氧的情况下，也能保持一定代谢率来产生能量。如果严重缺氧，超过机体代偿的最大限度时，可导致各系统器官的功能紊乱和代谢障碍，甚至引起组织坏死和动物机体出现死亡。

（一）功能的变化

1. 呼吸系统的变化

低张性缺氧时，由于血氧分压降低，颈动脉体和主动脉体的化学感受器受到刺激，反射性地引起呼吸中枢兴奋；同时也由于缺氧引起物质代谢障碍，致使酸性代谢产物及 CO_2 在体内蓄积，又直接地或反射性地作用于呼吸中枢，引起呼吸加深加快。深、快的呼吸能增加肺的通气量，提高氧分压；同时胸廓呼吸运动增加，使胸腔负压增大，促进静脉回流，还可使单位时间内通过肺脏的血流量增多，有利于氧弥散入血，提高动脉血氧分压和血氧饱和度，加快氧的运输速度，以保证机体能获得足够的氧。

当严重缺氧时，可抑制呼吸中枢的活动，使呼吸中枢的兴奋性降低，呼吸变浅、变快，肺通气量明显下降而加重缺氧，患病动物可出现周期性呼吸困难，呼吸运动减弱或停止，甚至因呼吸中枢麻痹而引起动物死亡。

2. 循环系统的变化

（1）心脏输出量增加　心脏在缺氧时心率加快、心肌收缩力增强和静脉回流增加均可提高全身组织器官的供氧量，对急性缺氧有一定的代偿意义。心肌收缩力增强一般只在初期交感神经兴奋的同时才发生，心率加快和静脉回流增加可使心输出量增加。

（2）血管功能改变　缺氧对血管的影响主要取决于血管所分布的组织和器官。血管的扩张与收缩是随着机体缺氧程度的变化而改变的。当缺氧加重时，血管运动中枢由兴奋转向抑制，可引起全身血管紧张性降低，导致血压下降，危及生命。

①缩血管反应：缺氧可引起皮肤、腹腔脏器与肌肉的小血管收缩。血管收缩主要是由血氧分压降低，反射性地引起血管中枢兴奋和肾上腺分泌增多所致。目的是通过血管收缩使血液重新分布，引起循环血量增加，血流加快，以满足机体对氧的需要。

②舒血管反应：缺氧常导致脑血管与心脏冠状血管的扩张。血管的扩张主要是通过局部形成的酸性代谢产物及血管活性物质的作用，使局部血管扩张和毛细血管网开放。例如缺氧时脑血管的扩张主要是乳酸、腺苷等代谢产物作用的结果。血管扩张的目的是增加组织的血流量和弥散给细胞的氧量。

3. 血液系统的变化

（1）红细胞数及血红蛋白量增多　由于缺氧可引起交感神经兴奋，肾上腺素分泌增加，缩血管运动中枢兴奋，使静脉血管和脾脏等储血器官的血管收缩，将储存的血液释放出来，使外周血红细胞数量增多；缺氧又刺激肾脏产生促红细胞生成酶，促红细胞生成酶可作用于血浆中的促红细胞生成素原，使之转变成促红细胞生成素，促红细胞生成素作用于骨髓，不断地释放出多量红细胞和血红蛋白参与循环，使血液中红细胞数量增多。血液中红细胞数增多，可以提高血液携带氧的能力，增加血氧容量及血氧含量，显然具有一定的代偿意义。但红细胞过多可增加血液黏稠性，使血流速度变慢，易形成微血栓，如在肺内形成血栓后，将影响气体交换，加重缺氧。

（2）氧离曲线右移　缺氧时红细胞内2，3-二磷酸甘油酸增多导致氧离曲线右移。氧离曲线右移有利于在缺氧的情况下血液向组织中释放较多的氧来满足组织对氧的需要。氧离曲线过度右移时动脉血氧饱和度明显下降，使血红蛋白的携氧能力降低，从而加重缺氧。

4. 细胞和组织的变化

（1）组织细胞利用氧的能力增强　缺氧时，细胞内线粒体数量和膜表面积增加，呼吸链中的酶活性升高，使细胞内呼吸功能增强。

（2）无氧酵解增强　在缺氧的组织和细胞内，由于其有氧分解过程降低，而无氧酵解过程增强，来代偿氧的供应不足；但当缺氧严重时，组织将因呼吸不全、供能不足而呈现出组织器官的功能紊乱，导致细胞变性坏死。

（3）肌红蛋白增加　缺氧可使肌肉中肌红蛋白的含量增加，肌红蛋白和氧的亲和力较大,当氧分压降低时,肌红蛋白可释放大量的氧供细胞利用;肌红蛋白的含量增加,还可使肌肉贮存较多的氧,以补偿组织中氧含量的不足。

5. 中枢神经系统的变化

中枢神经系统由于其新陈代谢率高,所需的循环血量约占心输出量的15%,耗氧大,约占全身耗氧量的25%,所以对缺氧尤为敏感。在缺氧初期,大脑皮质兴奋性加强,患病动物表现兴奋不安;随着缺氧的不断加重,大脑皮质逐渐由兴奋转为抑制,并降低了对皮质中枢的控制和调节,此时患病动物表现运动失调、痉挛、精神沉郁甚至昏迷、感觉丧失,严重者因呼吸中枢和心血管运动中枢麻痹,引起患病动物呼吸、心搏停止而导致其死亡。缺氧引起的脑组织形态学变化主要是脑细胞变性、坏死和脑水肿。

(二)代谢的变化

缺氧时机体的三大营养物质代谢也发生明显的改变。其代谢改变的特点是分解代谢加强,氧化不全产物蓄积,结果导致代谢性酸中毒,还可发生呼吸性碱中毒。

1. 糖代谢

在缺氧的初期,由于交感神经兴奋和肾上腺素分泌增多,可使糖原分解加强、血糖升高、耗氧量增多,从而增强了机体的代偿适应反应。当缺氧继续加重时,除氧的供应不足外,还可引起组织内氧化酶的活性降低,生物氧化过程发生抑制,当三磷酸腺苷(ATP)形成减少时,一磷酸腺苷、二磷酸腺苷和无机磷酸增多,使磷酸果糖激酶的活性增加,导致组织内无氧酵解过程增强,乳酸生成增多产生乳酸血症。

2. 脂肪代谢

随着糖原大量分解、消耗和急剧减少,机体的脂肪分解过程加强,同时缺氧可发生脂肪氧化过程障碍,而使脂肪分解的中间产物酮体在体内大量蓄积而引起酮血症。酮体随尿排出时引起酮尿症。

3. 蛋白质代谢

缺氧时,蛋白质代谢的变化主要表现为蛋白质和尿素合成障碍。氨基酸脱氨基过程发生障碍时,血液中氨基酸增多,非蛋白质氮的含量增多。缺氧时氨基酸脱羧酶的活性增强,使体内某些氨基酸的脱羧基过程加快,加之肝脏的解毒功能减退及组织胺酶的活性降低,导致某些具有毒性作用的胺类在体内蓄积而使机体发生胺中毒。

4. 酸碱平衡

缺氧初期因呼吸运动加强,使体内 CO_2 排出增多,血液中 CO_2 含量相应减少、碱储相应增多,可引起呼吸性碱中毒。碱中毒时血液中 pH 升高,消除了

ATP 对磷酸果糖激酶的抑制作用而促进糖酵解，使乳酸生成增多，加之在缺氧的后期，由于大量氧化不全的酸性产物在体内蓄积，可引起代谢性酸中毒。

> 项目思考

　　1. 衡量缺氧的常见指标有哪些？
　　2. 简述低张性缺氧、等张性缺氧、循环性缺氧和组织性缺氧的区别。
　　3. 缺氧可导致循环系统出现哪些变化？
　　4. 缺氧时中枢神经系统的变化有哪些？

项目九　发热

本项目主要介绍了发热的概念、病因、发生机制和基本环节；发热经过的分期及其特点和临床表现；发热常见的热型及其特点；发热时各系统功能和物质代谢的变化；发热的生物学意义和处理措施。通过学习，能够掌握其内容并能够应用在临床上，解释发热所产生的一系列生理、病理反应，并对发热进行合适的处理。

子项目一　概述

项目目标

1. 理解发热的概念及特点。
2. 掌握发热的原因、发生机制和基本环节。

知识准备

（一）发热的概念

发热指恒温动物在内生性致热原的作用下，体温调节中枢的调定点上移，而引起调节性体温升高，比正常体温至少高 0.5℃。体温过高指体温调节中枢失去调控或调节障碍引起的被动性体温升高，体温升高的程度可超过调定点水平，如在外界温度过高时，由于机体散热困难，造成体热蓄积，使体温升高的现象。生理性体温增高指在剧烈的运动等生理条件下，由于剧烈的肌肉运动，产热量增强，超过了机体的散热能力，致使大量热在体内蓄积而引起体温升高，比正常体温高 2~3℃。

发热不是一种独立的疾病，而是许多疾病过程中经常出现的一种基本病理过程和临床表现。并且在有些疾病过程中具有特定的热型和恒定的变化规律，临床上通过检查体温和观察体温曲线的动态变化及其特点，可作为诊断某些疾病的重要依据。发热是机体的一种防御适应性反应，其特点是产热和散热过程由相对平衡状态转变为不平衡状态，产热过程增强，散热能力降低，从而使体温升高和各组织器官的功能与物质代谢发生改变。

（二）发热的原因

1. 致热原、发热激活物

致热原指凡能引起恒温动物发热的物质。根据来源可分为外源性致热原和内源性致热原。外源性致热原有细菌的内毒素、病毒、立克次氏体和疟原虫等所产生的致热原；内源性致热原有嗜中性粒细胞、单核巨噬细胞和嗜酸性粒细胞所释放的致热原。并非所有的致热原都能直接作用于体温调节中枢而引起发热，外致热原和体内某些产物作用于动物机体，激活体内产内生致热原细胞，使其产生和释放内生致热原而引起发热。发热激活物又称为激活物，指体内外能刺激机体产生和释放内生致热原的物质。包括传染性发热激活物和非传染性发热激活物。

（1）传染性发热激活物

①革兰阳性菌与外毒素：常见的有葡萄球菌、溶血性链球菌、肺炎球菌、结核分枝杆菌和枯草杆菌等。这类细菌除了全菌体致热外，其外毒素和肽聚糖也是具有活性的致热物质。

②革兰阴性菌与内毒素：常见的有大肠杆菌、伤寒杆菌、沙门菌和巴氏杆菌等。这类菌群的致热物质除菌体和菌壁中含有的肽聚糖外，还含有其菌壁的脂多糖，又称内毒素，是具有代表性的细菌致热原。临床上输液或输血引起的发热多因污染内毒素所致。

③病毒：常见的有猪瘟病毒、流感病毒、麻疹病毒和犬瘟热病毒等。致热病毒多为囊膜病毒，囊膜中的脂蛋白和囊膜表面的糖蛋白（血凝素）都是诱导发热的主要物质。

④其他：常见的有螺旋体、真菌、原虫等。钩端螺旋体内含有溶血素和细胞毒因子以及内毒素样物质；白色念珠菌感染所致的鹅口疮、肺炎、脑膜炎等，其致热因素是菌体及菌体内所含的荚膜多糖和蛋白质；球虫、弓形虫的代谢产物和红细胞裂解产物均可引起发热。

（2）非传染性发热激活物

①无菌性炎症：大面积烧伤、创伤、手术等非传染性致炎刺激物，物理性、化学性或机械性刺激等引起组织细胞坏死，组织蛋白分解产物可作为发热

激活物引起发热。

②变态反应：可见于某些药物引起的变态反应和血清病。由于超敏反应和自身免疫反应中抗原抗体复合物的形成，使组织细胞坏死并产生炎症产物，均可引起发热。

③肿瘤：某些恶性肿瘤，如恶性淋巴瘤、肉瘤等常伴有发热。由于瘤组织坏死产物的释放所造成的无菌性炎症；肿瘤引起的免疫反应，通过抗原抗体复合物的形成可产生和释放内生性致热原，这些均可引起发热。

④化学药物：某些化学药物如 α-二硝基酚、咖啡因、烟碱等都可引起动物发热。但各种化学药物引起发热的机制不同，如 α-二硝基酚可以增强细胞氧化过程，使产热增加而致体温上升；咖啡因可以兴奋体温调节中枢，限制散热，而引起发热。

⑤激素：如甲状腺功能亢进时，血液中甲状腺增多，导致产热过多；同时血管对加压物质的反应增强，使散热减少，所以体温升高；肾上腺素能兴奋体温调节中枢，加强物质代谢，同时使外周小血管收缩，以致散热减少而引起发热。

⑥神经：中枢神经系统受到损伤或植物性神经功能紊乱都可引起发热。

⑦类固醇：体内某些类固醇产物有致热作用，如睾酮和雄烯二酮的中间代谢产物本胆烷醇酮可激活嗜中性粒细胞，产生和释放内生性致热原，引起发热。

2. 内生性致热原

内生性致热原（EP）指体内产致热原细胞在发热激活物的作用下产生和释放的能引起恒温动物体温升高的物质。EP 在细胞内合成后，释放进入血液，通过血液循环进入体温调节中枢，引起发热。

（1）白细胞介素-1　是由单核-吞噬细胞系统的细胞、肿瘤细胞、树突状细胞、成纤维细胞和血管内皮细胞等在发热激活物的作用下合成和分泌的多肽类物质。受体广泛分布于脑内，主要位于体温调节中枢下丘脑的外面。

（2）肿瘤坏死因子（TNF）　又称为恶病质素，可分为 TNF-α 和 TNF-β。TNF-α 由单核巨噬细胞产生；TNF-β 又称为淋巴毒素，由抗原或有丝分裂原激活的 T 细胞和 NK 细胞产生。TNF 还可诱导单核细胞产生白细胞介素-1。TNF 对肿瘤细胞有非特异性杀伤作用，内毒素可诱导 TNF-α 的产生和释放而引起发热。

（3）干扰素（IFN）　是受病毒等因素作用时由淋巴细胞等产生的一种具有抗病毒、抗肿瘤作用的低分子质量糖蛋白。可分为 α、β、γ 三种类型，IFN-α 由单核细胞产生；IFN-β 由成纤维细胞产生；IFN-γ 由活化的 T 细胞和 NK 细胞产生。IFN-α 和 IFN-γ 可引起发热，其中 IFN-α 能引起单相热。干扰素可引起丘脑产生前列腺素 E 作用于体温调节中枢，动物注射后可引起发热，反复注射可产生耐受性。

（4）白细胞介素-6（IL-6）　是由单核细胞、巨噬细胞、成纤维细胞、内皮细胞、小胶质细胞、血管平滑肌细胞、T 淋巴细胞和 B 淋巴细胞等分泌的细胞因子，可引起发热。

（5）巨噬细胞炎症蛋白-1（MIP-1）　是一种单核细胞因子，是巨噬细胞受内毒素刺激后产生的肝素结合蛋白。MIP-1 能引起剂量依赖型单相热。

（6）其他　IL-2、IL-8、IL-11、内皮素、睫状体神经营养因子等也与发热有关。

（三）发热的发生机制

正常健康的动物体内产致热原细胞可产生微量的内生性致热原，但必须被细菌、病毒等微生物激活后，才能向外释放。在各种感染过程中，体内的产致热原细胞由于受到细菌、病毒等传染性致热原（激活物）的作用而发生激活，并产生和释放内生性致热原，发挥致热作用。外来致热原可成为一种激活物，作用于产致热原细胞，产生内生性致热原，引起发热。

（四）发热的基本环节

1. 内生性致热原的产生和释放

各种致病因子作用于动物机体后，引起相应的疾病，同时致病因子及其产物成为发热激活物，激活产内生性致热原细胞，使其产生和释放内生性致热原，作为信号因子经过血流到达下丘脑的体温调节中枢发挥作用。

2. 体温调节中枢的调定点上移

内生性致热原到达下丘脑体温调节中枢后，以某种方式改变下丘脑体温调节中枢调定点神经元的化学环境，使体温调节中枢的调定点上移，发出升温信号，改变效应器官的功能。

3. 效应器官的改变

在体温调节中枢的作用下，通过神经冲动经运动神经引起骨骼肌的周期性收缩而发生寒战，使产热增多还可通过交感神经系统引起皮肤血管收缩，使散热减少。产热大于散热，体温升高至与新的调定点相适应的水平。

子项目二　发热经过及热型

项目目标

1. 理解发热经过的分期及其特点和临床表现。

2. 掌握发热常见的热型及其特点。

知识准备

（一）发热的经过

发热的经过在临床上可分为三个阶段，即体温上升期、高热持续期和体温下降期。

1. 体温上升期

体温上升期又称为升热期，是发热的第一阶段。特点是产热增加和散热减少，产热大于散热。此时体温调节中枢的体温调定点上移，体温从正常逐渐升高。体温上升的速度并不一致，与疾病性质、致热原数量及机体的功能状态有关，如猪瘟、猪丹毒、牛恶性卡他热等疾病时动物体温升高很快；而非典型马腺疫、结核病、布鲁氏菌病、马鼻疽等疾病时动物体温上升较慢。体温上升期的肌肉收缩加强、肌糖原分解加强，使产热增多；同时肝糖原分解增强；机体通过皮肤血管收缩、汗腺分泌减少、血流减少，使散热减少，体温逐渐上升。

患病动物临床表现为兴奋不安、食欲减退或废绝、呼吸和脉搏加快、皮温下降、畏寒战栗、被毛竖立等。

【2014年执业兽医资格考试真题】发热的体温上升期，表现为（　　）
A. 体表血管扩张　　　B. 排汗明显增多　　　C. 尿量增加
D. 脉搏加快　　　　　E. 皮温增高

2. 高热持续期

高热持续期又称为高热期、高峰期、热稽留期，是发热的第二阶段。特点是产热与散热在新的较高水平上保持相对平衡。此时散热过程也开始加强，患病动物皮肤血管舒张，但产热过程并不降低，所以体温仍然维持在较高的水平上。体温升高的水平和持续时间与疾病和动物有关，如牛传染性胸膜肺炎的高热期可达2～3周之久；慢性猪瘟的高热期可达1周以上；猫瘟热的高热期仅为数小时。

患病动物临床表现为皮温升高、可视黏膜充血潮红、呼吸和脉搏加快、胃肠蠕动减弱、粪便干燥、尿量减少、有时开始排汗（犬、猫、禽类除外）等。

3. 体温下降期

体温下降期又称为退热期，是发热的最后阶段。特点是产热减少和散热增多，散热大于产热。此时由于机体防御功能的增强，使发热激活物、内生性致热原及发热介质被机体消除，体温调节中枢的调定点返回正常水平，体温逐渐恢复正常水平。体温下降的速度因病情有关，如体温是迅速下降或突然下降的，称为骤退；体温缓慢下降的，称为渐退。体温下降过快，有时可引起急性循环衰竭而造成严重后果，往往预后不良。

患病动物临床表现为皮肤血管舒张、大量排汗（如马）、排尿增加、体温逐渐恢复、精神和食欲逐渐恢复正常等。

（二）热型

热型指疾病过程中，连续的体温动态变化曲线。根据体温升高的程度发热可分为：微热（超过正常温度0.5~1℃）、中热（超过正常温度1~2℃）、高热（超过正常温度2~3℃）、超高热（超过正常温度3℃）。由于许多发热性疾病均具有特殊形式的热型曲线，根据热型曲线发热可分为稽留热、弛张热、间歇热、回归热、消耗热、短时热、双相热、不规则热等。热型曲线指每日一次或每日两次测定患病动物的体温数值记录在特殊的表格内，然后将所得的数值用线段连接而表现出来的图形。

1. 稽留热

稽留热指体温升高到一定程度后，高热持续数天不退，昼夜温差不超过1℃。常见于马传染性贫血、猪丹毒、猪瘟、牛恶性卡他热等。

2. 弛张热

弛张热指体温升高后昼夜温差超过1℃以上，但体温不降至正常水平。常见于支气管性肺炎、败血症、化脓性疾病等。

【2013年执业兽医资格考试真题】患化脓性炎症动物的热型通常为（　　）

A. 稽留热　　　　B. 弛张热　　　　C. 间歇热
D. 回归热　　　　E. 波状热

3. 间歇热

间歇热指发热期与无热期有规律性的相互交替，高热持续一定时间后，体温降至正常，间歇较短时间后体温再次升高，如此规律反复出现。常见于马传染性贫血、马锥虫病、牛焦虫病等。

4. 回归热

回归热指发热期和无热期间隔的时间较长，并且发热期与无热期的出现时间大致相同。常见于亚急性或慢性马传染性贫血、梨形虫病等。

【2019年执业兽医资格考试真题】发热期与无热期间隙时间较长，而且发热和无热期的出现时间大致相等。此热型为（　　）

A. 回归热　　　　B. 间歇热　　　　C. 弛张热
D. 稽留热　　　　E. 双向热

5. 消耗热

消耗热又称为衰竭热，指长期发热，昼夜温差变化较大，可达 3~5℃。常见于严重的结核病、脓毒败血症等慢性或严重的消耗性疾病。

6. 短时热

短时热指短时间发热，可持续 1~2h 至 1~2d。常见于动物分娩后、结核菌素试验等。

7. 双相热

双相热又称为波状热，指动物体温上升至一定高度，数天后降至正常，持续数天后再次升高，如此反复。常见于犬瘟热病、布鲁氏杆菌病等。

8. 不规则热

不定型热指热型曲线无规则，发热持续时间、温差均无定数。常见于牛结核病、支气管肺炎、仔猪副伤寒、非典型马腺疫和渗出性胸膜炎等非典型经过的疾病。

【2016 年执业兽医资格考试真题】牛结核病引起的发热类型是（　　）
A. 稽留热　　　　　　B. 弛张热　　　　　　C. 回归热
D. 不规则热　　　　　E. 波状热

子项目三　发热对机体的影响及其生物学意义

项目目标

1. 掌握发热时各系统功能和物质代谢的变化。
2. 了解发热的生物学意义和处理措施。

知识准备

（一）发热对机体的影响

1. 功能的变化

（1）神经系统功能的变化　发热时除体温中枢功能改变外，神经系统的其他功能也发生改变。有的动物因中枢神经系统的兴奋性升高而表现不安，有的动物则因中枢神经系统兴奋性降低对周围环境反应迟钝而表现精神沉郁。发热初期，表现中枢神经系统功能兴奋性增强，动物表现兴奋不安；高热期，由于高温血液及有毒代谢产物的作用，使中枢神经系统功能由兴奋转为抑制，动物表现精神沉郁，甚至昏迷。幼龄动物高热时易发生抽搐。不论是发热初期还是高热期，植物性神经通常以交感神经兴奋占优势，但发热进入退热期后，交感神经的兴奋性就逐渐降低。

（2）心血管系统功能的变化　发热时，由于交感神经兴奋和高温血液刺激心脏窦房结，使心脏跳动加强，频率加快。体温每升 1℃，心跳每分钟可增加 10~15 次。发热初期，由于心脏功能加强和皮肤血管收缩，使动脉压升高；高热期或长期发热，因高温血液和有毒代谢产物作用，使心肌变性，加之心动过速，心脏负担加重，可导致心力衰竭；退热期后，因交感神经兴奋性下降，外周血管舒张，动脉血压下降。高热骤退时，特别是用解热药引起体温骤退，可因大量出汗而导致动物休克。

（3）呼吸系统功能的变化　发热时由于高温血液和酸性代谢产物刺激呼吸中枢，使其兴奋性增强、呼吸加深加快。深而快的呼吸，有利于氧的吸入和机体散热。当持续高热时，可引起中枢神经系统功能的障碍和呼吸中枢的兴奋性降低，使呼吸中枢由兴奋转为抑制，动物出现呼吸浅表、精神沉郁等症状，甚至导致呼吸麻痹和呼吸衰竭。这些变化对机体也是不利的。

（4）消化系统功能的变化　发热时，由于交感神经兴奋，支配肠道功能的迷走神经保持抑制状态，胃肠消化液分泌减少和胃肠蠕动下降，加之水分吸收加强，使肠内容物干燥，甚至发生便秘。严重时肠内容物发酵、腐败而引起自体中毒，患病动物常呈现食欲减退或废绝。

（5）泌尿系统功能的变化　发热初期，由于血压升高，肾脏血流量增多，尿量稍增多，尿密度较低。高热期时，由于呼吸加快，使水分被蒸发；肾组织发生轻度变性，体表血管舒张，肾脏血流量相应减少，以及由于分解代谢增强，酸性代谢产物增多，水和钠盐被潴留在组织中，使尿液减少，尿密度增加，尿中常出现含氮产物。退热期时，由于肾脏血液循环得到改善，肾血流量增加，大量盐类又从肾脏排出，尿量增多。

（6）单核-吞噬系统功能的变化　发热时，机体单核-吞噬系统的功能活动增强。表现为吞噬能力增强、抗体生成增多、补体的活性增强、肝脏的解毒功能加强。

2. 物质代谢的变化

（1）糖代谢的变化　发热时，因交感神经兴奋，肾上腺素分泌增多，肝脏和肌肉内的糖原分解加强，血糖浓度升高。但当患病动物的糖原分解过多、过快，因耗氧量增加，使氧的供应相对不足，机体内糖原无氧酵解增强，使血液及组织内乳酸产生增多，动物出现肌肉酸痛，部分乳酸可随尿排出。

（2）脂肪代谢的变化　发热时因脂肪分解加强，脂肪大量消耗，患病动物日渐消瘦，血液内中性脂肪酸含量增高。由于耗氧量增加，造成氧供应不足，而使脂肪酸氧化不全，氧化不全产物酮体形成增加，使动物发生酮血症和酮尿症。

（3）蛋白质代谢的变化　随着糖和脂肪的消耗，蛋白质分解代谢也明显加强。大量蛋白质不断分解，使多量含氮物质在血液内蓄积，并随尿排除，引起负氮平衡。由于组织蛋白质分解过快以及消化功能发生障碍，蛋白质摄入和吸收均减少，以致体内蛋白质缺乏，因温度过高和各种有毒物质不断刺激，长期发热时可导致肌肉和实质器官发生萎缩或变性，进而引起机体衰竭。由于蛋白质分解加强，使血液和尿液中尿素、尿酸等非蛋白含氮物含量也增加。

（4）水盐代谢的变化　水盐代谢常随发热的发展阶段不同而异，在体温上升期和高热期时，由于机体的分解代谢增强，氧化不全产物蓄积，尿液减少，使水、盐在组织中潴留。退热期时，由于机体出汗和排尿增多，大量水分和盐类随汗液和尿液排出体外，若排出过多可引起机体脱水。在发热时，由于组织的分解代谢加强，血液和尿中的钾离子浓度升高，磷酸盐的形成和排出增多，以及氧化不全的乳酸、酮体等酸性中间代谢产物在体内增多，可导致代谢性酸中毒。

（5）维生素代谢的变化　发热时，随着糖、脂肪和蛋白质等三大物质的分解代谢加强，整个酶促反应加强，酶的消耗增加，使参与酶系统组成的维生素消耗增加，加之摄入补充不足，使病患病动物发生 B 族维生素和维生素 C 的缺乏。

（二）发热的生物学意义和处理原则

1. 发热的生物学意义

发热是机体在长期进化过程中所获得的一种以抗损伤为主的防御适应反应。

（1）短时间的轻度或中度发热对机体是有利的，此时单核-吞噬细胞系统功能增强，吞噬能力增强，抗体形成增加，酶活性增强，肝脏氧化过程加速，肝脏解毒功能增强，均有利于机体清除病原微生物。

（2）长时间的发热或高热对机体则是有害的，因为持续性高热可使机体的分解代谢加强，营养物质过度消耗，消化功能紊乱，导致患病动物消瘦和机体抵抗力降低；中枢神经系统和血液循环系统发生损伤，动物出现精神沉郁甚至昏迷，或心肌变性发生心力衰竭，可危及生命。

2. 发热的处理原则

（1）治疗原发病　对引起发热的某些疾病进行正确地诊断并治疗。

（2）适时退热　发热初期，对发热不高且病因不明显的病例，不要急于退热，以防干扰热型和热程的表现，而不利于疾病的诊断；对过高的发热、持续的发热，在治疗原发病的基础上采取适时退热，但高热不可骤退。

(3) 加强营养　饲喂易消化、吸收和营养丰富的饲料。必要时还应补充营养，如注射葡萄糖，补给维生素 B 和维生素 C，及时纠正水、电解质和酸碱平衡紊乱。

(4) 防止虚脱　特别是重症病例退热期，由于心脏血管功能不全，容易发生虚脱，此时应注意维护心脏。

(5) 加强护理　高热或持续性发热的机体，由于过度消耗，抵抗力降低，容易受冷或受热及遭受其他病因的侵袭，诱发并发症，必须加强护理。

> 项目思考

1. 常见的致热原有哪些？
2. 发热的基本环节包括哪些？
3. 发热的经过可分为哪几个阶段？
4. 临床上常见的热型有哪些？

项目十　败血症

本项目主要介绍了败血症的概念、类型、病因、机制、病变特点和结局，通过学习能够运用败血症的病理变化特点分析疾病中出现败血症的发生、发展过程。

子项目一　概述

项目目标

1. 理解败血症、菌血症、毒血症、虫血症、脓毒败血症和病毒血症的概念及特点。
2. 掌握败血症发生的原因及发病机制。

知识准备

（一）概念

败血症指病原菌由感染局部侵入血流并持续存在、大量繁殖，产生毒素，引起机体严重物质代谢障碍和生理功能紊乱，呈现全身中毒症状和病理变化的现象。此时病原菌的损伤作用占明显优势，而机体防御能力较弱。败血症不是一种独立的疾病，是引起动物死亡的一个主要原因。败血症的发生标志着炎症局部病理过程的全身化，如治疗不及时或全身性病变严重，可引起动物死亡。

败血症常伴随有菌血症、毒血症、虫血症、脓毒败血症和病毒血症。

【2012年执业兽医资格考试真题】败血症是（　　）

A. 病畜血液内存在原虫　　　　　　B. 病畜血液内存在病原菌

C. 病畜血液内存在病毒　　　　D. 病畜血液内存在毒素
E. 病原体侵入血液，产生毒素引起的全身性严重病变

（1）菌血症　指细菌经血管或淋巴管进入血液的现象，不出现全身性的病理变化。一般情况下，并不繁殖和产生毒素，细菌可被血液中的白细胞和脾、肝等器官的巨噬细胞吞噬消灭，但也可能在适宜其生长的部位停留下来建立新的病灶。有时菌血症可发展为败血症。

（2）毒血症　指细菌的毒素或炎症组织中的毒性代谢产物被吸收入血而引起机体全身中毒的现象。临床上出现高热、寒战、抽搐、昏迷等全身症状，严重时可出现中毒性休克，并伴有心、肝、肾等实质器官细胞发生严重变性或坏死，黏膜出血、水肿等。血液细菌学检查，常找不到细菌。

（3）虫血症　指寄生虫大量侵入血液的现象，同时伴有明显的全身症状和病理变化，常见于锥虫、梨形虫等血液寄生虫的感染。

（4）脓毒败血症　指化脓菌随血流到达全身引起的败血症，并形成多发性化脓灶的现象。除具有败血症的一般性病理变化外，典型病变是器官的多发性脓肿，比较均匀地散布在器官中。镜检可见脓肿中央和尚存的毛细血管或小血管内常见细菌团块，说明脓肿是由毛细血管内的化脓性栓子形成栓塞后引起的。

【2009年执业兽医资格考试真题】脓毒败血症的主要特点是（　　）
A. 血液内出现化脓菌　　　　B. 体表有多发性脓肿
C. 血液中白细胞增多　　　　D. 病畜不断从鼻孔流出带血脓汁
E. 血液中出现大量的化脓菌及其毒素

（5）病毒血症　指病毒粒子侵入血液的现象。病毒大量复制后释放入血所致，同时伴有明显的全身性症状。

菌血症、病毒血症、虫血症并非都属于败血症，凡是可引起全身性的感染和全身性败血性变化的都属于败血症。有的则是病原从侵入部或原发病灶经血流到达其嗜好部位，在循环血液中短暂出现，很快就会转移到某个局部或被机体的防御机构所清除，不引起全身感染或全身性败血性变化，故不属败血症。

（二）发病原因

败血症主要由细菌和病毒等病原菌所引起，此外某些原虫也可引起。病原菌分为传染性和非传染性两类。

传染性病原体有猪瘟、鸡瘟、巴氏杆菌、炭疽杆菌等，这些病原菌感染引起发病，都具有传染性，由此类病原体感染引起的败血症称为传染型败血症。又因其毒力强，侵入机体后可迅速突破机体屏障进入血液，直接以败血症形式表现出来，这些传染病称为败血性传染病。

非传染性病原体有葡萄球菌、大肠杆菌、链球菌、腐败梭菌等，由于局部

创伤继发感染此类病原体,引起局部感染或炎症。如果动物机体抵抗力强,通过局部组织的炎症反应,将病原体消灭和清除,使局部感染终止;但如果机体抵抗力弱,不能将病原体消灭和清除,病原体就可突破局部屏障侵入血流,扩散到全身并大量繁殖和产生毒素,使局部感染全身化,导致广泛性组织损伤和严重的全身反应,在局部炎症的基础上发展为败血症,此败血症不传染其他动物。

（三）发病机制

病原体突破机体外部屏障侵入机体的部位,称为传入门户、侵入门户或感染门户。皮肤、消化道、呼吸道和泌尿生殖道黏膜都可成为病原体的侵入门户。其中皮肤和黏膜损伤时,更易造成病原体感染成为侵入门户。

传染性病原体在侵入机体后,可直接发展为败血症,眼观常常找不到侵入门户的明显病变,此类病原体的侵袭力和毒力都很强,它们侵入机体后,在适合其生存部位大量繁殖生长,短时间内可发展为败血症。

非传染性病原体一般先引起局部感染。而后发展为败血症。病原菌先在侵入门户引起局部炎症,在机体抵抗力下降和治疗不及时的情况下,病原菌大量繁殖,局部组织破坏加剧,炎症加重并波及淋巴管和血管,可引起局部淋巴管炎、静脉炎和淋巴结炎,病原菌可经淋巴管和血管进入循环血液扩散至全身。大量繁殖的病原菌及其毒性产物进入血流,使全身各组织器官受损、物质代谢和生理功能呈现严重紊乱,患病动物出现明显全身中毒症状和病理变化,导致败血症的发生。如果局部感染是由化脓性细菌引起的,先引起局部化脓性炎症,然后在其他部位出现转移性化脓灶,造成化脓菌感染的全身化,引起脓血症或脓毒性败血症。

子项目二　败血症病理变化及结局

项目目标

1. 掌握败血症的病理变化类型及其特点。
2. 了解发生败血症后的结局。

知识准备

（一）病理变化

败血症的病理变化包括侵入门户的病变和全身性病变两方面。

1. 侵入门户的病变

侵入门户的病变指病原体侵入部位的病变，见于非传染性病原菌引起的败血症和脓毒性败血症，常在侵入门户出现明显的炎症或化脓等病理变化。如由创伤感染所引起的皮下脓肿或蜂窝织炎；脐带感染所引起的出血性化脓性脐炎；产后子宫感染所引起的化脓性或坏疽性子宫内膜炎；尿道感染所引起的肾盂肾炎等。侵入局部的病变可能多种多样，但其炎症性质多表现为化脓性或坏死性炎，进行病理剖检时应注意检查这些原发性病灶的病理变化，并注意由局灶性炎症发展为全身性病理过程的通道。

脓毒败血症时出现局部化脓性炎症的病变，同时侵入门户还有原发性化脓灶，并且在化脓灶内存在化脓性淋巴结炎、淋巴管炎或静脉管炎等病变。传染型败血症侵入门户的病变不明显。

（1）创伤性败血症的原发病灶　鞍伤、去势伤、烧伤及四肢外伤等，处理不当或治疗不及时，易感染各种病原菌，而成为败血症的原发病灶。其病变特点是除局部呈浆液化脓性炎或蜂窝织炎外，由于病原菌沿淋巴管扩散，可见创伤附近的淋巴管和淋巴结发炎。淋巴管扩张、变粗、呈索状，管壁增厚，管腔狭窄，管腔内积有脓汁或纤维素性凝块。淋巴结肿大，呈浆液性或化脓性淋巴结炎。如果病原菌经淋巴管或静脉随血流扩散，则首先在肺形成转移性化脓灶，并由肺静脉经左心到达体循环末梢（心、肾、脑、肝、脾、胃、肠、关节等器官内）形成大小不等的转移性化脓灶或化脓性炎，而导致脓毒败血症。

（2）脐败血症的原发病灶　新生动物断脐时由于消毒不严格，而感染病原菌导致败血症的发生。在脐带根部可呈出现出血化脓性炎症病灶，继而可蔓延至腹膜，引起纤维素性化脓性腹膜炎。同时病原菌可经过化脓的脐静脉到达血流，引起化脓性肺炎和四肢化脓性关节炎，特别是肩关节、肘关节、髋关节和膝关节。

（3）产后败血症的原发病灶　雌性动物分娩后，由于子宫内膜出现损伤及其内残留胎盘碎片和血凝块，当感染化脓杆菌或坏死杆菌后可引起化脓性坏死性子宫内膜炎，常因败血症而死亡。病理剖检可见子宫肿大，按压有波动感，浆膜混浊无光泽，子宫内蓄积大量恶臭的脓汁，子宫内膜肿胀、淤血、出血和坏死剥脱，形成大片糜烂或溃疡。

（4）尿道或乳腺感染所致败血症的原发病灶　常见于由化脓性棒状杆菌和大肠杆菌引起的肾盂肾炎；由链球菌引起的乳腺炎。

2. 全身性病变

死于败血症的动物，因机体严重的物质代谢障碍和毒血症，使机体各组织器官呈现明显的变性、坏死和出血等退行性病变。由于病原体在机体内大量蔓延，所以在脾脏、全身淋巴组织等组织器官内可见明显的炎症过程。同时偶见过敏反应所引起的病变。

当动物机体抵抗力较弱，病原体毒力较强时，机体防御力会被迅速瓦解而造成动物很快死亡。由于病程较短，组织形态结构方面基本没有改变，少数病例眼观见不到任何病理变化。如炭疽杆菌感染小鼠后，在24h内死亡的，病理剖检眼观几乎看不到任何病理变化，但镜检可见各组织器官内充满了大量的炭疽杆菌，心、肝、肾等实质器官出现明显的细胞肿胀。死于急性败血症的动物具有以下典型的病理变化。

（1）尸僵不全　死于败血症的动物，因其体内存在大量病原菌及毒素，肠道腐败菌在机体抵抗力下降时可进入血液，引起尸体变性、自溶和腐败，肌肉组织发生退行性变性，由于肌肉内乳酸被细菌的碱性物质中和，使其乳酸减少，所以动物可呈现尸僵不全或尸僵不明显。

（2）血液凝固不良　因病原体及内毒素作用于凝血因子Ⅶ，使凝血因子和血小板大量消耗，机体出现严重的酸中毒及CO_2增多，使血液凝血物质严重破坏，尸体出现血液凝固不良。尸检可见从口、鼻、阴道及肛门等天然孔流出紫黑色凝固不良的黏稠血液，呈酱油样。

（3）溶血　因细菌毒素的作用，使红细胞受到破坏，产生溶血的现象，大血管和心脏的血管内膜等被游离的血红素染成污红色。由于肝功能不全，间接胆红素转化能力下降，使其在体内蓄积引起浓度升高，导致可视黏膜和皮下组织呈现黄染。

（4）全身出血　在病原体及内毒素作用下，全身小血管和毛细血管的内皮细胞出现严重的损伤，其结构被破坏，剖检可见全身皮肤、黏膜、浆膜及实质器官有出血点、出血斑，皮下、浆膜下和黏膜下结缔组织有浆液性液体或脓液。浆膜腔可见混有丝状或片状的纤维蛋白积液。

（5）免疫器官发生急性炎症的变化　败血症时脾脏、淋巴结呈急性炎症变化。脾脏急性肿大，表面呈青紫色，被膜紧张，质地柔软；切面隆起，脾髓结构模糊易刮脱，呈血粥样。镜检可见脾血管明显扩张、充血、出血，红细胞多呈溶解状态，有多量含铁血黄素沉着，有数量不等的嗜中性粒细胞浸润和伴发单核巨噬细胞不同程度肿胀与增生。脾组织呈大片出血，其内可见细菌团块和局灶性坏死；被膜和小梁平滑肌变性，红髓和白髓有不同程度的增生；脾小体受压迫发生萎缩，并有不同程度的坏死。全身淋巴结肿大，呈急性浆液性和出血性淋巴结炎变化。淋巴结充血、出血、水肿及白细胞浸润，窦壁细胞增生等，淋巴窦扩张，其中有单核细胞、嗜中性粒细胞和红细胞，有时可见细菌团块和局灶性组织坏死。扁桃体和肠道淋巴结表现不同程度的肿大、充血、出血、变性和坏死等急性炎症或增生性炎的变化。

（6）实质器官肿胀变性　心、肝、肾等实质器官淤血肿大，实质细胞发生颗粒变性、脂肪变性、空泡变性、透明变性等退行性变化，严重者发生点状或片状坏死。心脏可见心肌纤维肿胀或脂肪变性，甚至坏死，还可见局灶性心肌纤维变性、充血、出血、浆液渗出和淋巴细胞浸润等心肌炎变化，因心肌变性而使心脏发生扩张，最终可导致动物死亡；肺脏淤血、水肿或呈现浆液性或出血性支气管炎变化；肾小管上皮细胞呈现空泡或透明变性，间质有局灶性淋巴细胞浸润；肝细胞呈现颗粒变性或脂肪变性，中央静脉、窦状隙及小叶间静脉扩张、充血，肝窦壁内皮细胞肿大，可见少量炎性细胞浸润。

(7) 神经内分泌系统水肿变性　中枢神经系统眼观可见脑膜充血，脑实质无明显病变。镜检可见软膜下和脑实质充血、出血、水肿，毛细血管透明血栓形成，神经细胞不同程度的退行性变化。有时可见局灶性充血、出血、坏死、炎性细胞浸润及神经胶质细胞增生等。严重时神经细胞坏死，出现卫星现象或形成胶质细胞结节。

肾上腺变性，类脂质消失，皮质失去固有黄色，呈浅红色，皮质和髓质部可见有出血。

【2016年执业兽医资格考试真题】关于败血症对机体的影响，表述错误的是（　　）

　　A. 心功能无异常　　　　B. 凝血功能异常　　　　C. 休克
　　D. 全身组织出血　　　　E. 尸僵不全

(二) 结局

败血症发生后，如果治疗及时、用药恰当，基本可以治愈。如果动物机体抵抗力下降，病原体占明显优势，治疗不及时，常出现败血性休克和某些重要器官功能衰竭而引起动物死亡。动物传染性疾病通常是由于感染继发性败血症而导致其死亡的。

【2010年执业兽医资格考试真题】动物发生急性传染病时导致死亡的主要原因是（　　）

　　A. 菌血症　　　　　　　B. 毒血症　　　　　　　C. 败血症
　　D. 虫血症　　　　　　　E. 病毒血症

> **项目思考**

1. 分别描述败血症、菌血症、毒血症、虫血症、脓毒败血症和病毒血症的概念。
2. 简述败血症的发病机制。
3. 急性败血症典型的病理变化有哪些？

项目十一 肿瘤

本项目主要介绍了肿瘤的概念、一般形态与结构异型性、生长速度、生长方式及其扩散；上皮组织、间叶组织、神经组织的肿瘤的发生部位、眼观和镜检特点；良性肿瘤与恶性肿瘤的区别；通过学习能够运用各肿瘤疾病的病理变化特点对临床上出现的各种肿瘤疾病进行分析。

子项目一 概述

项目目标

1. 理解肿瘤的概念、一般形态与结构及其异型性。
2. 掌握肿瘤的生长速度、生长方式及其扩散。

知识准备

肿瘤指机体在各种致瘤因素的作用下，机体某一组织细胞在基因水平上失去对其生长的正常调控，发生异常增生而成的新生物，这种新生物常形成局部的肿块。

肿瘤细胞是从正常细胞转化而来的，但其具有异常的形态结构、功能和物质代谢。肿瘤组织的生长不受机体一般生长规律所控制，当致瘤因素去除之后，肿瘤组织仍能继续生长，并通过细胞分裂不断形成新生的肿瘤组织。肿瘤组织对于机体并无正常的生理功能，而对机体有害无益。肿瘤组织常压迫或以侵蚀形式直接破坏周围的正常健康组织，生长期较长的肿瘤组织或恶性肿瘤还可转移，夺取机体的营养并产生有害物质，破坏整个机体的功能，造成严重的危害。

（一）肿瘤的一般形态

1. 肿瘤的外形

肿瘤的外观形态多种多样，即使是同一种肿瘤形态也不尽相同，这与肿瘤的性质、生长部位、生长方式和组织来源等有关，在一定程度上也可反映出肿瘤的良性或恶性。生长在皮肤、黏膜表面的肿瘤，大多形成的肿块向表面突起而呈不同形状，如结节状、分叶状、息肉状、乳头状、菜花样、绒毛状、蕈状等。起源于深层组织的良性肿瘤多为结节状、类圆形，此肿瘤可呈实体性或囊性。良性肿瘤和周围健康组织之间界限明显，呈结节状生长；而恶性肿瘤和周围健康组织无明显界限，呈浸润性生长，但其转移灶呈界限清晰的结节状。

2. 肿瘤的大小和数目

肿瘤的大小不一，很小的肿瘤需要在显微镜下才能发现；大的肿瘤可达数十千克。这与肿瘤的性质、生长时间和发生部位有关。一般良性肿瘤长期才会生长得较大，恶性肿瘤生长迅速，但很快引起恶病质，巨大的较少。

肿瘤的数量多少不一，可单个发生，也可多个发生。单个发生称为单中心性生长，多个发生称为多中心性生长。良性肿瘤数量较少，生长缓慢且体积大；恶性肿瘤易转移，数量较多，生长迅速且体积相对较小。

3. 肿瘤的颜色

肿瘤的颜色与肿瘤的组织类型及其含血量的多少有关。如黑色素瘤呈黑色，脂肪瘤呈黄色或白色，纤维瘤呈灰白色，血管瘤呈红色。

4. 肿瘤的硬度

肿瘤的硬度和肿瘤组织类型及肿瘤内实质与间质之间的比例有关。从肿瘤组织类型来看，骨、软骨组织形成的肿瘤质地坚硬；脂肪瘤、黏液瘤质地柔软。从肿瘤内实质与间质的比例来看，间质成分多于实质的肿瘤，质地坚硬；实质成分多于间质的肿瘤，质地柔软。肿瘤发生变性、坏死或液化时，质地变软；当坏死部位有钙盐沉着时质地变硬。

（二）肿瘤的一般结构

肿瘤的组织结构是由实质（瘤细胞）和间质（结缔组织）两部分所组成。有的肿瘤其组织内的实质和间质分界清楚；有的肿瘤两者之间分界并不清楚，常混杂在一起。肿瘤的良性和恶性取决于肿瘤实质的良性和恶性，但肿瘤的生长与肿瘤的间质和机体的免疫状态有关。

1. 肿瘤的实质

肿瘤的实质就是肿瘤细胞。不同的肿瘤，其实质的细胞成分不同，肿瘤的生物学特性及其特殊性都是由实质所决定的。根据肿瘤的实质形态可以识别各种肿瘤的组织来源，进行肿瘤分类、命名和组织学诊断，并根据其分化程度和异型性确定肿瘤的良性、恶性程度。

肿瘤细胞来源于正常细胞，其形态和组织结构与起源的正常细胞组织有一定的相似之处。瘤细胞的分化程度低，动物体任何组织都是从幼稚的不成熟的组织和细胞发展为有特殊功能的成熟细胞，该过程称为"分化"。良性肿瘤的实质细胞分化程度高，与起源的组织很相似；恶性肿瘤分化程度低或不分化，与起源组织很少相似。表现为细胞大小不一，比正常细胞体积大；外形不整，呈多形性；见多形核，核大且染色深，核膜粗糙不齐，核仁增大增多，胞核与胞浆不成比例，常发生退行性变化。可见异常核分裂象，恶性肿瘤 DNA 增多，分裂快，呈多极分裂或不均等分裂，形成多核细胞。

2. 肿瘤的间质

肿瘤的间质成分不具特异性，主要由结缔组织和血管构成，起支撑和营养供应的作用。间质中含有血管及淋巴管，肿瘤通过血管与机体发生联系；间质中还含有淋巴细胞、浆细胞和巨噬细胞浸润，这是机体免疫反应的表现。

当肿瘤细胞的生长超过了血管生成，由于营养供应不足，使肿瘤组织发生坏死、出血，这是恶性肿瘤的特点。生长迅速的肿瘤，其间质血管较丰富、结缔组织较少；生长缓慢的肿瘤，其间质血管较少。有些肿瘤的间质内还可有软骨和硬骨形成。间质中含结缔组织多的癌，称为硬癌；含间质少而实质多的癌，称为髓样癌。

（三）肿瘤的异型性

肿瘤的异型性指肿瘤组织在细胞形态和组织结构上与起源的正常组织有不同程度的差异。肿瘤的异型性大小反映肿瘤组织的成熟程度，以作为确定其良性、恶性的判断依据。异型性小，其和正常组织相似，肿瘤组织分化程度较高；异型性大，肿瘤组织分化程度较低。

1. 肿瘤组织结构的异型性

良性肿瘤组织结构的异型性不明显，一般都与其起源组织相似。恶性肿瘤组织结构的异型性明显，瘤细胞排列紊乱，失去正常组织的结构或层次。

2. 肿瘤细胞形态的异型性

良性肿瘤细胞的异型性小，一般都与其起源的正常细胞相似。恶性肿瘤细胞常具有高度的异型性：肿瘤细胞一般比正常细胞大，形态、大小不一，可见瘤巨细胞；细胞核体积增大、形状不一，呈巨核、双核、多核或畸形核，核内 DNA 增多，核染色深，染色质分布不均匀、呈颗粒状，核膜增厚，核仁肥大、数目增多，核分裂象增多；胞质内核蛋白增多，胞质多呈碱性，使瘤细胞产生异常分泌物或代谢产物；胞质内细胞器减少、发育不良或形态异常，并可见游离核蛋白体，溶酶体在侵袭性强的瘤细胞中增多，可释放出大量水解酶，有利于瘤细胞浸润，细胞间连接减少，黏着松散，无绒毛的瘤细胞表面可见一些不规则的微绒毛，有利于营养物质的吸收和瘤细胞增殖和浸润等。

【2009年执业兽医资格考试真题】良性肿瘤的特点之一是（　　）
A. 易转移　　　　　　B. 异型性小　　　　　C. 异型性大
D. 生长速度快　　　　E. 常见核分裂象

【2014年执业兽医资格考试真题】恶性肿瘤的特征之一是（　　）
A. 异型性强　　　　　B. 生长缓慢　　　　　C. 异型性弱
D. 膨胀性生长　　　　E. 核分裂象少见或无

3. 肿瘤的代谢特点

（1）糖代谢　肿瘤组织中参与糖酵解的各种酶活性较正常组织高，可能由于瘤细胞内线粒体功能失调，较多的肿瘤组织在有氧或无氧条件下均可以糖酵解获取能量。糖酵解增强的结果，可使大量的乳酸生成。

（2）蛋白质代谢　肿瘤组织蛋白质的合成大于分解。因肿瘤组织生长旺盛，其蛋白质合成增强，并且肿瘤组织可利用健康组织蛋白分解的氨基酸，以及糖酵解产生的乳酸等合成肿瘤蛋白质。

（3）核酸代谢　肿瘤组织合成脱氧核糖核酸（DNA）和核糖核酸（RNA）的能力强，分解过程降低，肿瘤细胞的DNA和RNA含量明显增高。DNA主管细胞的分裂和繁殖，RNA主管细胞的蛋白质合成和生长，二者合成增强，可使肿瘤细胞迅速分裂、繁殖和生长。

（4）脂类代谢　肿瘤细胞的脂肪主要是中性脂肪，肿瘤细胞可发生脂变导致不饱和脂肪酸含量增加，同时类脂质中胆固醇含量也增加，胆固醇可降低细胞表面张力，改变细胞膜的通透性，为瘤细胞的迅速增殖创造条件。

（5）酶系统的改变　肿瘤组织酶系统的变化主要表现在某些特殊功能的酶活性降低或完全消失，导致酶谱的一致性。癌细胞缺乏呼吸酶，这与线粒体的变化有关。各种肿瘤细胞的酶组成趋向相似，而不像每一种正常组织有各自的特点，反映了肿瘤组织在代谢上的不成熟性。

（四）肿瘤的生长

1. 肿瘤的生长速度

不同的肿瘤生长速度各不相同，主要决定于肿瘤细胞的分化程度。成熟程度高、分化好的良性肿瘤生长较缓慢，可生长几年甚至几十年。如果其生长速度突然加快，可能发生恶性转变。成熟程度低、分化差的恶性肿瘤生长较快，短期内即可形成明显肿块，并且由于血管形成及营养供应相对不足，易发生坏死、出血等继发性改变。

2. 肿瘤的生长方式

（1）膨胀性生长　大多数良性肿瘤的生长方式。由于瘤细胞生长缓慢，不向周围正常组织内伸展，只将周围组织向四周推挤。肿瘤多呈结节状，周围常有完整的结缔组织包膜，与邻近正常组织分界清楚，容易手术摘除（图11-1）。位于皮下者临床触诊时可推动，摘除后也不易复发。这种生长方式的肿瘤对局部组织器官的影响主要是压迫作用，一般不破坏器官的结构功能。

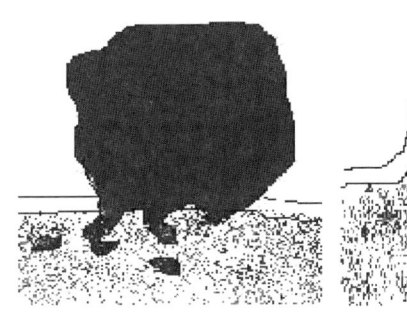

（a）形成结节状肿瘤　　　　（b）形成分叶状肿瘤

图 11-1　膨胀性生长

（2）浸润性生长　又称为破坏性生长，为大多数恶性肿瘤的生长方式。瘤细胞不断地分裂增生，像树根样向周围组织间隙、淋巴管或血管内侵入，并破坏周围组织，周围无包膜，与邻近正常组织无明显界限，不易摘除（图11-2）。

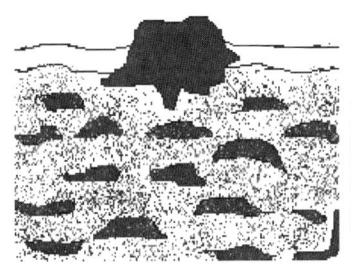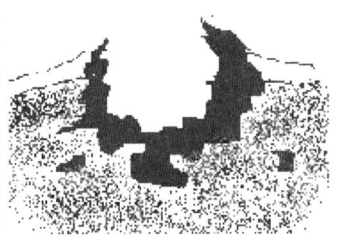

（a）瘤细胞侵入组织间隙　　　　（b）形成溃疡

图 11-2　浸润性生长

（3）外生性生长　又称为突起性生长，发生在体表、体腔表面或管道器官表面的上皮性肿瘤，突出于表面或腔内，形成乳头状、息肉状、蕈状或菜花状肿物。良性肿瘤和恶性肿瘤都可呈外生性生长。恶性肿瘤在外生性生长时，其基底部往往呈浸润性生长，由于其生长迅速，血液供应不足，这种外生性肿瘤容易发生坏死、脱落而形成底部高低不平、边缘隆起的癌性溃疡（图11-3）。

图11-3 外生性生长：形成乳头状肿瘤

(4) 内生性生长　上皮性肿瘤向皮肤或黏膜下层生长。

【2012年执业兽医资格考试真题】良性肿瘤常见的生长方式是（　　）
A. 浸润性生长/外生性生长　　B. 弥漫性生长/内生性生长
C. 膨胀性生长/弥漫性生长　　D. 外生性生长/膨胀性生长
E. 内生性生长/弥漫性生长

（五）肿瘤的扩散

肿瘤的扩散指具有浸润性生长的恶性肿瘤，不仅可在原发部位继续生长、蔓延，而且还可通过多种途径扩散至机体其他部位。

1. 直接蔓延

直接蔓延指随着肿瘤的不断增生，瘤细胞不断地沿着组织间隙、淋巴管、血管或神经侵入并破坏邻近的正常组织或器官，并继续生长。

2. 转移

转移指瘤细胞与原发瘤脱离，从原发部位侵入淋巴管、血管或体内腔道，随淋巴液、血液、体腔液等带到其他部位，并继续生长形成与原发瘤相同的肿瘤，转移后形成的肿瘤称转移瘤、继发瘤或子瘤。这是恶性肿瘤的特点，良性肿瘤一般不会转移。

(1) 转移的类型

①局部性转移：如肺脏的原发性肿瘤由一片肺叶转移至另一片肺叶上。

②所属性转移：向邻近淋巴结的转移。

③远部位转移：从原发性肿瘤转移至很远部位的组织或器官内。

(2) 转移的途径

①淋巴道转移：癌大多数倾向于淋巴管转移。癌细胞先侵入周围健康组织的淋巴管中，随淋巴循环到达局部淋巴结，到达后聚集于局部淋巴结的边缘窦，进行生长增殖使整个淋巴结肿大、质地变硬、切面常呈灰白色。局部淋巴结发生转

移后，可继续转移至其他淋巴结，最后经胸导管进入血流，继发血道转移。

②血道转移：瘤细胞侵入血管后可随血流到达较远的器官并继续生长，形成转移瘤。由于动脉壁较厚，同时管内压力较高，故瘤细胞多经小静脉入血，少数也可经淋巴管入血。血道转移的运行途径与血栓栓塞过程相同，即侵入体循环静脉的肿瘤细胞经右心至肺，在肺内形成转移瘤；侵入门静脉系统的肿瘤细胞，首先形成肝内转移；侵入肺静脉的肿瘤细胞或肺内转移瘤通过肺毛细血管而进入肺静脉的瘤细胞，可经左心随动脉血流到达全身各器官，并向脑、骨、肾及肾上腺等器官转移。血道转移最常见的器官是肺、其次是肝。

③种植性转移：又称为移植性转移、接种性转移，指在腹腔、脑室等浆膜腔内的恶性肿瘤，当少数或成群的瘤细胞从原发瘤上脱落后，发生瘤细胞的接种现象，即瘤细胞黏附在邻近或远处的浆膜上，发展而成为新的瘤结节。当浆膜表面损伤时，更有利于其种植生成转移瘤。

子项目二　肿瘤的病因、命名及分类

项目目标

1. 理解肿瘤的病因、命名及其分类。
2. 掌握良性肿瘤与恶性肿瘤的区别。

知识准备

（一）肿瘤的病因

肿瘤并非单一疾病，而是一大类病变，种类繁多，原因也各不相同。人们从肿瘤的统计分析、实验性肿瘤的复制、生物因素的分离以及肿瘤发生学与形态学研究等方面已经积累了大量的资料，对于肿瘤的发生原因有了一些了解，但还不完全清楚。据统计人的肿瘤有60%~90%与外界环境致癌因素有关，其中大约有90%以上属于化学性因素。动物的肿瘤多与病毒有关，生物性致瘤因素占主体，其次是化学性、物理学致瘤因素。肿瘤的发生原因主要有外因和内因两个方面。

1. **外部致瘤因素**

（1）化学性致瘤因素

①多环碳氢化合物：存在于石油、煤焦油中，强致癌物主要是3,4-苯并芘，可诱发肺癌、皮肤癌、胃癌等。1775年英国医生Pott发现一扫烟囱的工人接触烟垢后而发生阴囊癌；日本学者用煤焦油长期涂擦兔耳皮肤，成功诱发了

皮肤鳞状上皮癌。3,4-苯并芘等不仅存在于煤焦油，也从不完全燃烧物中产生，如烟熏、烧烤的鱼、肉食品中也可含有。

②芳香胺类与氨基偶氮染料：包括乙萘胺、联苯胺、二甲基苯胺等，与染料厂工人发生膀胱癌有关，可诱发犬发生膀胱癌。其中α-萘胺为代表，有强致癌性，经过任何途径进入体内均可致膀胱癌。砷、镍、铬、镁、锡等都有一定的致癌作用，可引起胃癌、肾癌、呼吸道肿瘤、白血病、淋巴肉瘤等多种肿瘤。

③亚硝胺类：除已形成的亚硝胺化合物外，其前体物质如胺类化合物、硝酸盐等广泛存在于水、土和食物中。由于亚硝铵的化学结构不同，能够有选择地引起某些器官发生肿瘤，主要是食管癌和肝癌。在一定的情况下，体内也可合成亚硝胺，维生素C能在肝内阻断亚硝胺合成，在胃内合成不能阻断。

④霉菌毒素：最主要的是黄曲霉毒素。黄曲霉菌广泛存在于霉变花生、玉米及谷物中，大多数黄曲霉是不产毒的，其中某些菌株能够产生一种强烈的肝脏毒素，称为黄曲霉毒素。黄曲霉毒素有 B_1、B_2、C_1 和 C_2 四种，其中以黄曲霉毒素 B_1 的毒性最强，其次为黄曲霉毒素 C_1 和 B_2，可以引起动物饲料中毒，诱发大鼠、鸭、鱼、猪及猴子的肝癌，大鼠的胃癌、支气管癌和肾癌等恶性肿瘤。另外冰岛青霉、白地霉、红青霉、杂色曲霉等都产生致癌毒素。

⑤植物毒素：不少植物对动物具有毒性，少数具有致畸、致癌性。蕨类植物中某些毒素已被证实对动物具有毒性及致癌性，可引起动物发生膀胱肿瘤。

(2) 物理性致瘤因素　包括温热、机械刺激及离子辐射等。离子辐射有X射线、γ射线、亚原子微粒（如β粒子、中子、质子或α粒子的辐射）和紫外线照射。电离辐射可使DNA链断裂，如经过不正确的修复，就会发生癌变。长期接触X射线或放射性同位素，可引起不同的恶性肿瘤，如白血病。紫外线可引起酶的灭活，特别是DNA破坏。过度暴晒紫外线，能增加皮肤癌的发生。

(3) 生物性致瘤因素

①病毒：多种动物不同类型的肿瘤发生都与病毒密切相关，致瘤病毒包括DNA病毒和RNA病毒，DNA病毒有疱疹病毒、腺病毒、乳头状病毒等，约占致瘤病毒的1/3；RNA病毒有禽白血病病毒、Rous肉瘤病毒、牛白血病病毒等，约占致瘤病毒的2/3。可能是由于病毒感染寄生于细胞内，发生增殖后，如病毒的核酸整合到寄主细胞核上，则引起癌变；肿瘤病毒基因已存在于每个细胞内，病毒是通过使这些被压抑的基因得到释放而发生作用。

②寄生虫：寄生虫侵入并引起局部黏膜上皮增生，癌变的发生机制是由于虫体或成虫、卵的物理性刺激，或其毒素的化学作用所导致。华支睾吸虫可引起动物胆管上皮腺瘤样增生，可引起胆管细胞癌。

2. 内在致瘤因素

外部致瘤因素只是引起肿瘤的条件，其必须通过内在致瘤因素才能起作用。动物的种类、年龄、遗传性以及免疫性等都是影响肿瘤发生的内在致瘤因素，这些因素决定了动物机体对致癌因素的易感性或抵抗力。

（1）遗传性　动物种属、品种与品系的不同，肿瘤的发生也各不相同。如疱疹病毒引起的马立克氏病只感染鸡；纯品系小鼠 C_3H 系、A 系、昆明系等自发性乳腺癌发病率很高，而 C_{57} 纯品系小鼠极少发生，这说明小鼠能否发生乳癌与基因型有关；日本某地利用汉普夏和杜洛克本地猪进行杂交，其后代出现了大批黑色素瘤病例；英国报道了一种大白猪淋巴瘤，并证明这种恶性肿瘤是遗传的。

（2）动物的年龄　任何年龄都能发生肿瘤，但大多数恶性肿瘤发生于老年动物，这与老年的免疫反应处于衰弱状态有关。鸡马立克氏病发病年龄较小，18 日龄可在显微镜下发现，7 周龄肉眼可见肿瘤的出现。

（3）动物的性别　动物性别不同，肿瘤的发生、生长和预后也各不相同，这可能与激素有关。激素的失衡、缺乏和过量，都可能引发肿瘤。如切除小鼠的部分甲状腺，体内为了提高甲状腺素分泌，导致垂体促甲状腺激素的刺激增强，可能引起垂体的肿瘤；鸡的卵巢癌，认为与卵巢激素的作用过甚有关。

（4）免疫性　肿瘤的发生、生长和预后与动物机体的免疫状态有关。肿瘤可引起体内免疫反应，主要是细胞免疫，体液免疫也起一定的作用。细胞免疫是通过 T 淋巴细胞、K 细胞、自然杀伤细胞、巨噬细胞对具有肿瘤特异性抗原的肿瘤细胞起溶解杀伤作用，而免疫缺陷的动物易发生肿瘤。

（二）肿瘤的命名

机体的任何组织、器官都可能发生肿瘤，而且肿瘤的发生原因多种多样，所以肿瘤的种类较多，命名较复杂。肿瘤一般根据其组织来源、生物学特性、发生部位、分化程度和形态特点来命名。

1. 良性肿瘤的命名

良性肿瘤一般在其来源组织名称之后加一"瘤"字，例如，来源于纤维结缔组织的良性肿瘤，称为纤维瘤；来源于脂肪组织的良性肿瘤，称为脂肪瘤；来源于腺上皮组织的良性肿瘤，称为腺瘤等。还可根据其形态来命名，如发生在皮肤、黏膜的类似乳头的良性肿瘤，称为乳头状瘤；另外还可加上发生部位，如乳头状瘤发生在皮肤的，称为皮肤乳头状瘤。

2. 恶性肿瘤的命名

恶性肿瘤的命名比较复杂，根据其起源组织不同而名称不同。

（1）癌　指来源于各种上皮组织的恶性肿瘤。在来源组织或解剖部位名称后面加一"癌"字，如来源于被覆鳞状上皮组织的恶性肿瘤，称为鳞状细胞癌；来源于腺上皮组织的恶性肿瘤，称为腺癌等。

【2018 年执业兽医资格考试真题】癌原发于（　　）

A. 神经组织　　　　B. 脂肪组织　　　　C. 肌肉组织
D. 上皮组织　　　　E. 结缔组织

(2) 肉瘤　指来源于间叶组织（包括纤维结缔组织、脂肪、软骨、骨、肌肉、脉管及淋巴、造血组织等）的恶性肿瘤。在来源组织名称后面加"肉瘤"二字，如来源于纤维组织发生的恶性肿瘤，称为纤维肉瘤；来源于骨组织的恶性肿瘤，称为骨肉瘤；来源于淋巴组织的恶性肿瘤，称为淋巴肉瘤等。

【2011年执业兽医资格考试真题】来源于间叶组织的恶性肿瘤称为（　）
A. 肉瘤　　　　B. 肝癌　　　　C. 腺癌
D. 畸形瘤　　　E. 恶性混合瘤

(3) 母细胞瘤　指来源于幼稚组织（未成熟的胚胎组织）或神经组织的恶性肿瘤。在发生肿瘤的组织、器官名称后加"母细胞瘤"或细胞名称前面加一"成"字，如肾母细胞瘤（成肾细胞瘤）、神经母细胞瘤（成神经细胞瘤）。

(4) 有些特殊的恶性肿瘤　因其成分复杂或组织来源尚不明确，一般肿瘤名称前面加"恶性"两字，如恶性黑色素瘤、恶性间皮细胞瘤和恶性畸胎瘤等；有些恶性肿瘤用专门的名称，如白血病、鸡马立克氏病等。当同一个恶性肿瘤中，既有癌的结构，又有肉瘤的结构，称之为癌肉瘤，如子宫癌肉瘤就是由子宫内膜的癌和子宫内膜间质的肉瘤结合一起所形成的。

(三) 肿瘤的分类

肿瘤是一大类种类繁多和原因极为复杂的病变，根据其组织来源进行分类，再按其分化程度分为良性和恶性肿瘤（表11-1）。

表11-1　　肿瘤的分类

肿瘤部位	组织来源	良性肿瘤	恶性肿瘤
上皮组织	鳞状上皮	乳头状瘤	鳞状细胞癌、基底细胞癌
	腺上皮	腺瘤	腺癌
	移行上皮	乳头状瘤	移行上皮癌
间叶组织	纤维结缔组织	纤维瘤	纤维肉瘤
	脂肪组织	脂肪瘤	脂肪肉瘤
	黏液组织	黏液瘤	黏液肉瘤
	软骨组织	软骨瘤	软骨肉瘤
	骨组织	骨瘤	骨肉瘤
	间皮组织	间皮瘤	间皮肉瘤
	滑膜组织	滑膜瘤	滑膜肉瘤

续表

肿瘤部位	组织来源	良性肿瘤	恶性肿瘤
淋巴造血组织	淋巴组织 骨髓组织	淋巴瘤	淋巴肉瘤 白血病、骨髓瘤
脉管组织	血管 淋巴管	血管瘤 淋巴管瘤	血管肉瘤 淋巴管肉瘤
肌组织	平滑肌 横纹肌	平滑肌瘤 横纹肌瘤	平滑肌肉瘤 横纹肌肉瘤
神经组织	室管膜上皮 交感神经节 成胶质细胞 神经鞘细胞 神经纤维	室管膜瘤 神经节细胞瘤 神经胶质瘤 神经鞘瘤 神经纤维瘤	室管膜母细胞瘤 神经母细胞瘤 多形成胶质母细胞瘤 恶性神经鞘瘤 神经纤维肉瘤
其他	生殖细胞 三种胚叶组织 成黑色素细胞 几种组织成分	胚胎性瘤 畸形瘤 黑色素瘤 混合瘤	精原细胞瘤、胚胎性癌 恶性畸形瘤 恶性黑色素瘤 恶性混合瘤、癌肉瘤

【2010年、2015年执业兽医资格考试真题】鳞状细胞癌组织中的癌细胞来源于（　　）

A. 上皮组织　　　　B. 神经组织　　　　C. 脂肪组织
D. 纤维组织　　　　E. 肌肉组织

（四）良性肿瘤与恶性肿瘤的区别

不同性质的肿瘤对机体造成的危害各不相同。良性肿瘤一般对机体造成的危害较小，易于治疗；恶性肿瘤造成的危害较大，治疗措施复杂，容易引起动物死亡。区别良性肿瘤和恶性肿瘤，对于正确诊断和治疗肿瘤具有重要的意义。良性肿瘤与恶性肿瘤的主要区别根据肿瘤的组织结构、肿瘤细胞的形态特征及其生物性特性加以鉴别（表11-2）。

表11-2　　　　良性肿瘤与恶性肿瘤的主要区别

	项目	良性肿瘤	恶性肿瘤
生长特点	生长方式	多呈膨胀性生长	多呈浸润性生长
	生长速度	缓慢	迅速
	边缘	界限清楚	界限不清
	包膜形成	有包膜	无包膜

续表

	项目	良性肿瘤	恶性肿瘤
生长特点	质地与色泽	接近正常组织	与正常组织差别较大
	侵袭性	一般不侵袭	有侵袭和蔓延现象
	转移性	不转移	常转移
	复发	手术完全切除后一般不复发	手术不易完全切除，常复发
组织学特点	分化与异型性	分化良好，无明显的异型性	分化不良，异型性明显
	瘤细胞排列与极性	排列规则，极性保持良好	排列不规则，极性紊乱
	细胞数量	稀散，较少	丰富而致密
	核膜	较薄	增厚
	核染色质	较少，细腻	较多，常深染
	核仁	不增多，不变大	粗大，数量增多
	核分裂象	很少	较多
	功能代谢	除分泌激素的肿瘤外，一般代谢正常	核酸代谢旺盛，酶谱改变，代谢异常
	对动物机体的影响	影响较小，对局部组织造成压迫、挤压作用；肿瘤发生在脑、心、脊髓等重要器官，后果严重	影响较大，无论生长何处，对组织起破坏作用，后期呈恶病质，常以死亡为结局

子项目三　常见肿瘤的病理变化

项目目标

1. 掌握上皮组织肿瘤的发生部位、眼观和镜检。
2. 掌握间叶组织肿瘤的发生部位、眼观和镜检。
3. 掌握神经组织肿瘤的发生部位、眼观和镜检。

知识准备

（一）上皮组织的肿瘤

1. 乳头状瘤

乳头状瘤病是由被覆上皮（鳞状上皮或移行上皮）与结缔组织所构成的良性肿瘤。

（1）发生部位　常见于各种动物的头、颈、肩、耳、眼睑、口唇、腿、背及乳房等部位的皮肤和咽喉、食管、胃、肠、子宫及膀胱等部位的黏膜。

（2）眼观　牛、马和山羊的皮肤乳头状瘤病通常为多发性，犬为单发性。瘤组织向皮肤或黏膜表面形成乳头状或花菜样突起，大小不一，表面粗糙和常有裂隙，基部粗细不一。大的乳头状瘤容易受到损伤，常引起出血和继发感染。因上皮角化，间质较丰富，质地较硬称为硬性乳头状瘤；因结构疏松、含较多血管、质地柔软易出血的称为软性乳头状瘤。

（3）镜检　可见鳞状上皮或移行上皮向上方过度生长，形成单个或多个乳头。肿瘤表面被覆增生的上皮细胞，无浸润性生长的现象，乳头中间由纤维组织与血管组织构成的间质所组成。瘤细胞无异型性，排列整齐，核分裂象少，位于基部的细胞几乎处于同一平面上。

2. 腺瘤

腺瘤是腺上皮发生的良性肿瘤。

（1）发生部位　机体各部位腺体均可发生腺瘤，主要发生于黏膜和深部腺体，常多见于胃、肠、子宫、乳腺、卵巢、甲状腺、肺、肝和肾等部位。

（2）眼观　腺瘤一般生长缓慢，无转移性，多呈灰白色结节状。生长在黏膜上的腺瘤，多呈息肉状或乳头状突起，切面类似增厚的黏膜，称为息肉样腺瘤；生长在深部腺体的腺瘤，外部常有完整的包膜，与周围组织界限清晰，切面呈分叶状。

（3）镜检　腺瘤组织的腺上皮细胞结构与其起源组织的腺上皮细胞结构非常相似，具有相应的分泌功能，构成腺瘤的腺体比较密集，无小叶状结构。因腺瘤发生部位不同，瘤细胞呈圆柱状、立方形或多角形，其排列为管状、腺泡状或呈实体性，腺体之间分布有数量不等的结缔组织和血管，腺上皮细胞与结缔组织之间以基膜为界线。瘤组织中以实质为主，称为单纯性腺瘤；以间质为主，称为纤维性腺瘤。如果腺内有分泌物蓄积并且形成大小不等的囊腔，则称为囊腺瘤。囊腔内分泌物可为浆液、黏液或胶样物，腺瘤中瘤细胞通常呈单层排列。当在囊腺瘤的囊壁上见有长短、粗细不一的乳头状突起，则称为乳头状囊腺瘤。

3. 鳞状细胞癌

鳞状细胞癌又称扁平细胞癌，简称鳞癌。鳞状细胞癌是各种动物常见的一种恶性上皮性肿瘤，生长很快，可转移至局部淋巴结和肺等器官。

【2013年执业兽医资格考试真题】复层扁平上皮发生的恶性肿瘤称（　　）

A. 纤维肉瘤　　　　B. 纤维瘤　　　　C. 乳头状瘤
D. 鳞状细胞癌　　　E. 癌肉瘤

（1）发生部位　常发生于皮肤和口腔、舌、肛门、食管、阴道等处的皮肤型黏膜。犬常见于躯干、腿、阴囊、口唇及趾部皮肤；马和牛常见于黏膜皮肤连接部；猫常见于耳翼、鼻孔、口唇或眼睑等处的皮肤。各种动物的鳞状细胞癌都倾向于发生在无色素的皮肤部分，如牛的眼睑，犬的腹部、腹股沟和阴囊，猫的眼睑、鼻孔和耳翼等部位。

（2）眼观 鳞状细胞癌的外观形态有生长型或糜烂型两种。生长型的鳞状细胞癌呈大小不一的乳头状生长，形成菜花状的突起，表面常发生炎症而形成溃疡，易出血，有的肿瘤向深部组织发展，可形成浸润性硬结。糜烂型的鳞状细胞癌初期表面形成结痂的溃疡，溃疡继续向深部组织发展，外观呈火山口状，肿瘤切面呈白色，质地柔软，形成均匀的结节形组织并有纤维组织分隔。

（3）镜检 分化程度较好的鳞状细胞癌，其体积较大，呈多边形或不规则形，胞浆丰富，核分裂象较多。癌巢具有鳞状上皮的结构层次，其中心有轮层状的角化物质，称为癌珠或角化珠，癌珠呈同心层状排列，深染红色，外观如透明蛋白，厚薄不等。癌珠外周环绕着棘细胞层，细胞之间可见细胞间桥，最外层相当于基底细胞层。

分化程度较差的鳞状细胞癌，呈梭形，胞浆较少，核染色质丰富，其癌巢结构的异型性较大，不易见到角化的癌珠和细胞间桥，而癌细胞的核分裂象很多，且出现不典型的核分裂象，棘细胞特征不明显。

4. 腺癌

腺癌是黏膜上皮、腺上皮和化生的移行上皮发生的恶性肿瘤。

（1）发生部位 马、牛、犬等动物均有发生。见于胃、肠、子宫、卵巢、肝脏等腺体和支气管、胃肠道、胆管的黏膜上皮等。

（2）眼观 腺癌单发或多发，大小不一，呈扁平、突起状或菜花状，与周围健康组织界限不清，有波动。发生于内脏的腺癌，有的呈界限明显的球形，有的无明显界限呈弥漫性增生，腺癌切面常见大小不等的腺腔，在腺腔内积聚有分泌物。当腺癌间质多而实质少时，其质地坚硬，称为硬性癌，其生长缓慢，恶性程度较小，切面苍白、干燥、呈纤维丝状；当腺癌实质多而间质少时，其质地柔软，称为髓样癌，其生长迅速，恶性程度大，切面多汁。

（3）镜检 腺癌其癌细胞具有腺上皮的特征，呈立方状或柱状，体积较大，胞质略呈嗜碱性，胞核大，染色质多而深染，核分裂象极明显。腺腔大小不等，有的扩张呈囊状；有的无腔，腺癌细胞排列呈腺管样、条索状、团块状或筛状等。当癌细胞不形成腺管，而呈实性细胞条索或细胞团块结构的，称为实体癌或单纯癌；当癌细胞密集，而肿瘤组织中间质很少，实质较多时，称为髓样癌；当肿瘤组织中实质很少，间质较多时，称为硬性癌。

5. 鸡卵巢腺癌

卵巢腺癌是母鸡最常见的一种生殖系统恶性肿瘤，属于腺癌。其发病率与年龄的增长有关，一般均见于一岁龄以上的成年母鸡。

（1）发生部位　主要发生于母鸡的卵巢处，可转移至腺胃、肌胃、肠、输卵管等器官表面的浆膜和肠系膜、脾脏、胰腺等部位。

（2）眼观　病鸡可见腹腔内脏器官的表面生长着大量灰白色、无光泽、坚硬、单个或融合的肿瘤。肿瘤发生于卵巢，在整个腹腔内增殖蔓延。卵巢处有大量乳头状结节。因腺腔中含大量液体，在卵巢上形成较多大小不一的透明卵泡，充满整个腹腔，这种类型称为卵巢囊腺癌。

（3）镜检　肿瘤组织可见索状的腺泡，衬着单层立方上皮细胞，大的腺泡腔内有蛋白样物。当腺泡数量很多，排列致密，可使其相互挤压形成髓样癌。肿瘤中无腺泡结构的部分是结缔组织。

6. 原发性肝癌

原发性肝癌是由肝细胞或胆管上皮细胞恶变而形成的恶性肿瘤。

（1）发生部位　主要发生于牛、山羊、绵羊、猪、鸭、火鸡、鸽、犬、马和鱼等动物的肝脏，其中鸭发病率最高。

（2）眼观　原发性肝癌可分为弥漫型、结节型和巨块型三种，其中以前两型多见。

①弥漫型：其特征是肝组织呈弥漫性肿大，不形成明显的肿瘤结节。因癌细胞广泛浸润肝脏各个部位，使肝表面和切面在眼观时可见许多不规则的灰白或灰黄色特殊斑点或斑块。

②结节型：其特征是肝组织内形成大小不一的类圆形结节。细小结节只有粟粒大，最大的结节直径可达十几厘米。癌结节通常会同时多个出现，不规则地分布于各肝叶。结节硬度与肝组织相似，切面呈乳白色、灰白色、淡红色、灰红色、淡绿色或黄绿色等，其颜色的变化与结节中是否有出血、坏死或是否含有胆汁有关。结节与周围健康组织界限明显。

③巨块型：其特征是在肝组织内形成巨大的癌块，周围有若干个卫星性小结节。

（3）镜检　动物原发性肝癌可分为肝细胞性肝癌、胆管细胞性肝癌和混合性肝癌三种。

肝细胞性肝癌最多见，癌细胞来源于肝细胞，与肝细胞类似，但肝小叶结构明显紊乱，癌细胞比正常肝细胞着色较淡。如分化较好的癌细胞呈多角形，核大，核仁粗，核膜粗糙，核分裂象多见，胞浆丰富，呈颗粒状，癌细胞呈条索状或团块状排列，构成实体性癌巢并可见血窦；分化程度很低，肝细胞形状很难辨认，常出现瘤巨细胞。

胆管细胞性肝癌，癌细胞来源于胆管上皮，呈立方形、低柱状或高柱状，通常排列成不规则的腺管状，癌细胞胞浆透亮，胞浆或管腔内常有黏液积聚。

混合性肝癌中包含有肝细胞性肝癌与胆管性肝癌两种，通常肝细胞性肝癌成分占优势。

7. 移行上皮癌

移行上皮癌是由于移行上皮恶变而形成的恶性肿瘤。

（1）发生部位　多发生于膀胱、尿道、肾盂等处。

（2）镜检　癌细胞异型性明显，呈复层排列。在牛膀胱上皮性肿瘤中，牛膀胱移行细胞癌最为多见，包括原位癌、乳头状癌和浸润性癌。

（二）间叶组织的肿瘤

1. 纤维瘤

纤维瘤是发生于纤维结缔组织的一种良性肿瘤，其实质主要由成纤维细胞和胶原纤维所组成。纤维瘤与正常纤维结缔组织的区别在于瘤组织内成纤维细胞和胶原纤维的比例不同，细胞成分的分布也不均匀。

（1）发生部位　动物机体有结缔组织的部位均可发生纤维瘤。硬性纤维瘤多见于皮肤与皮下、黏膜、肌膜、骨膜和腱等部位；软性纤维瘤常见于皮肤与皮下、黏膜下和浆膜下等部位；息肉状软性纤维瘤常见于马和猫的鼻咽部。

（2）眼观　肿瘤常呈圆形或分叶状，由豌豆粒至人头大或更大。瘤体与周围组织界限清楚。表面光滑，有包膜。肿瘤质地随细胞与胶原纤维比例不同而有差异。胶原纤维多细胞成分较少者，硬度较大，称为硬性纤维瘤，其切面致密干燥，呈灰白或黄白色，有相互交织的纤维束纹理；反之则较软，称为软性纤维瘤，其切面疏松，柔软如海绵样，因富有淋巴及血管，所以呈淡红色，较湿润，有时淋巴凝结呈胶样物。若软性纤维瘤发生在黏膜面，常有细小根蒂，似息肉。

（3）镜检　纤维瘤主要成分是成纤维细胞和纤维细胞。成纤维细胞胞核大，胞浆内颗粒变粗且均匀分布；纤维细胞呈梭形，核膜清晰，胞浆内有粗细不等的颗粒，多聚积于核膜周围。硬性纤维瘤呈结节状，质地坚硬，含胶原纤维成分多、细胞成分少，与周围健康组织界限明显；软性纤维瘤肿瘤内纤维少、质地柔软、状如息肉，含胶原纤维成分少，呈结节状。

2. 脂肪瘤

脂肪瘤是由分化较好、较成熟的脂肪瘤细胞所构成的良性肿瘤。

（1）发生部位　发生于猪、马、牛、犬和羊等多种动物含有脂肪组织的部位。

（2）眼观　常为单发，偶尔多发。脂肪瘤呈结节状或息肉样，完整包膜，与周围健康组织界限明显，质地柔软或较硬，表面光滑、呈淡黄或黄色，发生坏死时变为灰白色，切面油脂样光泽、略透明。

（3）镜检　脂肪瘤瘤组织结构与正常脂肪组织基本相似，仅细胞体积变大，瘤内有少量分布不均质的间质，包括血管和结缔组织，结缔组织可将瘤体分隔成大小不等的小叶。当结缔组织多时，称为纤维脂肪瘤；当毛细血管多且生长活跃，加之内皮细胞增多，形成细小的管腔或不形成管腔时，称为血管脂肪瘤。

3. 黏液瘤

黏液瘤是由类似原始间叶组织或脐带的黏液结缔组织，从其残留组织或者是一些纤维组织性肿瘤的黏液样变形成的良性肿瘤。

（1）发生部位　常发生于脐部、肠系膜、肠浆膜及膀胱等处。

（2）眼观　常为单发，偶尔多发。黏液瘤呈圆形、椭圆形或结节状，与周围健康组织界限明显，大小不等、质地柔软，切面湿润、黏滑、呈半透明胶冻样、灰黄白或灰粉红色。

（3）镜检　瘤细胞呈梭形、三角形或星芒状。排列疏松，细胞有突起，互相连接构成网状，网眼内含有大量黏液。

4. 软骨瘤

软骨瘤是软骨组织，特别是透明软骨发生的一种良性肿瘤。

（1）发生部位　常发生于马、犬和牛的长骨骨端、肋骨骨折部、剑状软骨、喉头软骨、气管软骨和支气管软骨等处。

（2）眼观　软骨瘤大小不等，质地坚硬，呈球形或分叶状，灰白色，外周有明显包膜，切面多半呈微透明、蓝白色。当肿瘤体积变大时，其中心可发生软化、坏死、硬度减退。

（3）镜检　软骨瘤的组织结构与正常软骨组织结构基本相似，不同之处在于软骨囊大小不一，其细胞数目不定，软骨细胞大小、排列与分布不规则，有时软骨基质疏松而不均匀。瘤组织可见部分坏死、黏液样变性、钙化、骨化或形成囊泡等继发变化。

5. 骨瘤

骨瘤是来源于骨膜的一种良性肿瘤。骨瘤多发生于幼龄动物，随着动物年龄的增长而逐渐长大，成年后肿瘤体积不再增大。

（1）发生部位　常发生于马和牛的颌骨、鼻窦、颜面骨、颅骨及四肢骨等。

（2）眼观　骨瘤外缘平整，呈扁圆形，附于正常骨表面，有结缔组织血管层覆盖。发生于鼻窦者，其覆盖的结缔组织血管层呈黏液样或水肿样。骨瘤质地坚硬，切面由致密骨与松质骨或海绵骨组成。

（3）镜检　骨瘤的外周为骨膜和一层不规则断续骨板，其内有数量不等、粗细和长短不一、排列紊乱的成熟板状骨小梁。骨小梁之间为疏松结缔组织，偶见脂肪髓或红髓。

6. 血管瘤

血管瘤是一种由增生的不同类型的血管所构成的没有界限的良性肿瘤。根据血管形态和性状可分为毛细血管瘤和海绵状血管瘤。

（1）发生部位　毛细血管瘤常发生于犬和马的背、胸和肢体等部位的皮肤或皮下；海绵状血管瘤常发生于牛的肝脏和鸡的皮肤。

（2）眼观　毛细血管瘤常突出于皮肤表面或与皮肤一致，外观呈淡红或紫红色，易出血，切开后有大量血液流出。海绵状血管瘤在肝表面和深部实质内可见芝麻至樱桃大小的不规则状斑块，呈暗红或紫红色，质地柔软，切开后斑块部因血液流失而凹陷，仅留下网状结构的血窦。

（3）镜检　毛细血管瘤是由大量毛细血管错综交织而形成的丝球，可见各种切面的血管腔，其内含有血液，内皮细胞多呈单层，有的因内皮细胞高度增生而变为数层，内皮细胞呈同心圆排列或成索状排列。海绵状血管瘤内的血管，其大小不一，大多数构成不规则的窦状，窦壁由结缔组织组成，被覆内皮细胞，窦腔内含有血液，有时还可见血栓并被机化。

7. 平滑肌瘤

平滑肌瘤是由平滑肌演变而来的良性肿瘤。

（1）发生部位　常发生于牛、绵羊、猪、马、猫和其他动物的消化道和泌尿生殖道，其中以子宫平滑肌瘤最为多见。

（2）眼观　发生在消化道和子宫的平滑肌瘤呈球形，单个生长，与周围健康组织界限清楚。当肿瘤侵害阴道或阴户时通常有蒂，且突出于阴户。有蒂的平滑肌瘤会引起母牛子宫扭转；若发生在犬食管下段，会引起持久性呕吐。马可引起妊娠子宫阻塞；犬、猫引起膀胱阻塞。肿瘤表面平滑，呈粉红或白色，质地较硬。陈旧性肿瘤由于常伴发大量胶原纤维的玻璃样变，故质地更硬。切面纵横交错呈编织状或漩涡状。

（3）镜检　平滑肌瘤的瘤细胞较正常平滑肌细胞密集。瘤细胞核两端钝圆，胞质较丰富，稍红染，细胞呈长梭形束状排列，胞质中有纵行肌丝。瘤组织中含有许多壁厚的小血管，并向瘤细胞逐渐过渡。

8. 纤维肉瘤

纤维肉瘤是由交织的不成熟的成纤维细胞索和数量不等的胶原纤维所构成的恶性肿瘤，还有一些能够产生胶原的混合性间叶细胞肿瘤。大多数发生在成年和老年动物，偶见于幼龄动物。

【2017年执业兽医资格考试真题】下列最易发生转移的肿瘤是（　　）

A. 乳头状瘤　　　　B. 腺瘤　　　　C. 平滑肌瘤

D. 纤维肉瘤　　　　E. 血管瘤

(1) 发生部位 常发于犬、猫、黄牛和水牛的躯体和四肢的皮肤以及皮下、口腔和鼻腔，身体其他部位也能发生，但内脏器官很少发生。

(2) 眼观 纤维肉瘤的大小不一，呈不规则结节状，与周围健康组织界限不清，无完整包膜，质地坚实，切面鱼肉状、均质和无光泽，色泽淡红，常见红褐色的出血区和黄色的坏死区。肿瘤侵蚀皮肤及黏膜时，表面常形成溃疡和继发感染。

(3) 镜检 瘤细胞呈梭形、卵圆形或星形。未分化肉瘤含有多核瘤巨细胞和具有异形核的瘤细胞。胞核长圆形或卵圆形，染色深，核仁明显，常见核分裂象。胞浆含量有差异，胞浆边界有时很难与基质辨别。纤维肉瘤是高度血管性的，但血管形成不良，常见出血。肉瘤组织常发生缺血性坏死、炎症和水肿。

【2017年执业兽医资格考试真题】12岁雄性京巴犬，临诊见右前肢腋下有一核桃大的肿物，质地坚硬。组织病理学分析见肿瘤细胞为梭形，核大而浓染，瘤细胞排列成漩涡状，见大量异型性分裂象，胶原纤维少。此肿瘤诊断为（　　）

A. 鳞状上皮细胞癌　　B. 皮脂腺瘤　　C. 纤维肉瘤
D. 脂肪肉瘤　　E. 骨骼肌肉瘤

9. 淋巴肉瘤

淋巴肉瘤是由未成熟的淋巴网状细胞组成的恶性肿瘤。

(1) 发生部位 常发于牛、猪及鸡的淋巴组织。

(2) 眼观 全身或个别淋巴结和器官增大，大小不等，常不对称。淋巴结呈灰白色，质地柔软或坚实，切面像鱼肉状，有时伴有出血或坏死。肿瘤早期有包膜，互相粘连或融合在一起。内脏器官的淋巴肉瘤有结节型和浸润型两种，结节型为器官内形成大小不一的肿瘤结节，灰白色，与周围正常组织之间的分界清楚，切面上可见无结构、均质的肿瘤组织，外观如淋巴组织；浸润型肿瘤组织呈弥漫性浸润在正常组织之间，外观仅见器官明显肿大或增厚，而不见肿瘤结节。

(3) 镜检 肿瘤的主要成分是有异型性的成淋巴细胞和淋巴细胞样瘤细胞。成淋巴细胞体积大于正常的淋巴细胞，胞浆较多、核圆、染色较淡、呈空泡状、可见核分裂象；淋巴细胞样瘤细胞核圆而浓染，核分裂象多见。淋巴肉瘤有丝状的网状纤维，无正常的淋巴滤泡和淋巴窦。

10. 白血病

白血病可分为淋巴组织增生病和骨髓增生病两类，淋巴组织增生病包括淋巴细胞性白血病和淋巴瘤病；骨髓增生病包括骨髓性白血病和骨髓瘤病。

(1) 发生部位 常发生于全身淋巴结、脾、肾、心肌、肺、肠、腹膜、乳腺、眼、胆囊、胰腺、膀胱和脑等组织器官。

（2）眼观　牛白血病以淋巴细胞性白血病最常见，临床上有胸腺型（以胸腺肿瘤性生长为主）、幼年型（以血常规发生明显改变和骨髓受侵害为主）、成年型（以地方流行性为主）；马白血病以淋巴细胞性白血病和骨髓性白血病均多见，患马脾脏高度肿大、颈淋巴结肿大、贫血、鼻出血、血液稀薄如水；猪白血病特征为贫血、消瘦、脾及全身淋巴结明显肿大。犬白血病主要见于成年母犬，病程数周至一年不等，特征为贫血、眼前房出血、伴发呼吸困难和心率加速、消瘦和软弱、尿中出现蛋白与胆红素。

（3）镜检　淋巴细胞性白血病是各种动物最常见的白血病，其特点是血液中白细胞大量增殖，其中淋巴细胞总数增多。增生的淋巴细胞主要为异型淋巴细胞、成淋巴细胞和网状细胞。骨髓性白血病时，也可见白细胞增多，但不如淋巴细胞性白血病明显，增生的白细胞主要有幼稚型嗜中性粒细胞、早幼粒细胞、晚幼粒细胞和髓母细胞等。

除血液中白细胞增多外，各类型白血病的组织器官内尚可形成由相应增生细胞构成的肿瘤。当只有体内形成肿瘤而血液中缺乏白细胞明显增多的白血病类型时，称为非白血性白血病。

贫血是各类型白血病的基本特征之一。红细胞、血红蛋白均下降，血液稀薄，黏稠度下降，凝固缓慢，常有出血倾向。

11. 肾母细胞瘤

肾母细胞瘤又称为胚胎性肾瘤，是由肉瘤样细胞和上皮样细胞构成的一种恶性肿瘤。

（1）发生部位　常见于兔、猪、鸡、牛和绵羊等动物的肾脏部位，可转移到肺和肝内。

（2）眼观　肾母细胞瘤外观灰白色，呈分叶状、结节状或不规则肿块，外面有一层厚的包膜或包膜不完整，瘤块多连着皮质部，压迫实质。可生长在肾脏里面，需要切开时才发现瘤块，切面结构均匀、柔软、灰白色如肉瘤状。大的肿瘤的切面上常见出血和坏死。

（3）镜检　肿瘤含有多种组织的混合物，包括纤维组织、黏液组织、脂肪组织、肌肉组织、软骨与骨组织和上皮样组织。瘤组织还可见肾小管或肾小球样结构，是由层次不同的小圆形或立方形、柱形细胞排列而成，肾小球样结构其实是由一团小圆形的细胞聚积所形成。

12. 黑色素瘤

黑色素瘤是由产黑色素的细胞形成的肿瘤，动物中发生的一般都为恶性，良性的很少。

（1）发生部位　常见于灰色或白色老年马肛门周围及会阴部的皮肤，可转移至直肠周围淋巴结及其他骨盆淋巴结，转移瘤可见于肺、脾、肝、淋巴结及骨髓内。牛、猪的各处皮肤可发生。

（2）眼观　黑色素瘤为单发或多发，大小、硬度不一，生长迅速，呈深黑色，切面干燥。

（3）镜检　肿瘤内瘤细胞排列致密，间质成分很少。瘤细胞呈圆形的上皮细胞，或呈星形或梭形的成纤维细胞。胞浆内充满了嗜碱性黑色素颗粒或团块，呈棕黑色，还可见吞噬黑色素颗粒的吞噬细胞，即黑色素细胞，呈圆形，胞浆内含有黑色素颗粒。

（三）神经组织的肿瘤

1. 髓母细胞瘤

髓母细胞瘤又称为小脑神经母细胞瘤。

（1）发生部位　常见于犊牛和幼犬的小脑半球、蚓部，可蔓延扩散至第四脑室、脑膜或相邻脑干、蛛网膜下腔和脑室壁等处。

（2）眼观　髓母细胞瘤为灰色或粉红色结节状肿物，质软易碎，与周围健康组织界限清楚，少数肿瘤有出血、坏死和囊肿形成。

（3）镜检　瘤组织由密集细胞组成，瘤细胞为圆形至锥体形，胞核呈圆形至细长形，核深染，可见核分裂象，瘤细胞呈片状和宽带状排列，在小血管周围可排列成放射状，瘤组织中间质血管很少。

2. 室管膜瘤

室管膜瘤由室管膜上皮细胞发生的肿瘤。

（1）发生部位　常见于犬、猫和牛的脑室和脊髓中央管的任何部位，以侧脑室、第三脑室和脊髓中央管最为多见。

（2）眼观　室管膜瘤为结节状、菜花样、淡灰红色，质地柔软，与周围健康组织界限清楚。

（3）镜检　瘤组织中瘤细胞数量较多，呈多边形、锥体形，胞核圆形、染色质丰富，细胞界限不清。瘤细胞可排列成菊形团，同时还可见瘤细胞围绕血管形成假菊形团。瘤组织中富含血管，但缺少神经胶质。瘤细胞出现明显癌变时，浸润破坏周围组织，出现多数核分裂象是恶性室管膜瘤的特征，恶性室管膜瘤不仅可侵犯脑或脊髓，还可经脑脊髓液发生转移。

3. 少突胶质细胞瘤

少突胶质细胞瘤是少突胶质细胞发生的神经外胚层肿瘤。

（1）发生部位　常见于犬、猫和牛的大脑半球，其中以额叶和梨状叶多见，并可到达脑膜或室管膜表面。

（2）眼观　少突胶质细胞瘤为淡红或灰色、质软、球状结节，与周围健康组织界限清楚。可见坏死、出血等继发性病变，从而使瘤体色泽发生改变。

（3）镜检 瘤组织由致密细胞组成，间质很少。瘤细胞大小不一，呈圆形或多角形，胞膜着色清楚，胞质不着色或极淡染，胞核呈圆形、染色质深染。核分裂象罕见，可见水肿、囊肿形成、钙化点或钙化小结节。

4. 脑膜肿瘤

脑膜肿瘤是软脑膜细胞发生的肿瘤，通常是单发性。

（1）发生部位 常见于猫、犬、牛和马的脑底部。

（2）眼观 脑膜瘤呈球状、扁球状或斑块状，与周围健康组织界限清楚，有一薄的被膜，质地坚硬，呈灰白色，切面为分叶状，并见纤维性纹理。

（3）镜检 脑膜瘤细胞是一种新月形细胞，胞核呈圆形或椭圆形，排列成层数不等的漩涡状，其直径从两个细胞至多个细胞不等，其中心有透明样物质，有些有钙盐沉着，形成砂粒小体。有的瘤细胞为多角形，有一空泡状胞核，细胞界限不清。瘤细胞可形成细胞索或聚集成分叶状的细胞团，其间质较少。有的瘤细胞为梭形，与成纤维细胞相似，有较多网状纤维和胶原纤维。

5. 神经鞘瘤

神经鞘瘤又称为施万细胞瘤，是神经膜细胞发生的肿瘤。

（1）发生部位 常见于牛、马、猫、犬、绵羊、山羊、猪和骡的任何具有神经膜细胞的外周神经、脑神经或交感神经。牛神经鞘瘤多见于臂神经丛、肋间神经、心脏神经和听神经；犬神经鞘瘤多见于脑神经根（特别是三叉神经）、脊神经根、臂神经丛和皮肤的神经。

（2）眼观 神经鞘多呈卵圆形或结节状团块，大小不一，有完整包膜，与周围健康组织界限清楚，质硬或质软，切面呈乳白或灰白色，富有光泽，可见纤维状纹理。发生于脊神经根的肿瘤有时可通过神经孔生长，而突出椎管外，形成哑铃状神经鞘瘤。

（3）镜检 瘤细胞呈梭形或长梭形，胞质少位于胞核两端，细胞界限不清，胞核呈椭圆或梭形、深染，未见核分裂象。瘤细胞密集呈粗束状，错综排列，排列成漩涡状或平行紧密排列，胞核处于同一平面，呈栅栏状，称为神经鞘瘤的束状型。有些肿瘤或瘤组织的某些区域中，瘤细胞稀少，呈星形或椭圆形，排列成圆形漩涡状或波浪状，也有纵横交错，在瘤组织内常见神经轴突穿插其中，进入瘤细胞团或条索的网状结构，细胞间隙较大，并有小囊腔形成，偶见黏液样物质，称为神经鞘瘤的网状型。

6. 神经纤维瘤

神经纤维瘤由神经束膜细胞发生的肿瘤。该瘤主要发生于老年牛，也见于犊牛。呈单发，也可为多发。

（1）发生部位 常见于老龄牛的臂神经丛、肋间神经、肝神经丛、心外膜神经丛、纵隔神经、交感神经节和皮肤等部位。

（2）眼观　神经纤维瘤的神经干变粗，呈梭形或圆球形，神经节肿大，直径可达几厘米，皮肤病变为结节状。肿瘤与周围健康组织界限清楚，无完整包膜，质地坚实，切面白色或淡灰白色，发生于神经节者可呈星分叶状。

（3）镜检　瘤细胞为长梭形，纵横交错，与纤维细胞相似，排列成小束、圆形漩涡状或波浪状。

技能训练

肿瘤的病理学观察

1. 准备工作

动物病理实验室，各组织或器官肿瘤的大体标本、病理组织切片，显微镜，多媒体教学设备。

2. 训练方法

①对常见组织或器官肿瘤的大体标本进行识别。

②能够识别常见组织或器官肿瘤的病理组织切片。

将学生分为每组 5 人，以小组为单位进行训练，每组的成员在训练的过程中互帮互助并互相之间进行逐项考核，最后老师对各组进行抽考，以提高技能训练的效果。

肿瘤的考核项目见表 11-3。

表 11-3　　　　　　　　考核项目十一　肿瘤

单项内容	考核标准	标准分	得分
肿瘤大体标本的识别	对 10 种常见肿瘤标本进行识别，每错一个扣 4 分	40	
肿瘤病理组织切片的识别	对 12 种常见肿瘤病理组织切片进行识别，每错一个扣 5 分	60	
合计		100	

考核人：_____　　指导教师：_____　　　　　　　日期：___年___月___日

3. 归纳总结

肿瘤疾病在临床诊断中比较常见。我们要根据出现的病理变化及组织学特点进行区分识别并分析其产生的病因，最终对疾病的诊疗提供帮助。本次技能训练主要是掌握常见肿瘤的病理变化及组织学特点。

4. 实验报告

绘制出常见肿瘤的病理组织图片并标注其病变特点。

项目思考

1. 肿瘤的生长方式有哪些？
2. 良性肿瘤和恶性肿瘤的区别有哪些？
3. 乳头状瘤的组织学特点有哪些？
4. 脂肪瘤的组织学特点有哪些？
5. 纤维肉瘤的组织学特点有哪些？

项目十二　系统病理

本项目主要介绍消化系统、呼吸系统、泌尿及生殖系统、心血管系统、免疫系统、神经系统的病理，讲解各系统常见疾病的概念、分类、病因、发病机制、病理变化、结局及其对机体的影响。共分为六个任务对各系统常见疾病的病理进行介绍，通过掌握其病理特点，提高执业兽医在临床上能够对疾病做出正确诊断的能力。

子项目一　消化系统病理

项目目标

1. 掌握胃炎的概念、分类、病因、发病机制和病理变化。
2. 掌握肠炎的概念、分类、病因、发病机制和病理变化。
3. 掌握肝炎、肝硬化的概念、分类、病因、发病机制和病理变化。
4. 掌握胰腺炎的概念、分类、病因、发病机制和病理变化。

知识准备

（一）胃炎

胃炎指胃壁表层和深层组织的炎症。临床上分为急性胃炎和慢性胃炎两种。

1. 急性胃炎

急性胃炎指以胃黏膜上皮细胞不同程度变性、坏死、脱落和炎性渗出为主的炎症。根据渗出物的性质可分为急性卡他性、出血性、纤维素性、化脓性和坏死性胃炎五种。

(1) 急性卡他性胃炎　是一种较轻微的黏膜表层炎症，以胃黏膜表面覆盖大量黏液为特征。

①病因：由于饲养管理不当，如温热、毒物、外伤、细菌、病毒、细菌、寄生虫、霉变饲料或污染水等对胃黏膜直接刺激。

②病理变化：

眼观：胃黏膜呈弥漫性肿胀、充血与点状出血，黏膜面被覆大量灰白色黏稠液体，常有糜烂病灶。

镜检：胃黏膜上皮细胞变性、坏死、脱落。固有膜、黏膜下层水肿、毛细血管扩张、充血、出血，淋巴细胞浸润。黏膜下层淋巴滤泡肿大。

【2019年执业兽医资格考试真题】胃黏膜肿胀，表面有大量黏稠液体。镜检见黏膜上皮较完整，轻度变性，黏膜表面见多量脱落的上皮细胞碎片，固有层水肿，散在嗜中性粒细胞。该胃的病变是（　　）

A. 急性卡他性胃炎　　B. 出血性胃炎　　C. 纤维素性胃炎

D. 化脓性胃炎　　E. 坏死性胃炎

(2) 出血性胃炎　以胃黏膜弥漫性或斑点状出血为特征。

①病因：多见于霉变饲料和化学物质中毒、某些急性传染病、胃内捻转胃虫。

②病理变化：

眼观：胃黏膜肿胀，呈弥漫性或点状、斑状出血，黏膜表面被覆红褐色含血液的黏液，严重时整个胃底部黏膜被血液浸染，呈浅棕色或浅棕黑色。

镜检：红细胞弥散或局灶性分布于黏膜内，黏膜上皮严重变性、坏死、脱落，伴有大量炎性细胞浸润，黏膜固有层和黏膜下层炎性水肿与出血。黏膜上皮脱落，固有膜裸露。

(3) 纤维素性胃炎　以胃黏膜表面大量纤维素性物渗出形成灰黄白色薄膜为特征。

①病因：因服用强烈刺激物、腐蚀性药物、烈性泻剂或由微生物感染的传染病所致。

②病理变化：

眼观：胃黏膜表面被覆灰黄色纤维素性假膜，假膜脱落后，黏膜肿胀、充血、出血与糜烂。

镜检：黏膜表面固有膜下层大量纤维素渗出。黏膜上皮不同程度受损，上皮细胞变性、坏死脱落，表面被覆黏液-纤维素性渗出物，散在数量不等的嗜中性粒细胞，黏膜下层水肿、充血与炎性细胞浸润。

【2019年执业兽医资格考试真题】胃黏膜表面被覆一层灰黄色假膜。镜检

见黏膜上皮严重变性、坏死和脱落，表面附有粉色纤维蛋白样渗出物，其中混杂有多量炎性细胞。该胃病变为（　　）

A. 急性卡他性胃炎　　B. 出血性胃炎　　C. 纤维素性胃炎
D. 化脓性胃炎　　　　E. 坏死性胃炎

（4）化脓性胃炎　以胃黏膜表面脓性渗出物形成为特征。

①病因：多见于牛、羊采食尖锐异物、饲料，刺伤胃黏膜而感染化脓性细菌所致，也见于马胃内大口柔线虫寄生和马腺疫、马鼻疽感染。

②病理变化：

眼观：胃黏膜表面被覆黄白色黏液脓性分泌物，黏膜肿胀、充血及出血。病情严重时，胃黏膜表层严重受损，化脓性病变可深达黏膜下组织，可见脓肿。

镜检：黏膜上皮完整性破坏，上皮细胞变性、坏死、脱落，大量嗜中性粒细胞浸润，黏膜固有层毛细血管扩张、水肿，有大量嗜中性粒细胞和少量红细胞。

（5）坏死性胃炎　以胃黏膜坏死和形成溃疡为特征。

①病因：多见于应激反应、传染病、寄生虫感染。

②病理变化：

眼观：胃黏膜面大小不等的坏死灶，圆形或不规则，有糜烂，溃疡形成至穿孔。

镜检：坏死部位组织溶解，周边及底部明显充血，炎性细胞浸润。

2. 慢性胃炎

慢性胃炎指以结缔组织增生为主的胃的炎症，表现为胃黏膜肥厚或萎缩。

（1）病因　慢性胃炎多由急性胃炎转化而来，也与其他病因有关，如恶性贫血所致的慢性炎症、马胃蝇幼虫所致的肉芽肿性病变、幽门螺杆菌等慢性感染，长期毒性物质刺激、胃运动功能障碍等。慢性胃炎多见于马、猪、犬和猫，可发生于胃的不同区域，黏膜受损程度有所不同。

（2）发病机制　幽门螺杆菌是一种无芽孢、S形革兰阴性棒状菌，可在已被其他病因所破坏的胃黏膜上繁殖，引起慢性炎症与伤口愈合延缓，改变胃内环境，释放细菌毒素，诱发宿主炎症应答是其发病机制。由环境病因引起的胃炎，主要侵犯幽门窦黏膜或呈广泛性胃炎。

（3）病理变化

①眼观：胃黏膜被覆大量灰白色黏稠渗出物，黏膜表面凹凸不平、潮红，皱襞增厚（肥厚性胃炎）。随病程发展，黏膜明显变薄、平坦（萎缩性胃炎）。固有层黏膜下层结缔组织明显增生，并有大量炎性细胞浸润。

②镜检：肥厚性胃炎时，黏膜增厚，胃腺、结缔组织增生，黏膜下和肌肉

层淋巴细胞浸润。萎缩性胃炎时，腺上皮细胞萎缩，黏膜上皮细胞出现大量黏液细胞，结构类似肠上皮。黏膜、黏膜下层淋巴细胞及少量嗜中性粒细胞浸润。

（二）肠炎

肠炎指肠壁黏膜的炎症。根据病程可分为急性肠炎和慢性肠炎。

1. 病因

肠道内正常微生物菌群失调、盐酸分泌不足、营养过剩或缺乏、肠内容物滞留、条件致病菌增殖与外源性消化道病原侵袭、有害物质损害以及肠液、胰液、胆汁排泌障碍等。

2. 发病机制

当外源性致病菌进入肠道或内源性条件致病菌在肠道内增殖后，可通过以下几种途径引起肠道炎症。

（1）损伤肠上皮细胞微绒毛 如轮状病毒、冠状病毒、腺病毒等病毒性疾病可直接损伤肠微绒毛，使肠上皮细胞纹状缘变钝，影响肠上皮吸收功能，引起腹泻。

（2）损伤肠上皮细胞 某些微生物依靠其表面抗原黏附于肠上皮细胞，通过各种酶、调节蛋白等生物活性物质干扰和破坏肠上皮细胞的正常功能，或直接溶解细胞膜，或直接寄生于肠上皮细胞内，导致肠上皮细胞变性、坏死、脱落或肠绒毛萎缩。

（3）毒素作用 如产气荚膜梭菌、霍乱弧菌、大肠埃希菌、志贺菌等病原微生物可在肠道内寄生并分泌毒素，引起肠道黏膜的急性炎症，也可引起其他系统的病变。

（4）易位性侵犯 某些寄生虫、细菌可直接穿透小肠黏膜，上皮在黏膜固有层、肌肉层、浆膜层甚至肠系膜淋巴小结内繁殖，引起肠炎和肠系膜淋巴结炎。

3. 病理变化

（1）急性肠炎 根据渗出物性质和病变特点，可分为急性卡他性、出血性、纤维素性和坏死性肠炎四种。

①急性卡他性肠炎：常发生于中毒或传染病等过程中，是其他肠炎的早期发展阶段，以黏膜面有急性充血和浆液-黏液渗出为特征。常见于猪传染性胃肠炎、仔猪大肠杆菌病、鸡白痢等疾病。

眼观：主要发生于小肠段，黏膜表面附有大量黏液，黏膜潮红、肿胀、点状或线状出血。透过肠浆膜可见肠壁内淋巴结肿胀，淋巴小结呈半球状或球状隆起、白色、周边有界限清晰的红晕。剖开肠管，黏膜被覆稀薄、半透明或黏稠灰白色渗出物，不含血液，黏膜轻度至明显肿胀，弥漫性或沿皱襞呈条纹状潮红，散在点状或斑状出血。

镜检：肠绒毛变短，黏膜上皮细胞变性、脱落，上皮细胞纹状缘微绒毛常有空泡形成和缺损，肠腺增生，杯状细胞增多，分泌黏液，黏膜固有层毛细血管扩张、充血、水肿、出血，黏膜上皮层和固有层有数量不等的嗜中性粒细胞（细菌感染）或淋巴细胞（病毒感染）或嗜酸性粒细胞（寄生虫感染）浸润，黏膜下层有时充血、水肿以及少量炎性细胞浸润。

②出血性肠炎：常发生于中毒、传染病、寄生虫病等过程中，由强烈刺激物引起的一种较严重的肠炎，以肠黏膜出血为特征。常见于鸡霍乱、球虫病、炭疽、沙门菌病、仔猪弧菌性痢疾、产气荚膜梭菌病、犬细小病毒感染等疾病。

眼观：肠壁水肿、增厚，呈节段状或弥漫性紫红或暗红色。剖开肠管，黏膜表面肿胀、出血，呈暗红或黑红色斑块状或弥漫性分布，黏膜下水肿呈胶冻状，肠内容物中有血液混合。犬细小病毒感染时肠壁出血始发于浆膜下，可扩散至黏膜肌层与黏膜下层，而黏膜上皮受损较轻，肠内容物稀薄呈淡红色。

镜检：肠绒毛不同程度地坏死、脱落，固有层血管明显扩张，在黏膜表面、固有层以及黏膜下层均有许多红细胞。黏膜固有层有嗜中性粒细胞、淋巴细胞浸润。肠腺上皮细胞变性或坏死、脱落。黏膜及黏膜下小血管极度扩张，浆液渗出、出血。黏膜肌层水肿，有红细胞、炎性细胞浸润。

③纤维素性肠炎：以肠黏膜表面覆盖大量纤维素渗出为特征，常见于猪瘟、仔猪副伤寒、鸡沙门菌病、猪坏死性肠炎、鸡瘟、鸭瘟、小鹅瘟等传染病过程中。根据病变特点可分为浮膜性和固膜性肠炎。

a. 浮膜性肠炎。以发炎黏膜轻微坏死，渗出的纤维素被覆于黏膜表面，形成灰白色或灰黄色絮状、片状、糠麸样或膜状物，易剥离，剥后无明显缺损或仅留浅层缺损或溃疡为特征。

眼观：肠淋巴集合小结与淋巴孤立小结肿大，呈结节状突起，肠黏膜充血、出血、水肿，表面被覆薄层局灶性或弥漫性灰白或棕黄色纤维素假膜，假膜易从黏膜表面脱落或剥离，并随粪便排出体外。假膜脱落后，可见肠黏膜明显充血、水肿、点状出血与糜烂。

镜检：黏膜表层覆以黏液-维素性渗出物，呈网状，散在数量不等的脱落上皮细胞和嗜中性粒细胞，黏膜上皮轻度变性、坏死，黏膜固有层、黏膜下层充血、水肿及以单核细胞为主的炎性细胞浸润。

b. 固膜性肠炎。又称为纤维素性坏死性肠炎，其发炎黏膜坏死程度严重，深达整个黏膜层，渗出的纤维素与坏死的黏膜凝固在一起，形成一厚层与深层组织粘连牢固的纤维素性坏死性假膜，假膜不易剥离，如强行剥离，黏膜遗留深层缺损或溃疡。

眼观：黏膜表面覆盖黄绿色纤维素性膜，类似于厚麸皮样，呈弥漫性和局灶性，常以淋巴集合小结为中心，与黏膜坏死组织紧密相连，不易剥离，强行剥离，会形成溃疡。

镜检：黏膜上皮完全脱落，黏膜坏死，大量纤维蛋白与坏死组织融合在一起，黏膜固有结构消失。坏死组织周围充血、出血、炎性细胞浸润。弥漫性固膜性肠炎多以死亡为结局，局灶性固膜性肠炎则随病程发展，坏死边缘出现具有活力的肉芽组织，最终形成具有轮层状结构的扣状肿，常见于猪瘟感染时的回盲瓣。仔猪副伤寒感染时，其大肠、回肠呈糠麸样溃疡。

④坏死性肠炎：指化脓菌经肠黏膜损伤处或溃疡灶侵入感染并引起化脓，以黏膜发生化脓性坏死炎症为特征。常见于链球菌、沙门菌感染等疾病过程中。

眼观：肠黏膜表面被覆大量脓性渗出物，形成大片糜烂和溃疡。

镜检：黏膜表面及黏膜内有大量嗜中性粒细胞，黏膜上皮变性、坏死、脱落，毛细血管扩张、充血、出血，周边有炎性反应带。

（2）慢性肠炎　由急性肠炎转变而来，或由肠内寄生虫、副结核或其他致病因素的长期作用引起，以黏膜及其下结缔组织增生、炎性细胞浸润为特征。可分为慢性卡他性和慢性增生性肠炎两种。

①慢性卡他性肠炎：由急性卡他性肠炎转化而来，由于病因刺激较轻、持续时间较长，多见于长期饲喂不当、慢性心脏病、慢性肝病和寄生虫、微生物的慢性感染。

眼观：肠管积气，内容物稀少，黏膜面被覆大量灰白色黏液，黏膜平滑呈灰白色，或因结缔组织不均匀增生而呈颗粒状。如病程较长者，黏膜和腺体萎缩，使肠壁变薄，称为慢性萎缩性肠炎。

镜检：肠绒毛变短、平坦、甚至消失，肠上皮细胞不同程度变性、萎缩或脱落。肠腺体积缩小，数量减少，间距增宽，可见腺体囊肿形成。黏膜固有层、黏膜下层有淋巴细胞、浆细胞、嗜酸性粒细胞浸润，可见结缔组织增生。

②慢性增生性肠炎：常见于副结核分枝杆菌、结核分枝杆菌、劳森菌、组织胞浆菌及某些未知病原引起的消化道感染。主要发生于小肠后端和结肠。

【2012年执业兽医资格考试真题】牛副结核病时的肠炎属于（　　）
A. 出血性肠炎　　　　B. 坏死性肠炎　　　　C. 增生性肠炎
D. 慢性卡他性肠炎　　E. 纤维素性坏死性肠炎

眼观：呈节段性，肠管粗细不一，肠壁增厚，肠腔变小、缺乏内容物，肠皱褶肥厚，弹性减退，如脑回样。黏膜表面被覆大量黄白或橙黄色黏稠的渗出物，黏膜点状、斑状出血。

镜检：肠绒毛变短，呈弯曲状，肠黏膜上皮细胞变性、脱落，杯状细胞肿大、增生、分泌亢进。结核、副结核分枝杆菌感染时黏膜固有层、黏膜下层有大量上皮样细胞、巨噬细胞、淋巴细胞、浆细胞浸润；马肥厚性肠炎时黏膜固有层和黏膜下层有多量结缔组织增生和炎性细胞浸润，黏膜肌层增厚；劳森菌感染引起的增生性肠炎，可见黏膜层腺体细胞增生，腺体数量增加，肠壁增厚，当肠黏膜过度增生时，其黏膜表层发生凝固性坏死和肠道内出血。

（三）肝脏病理

1. 肝炎

肝炎指肝脏在某些致病因素的作用下发生的以肝细胞变性、坏死或间质增生为主要特征的一种炎症过程。根据病因可分为传染性肝炎和非传染性肝炎两类。

（1）传染性肝炎　指由各种细菌、病毒等病原微生物和某些寄生虫等侵入动物肝所引起的炎症。

①病毒性肝炎：指由病毒嗜肝性病毒所引起的各种动物的特异性肝炎。

a. 病因。鸭病毒性肝炎、犬传染性肝炎、鸡包涵体肝炎、牛和羊的裂谷热等可导致病毒性肝炎。此外，马传染性贫血、马传染性脑脊髓炎、水牛热、鸭瘟、牛恶性卡他热、兔病毒性出血症等传染病也可引起肝炎病变。

b. 病理变化。

眼观：肝脏肿大、边缘钝圆，被膜紧张，切面外翻，肝呈暗红色与土黄色相间的斑驳色彩，表面和切面可见灰黄、灰白色大小不一的坏死灶。

镜检：肝小叶中央静脉扩张、出血和坏死。肝细胞水泡变性或气球样变，淋巴细胞浸润，肝窦充血。小叶间组织和汇管区小胆管、卵圆形细胞增生。有的病毒还可在肝细胞的浆、核或浆核内形成特异性包涵体。随后，肝组织内可出现结缔组织大量增生而导致肝硬化。

②细菌性肝炎：引起细菌性肝炎的细菌很多，如化脓棒状杆菌、链球菌、沙门菌、坏死杆菌、钩端螺旋体、葡萄球菌等。以肝组织变性、坏死、形成脓肿或肉芽肿为主要特征。

a. 以变性为主要变化的细菌性肝炎。

眼观：急性期时，肝脏肿大，呈暗红色（充血）、土黄色或橙黄色（脂变、淤胆），见点状或斑块状出血，灰黄及灰白色坏死灶。禽类被膜上有条状和膜状纤维素性渗出物。

镜检：中央静脉扩张、肝窦充血，肝细胞颗粒变性、脂肪变性、水泡变性和坏死，嗜中性粒细胞为主的炎性细胞浸润。

b. 以坏死为主要变化的细菌性肝炎。

眼观：肝脏肿胀，表面及切面散在大小不一、灰白色或灰黄色坏死灶。禽霍乱（巴氏杆菌）：坏死灶小点状、散在分布，密集（玉米粉肝或锯屑肝）。鸡白痢：坏死灶充血和出血变化。钩端螺旋体病：坏死灶，肝呈黄绿色（淤胆）。

镜检：坏死灶集中于肝小叶内，呈局灶性或弥漫性。坏死灶呈凝固性，外围常有炎性细胞浸润。肝细胞还见有颗粒与脂肪变性。

c. 以化脓为主要变化的细菌性肝炎。

眼观：肝表面或实质内可见大小不一的化脓灶。

镜检：肝组织脓性溶解，嗜中性粒细胞浸润。病程较长者可见坏死灶周围结缔组织增生形成脓肿壁。

d. 肉芽肿形式出现的细菌性肝炎。

眼观：肝脏内出现结节状病变，结节重型或坏死或钙化。

镜检：结节病灶为特殊的肉芽肿的结构，即中心为干酪样坏死，外围有大量的上皮样细胞、异型巨细胞，并有淋巴细胞浸润和结缔组织包绕。结节与周围正常组织分界明显。

③寄生虫性肝炎：指某些寄生虫侵入动物机体后，可在肝实质或胆管内寄生；虫卵沉积或幼虫移行到肝脏，引起的肝炎。常见于鸡盲肠肝炎、兔球虫病、马圆线虫病、血吸虫病和毛细线虫病等。

眼观：鸡盲肠肝炎可见肝肿大，表面有大量圆形下陷的坏死灶，黄色或黄绿色。乳斑肝，肝表面散在条状、圆点状的灰白色条纹，肝硬度升高。

镜检：鸡盲肠肝炎可见肝细胞弥漫性坏死，外围有大量的组织滴虫和巨噬细胞，并有大量的淋巴细胞浸润。较陈旧的病灶见有大量的结缔组织增生。乳斑肝可见肝细胞轻度受损，小叶间质组织明显增生，其中有嗜中性粒细胞浸润。

（2）非传染性肝炎　也称为中毒性肝炎，指由病原微生物以外的其他各种毒性物质引起的肝炎。

①病因：常见毒性物质有化学毒物、植物毒素和霉菌毒素。

②发病机制：动物误食含有毒性植物碱-吡咯啉类化合物的有毒植物后，能引起各种动物的严重中毒。猪、马对其易感性最高，牛、羊次之。植物碱的毒性作用主要是影响肝细胞的有丝分裂，导致肝细胞肥大，形成巨肝细胞；大剂量则引起肝细胞迅速坏死。霉菌毒素能导致肝损伤，其中以黄曲霉素致病性最强，当其进入机体后可引起中毒性肝炎。另外红青霉素B、岛青霉素、黄米霉素、杂色曲霉素、棕曲霉素A和黄绿青霉素等也可导致肝损伤。机体代谢障碍时产生的大量中间代谢产物可引起自体中毒。

③病理变化：可分为急性和慢性两种。急性的特点是肝细胞发生严重颗粒变性、脂肪变性和坏死，眼观与肝中毒性营养不良不易区别；慢性的特点是肝

发生纤维化，属于增生性炎症。

眼观：肝脏肿大、边缘钝圆、呈黄褐色或土黄色、质地脆弱、表面和切面散在大小不一的坏死灶。

镜检：肝小叶内散在局灶性或中心性凝固坏死，其外围肝细胞严重颗粒变性或脂肪变性。中央静脉及肝窦扩张、充血、出血，小叶间质水肿、出血、少量炎性细胞浸润。慢性病例，汇管区与小叶间质纤维结缔组织增生，可导致肝硬化。

2. 肝硬化

肝硬化指由于致病因素的作用，肝细胞弥漫性变性、坏死、纤维结缔组织广泛性增生和肝细胞结节形成，三种病变反复交替进行而导致肝变性、变硬的一种常见的慢性进行性肝病。肝硬化不是独立的疾病，而是其他许多肝病的一种并发症。

（1）门脉性肝硬化　是最常见的一种肝硬化，当各种致病因素作用于动物有机体后，引起肝组织严重变性、坏死，进一步发展转为慢性，使小叶间和汇管区纤维组织广泛增生和网状纤维胶原化，从而形成以假小叶为主要病变特征的肝硬化。

①原因和发病机制：

病毒性肝炎：当病毒性肝炎呈慢性迁延时，往往可发展为肝硬化。

慢性中毒：长期接触某些化学毒物（如四氯化碳、含砷杀虫剂等）或长期饲喂酒糟或含酒糟的饲料均可引起中毒性肝炎，化学毒物进入动物机体可直接引起肝细胞变性、坏死；酒糟由于含乙醇成分，当其进入动物体内后，在其代谢过程中产生的乙醛对肝细胞有直接毒害作用，使肝细胞发生脂肪变性，进而导致门脉性肝硬化。

营养物质缺乏：当食物中长期缺乏胆碱或甲硫氨酸等营养物质时，因肝合成磷脂障碍，导致脂肪肝，并进一步发展为门脉性肝硬化。

②病理变化：

眼观：早期和中期肝体积正常或稍增大，质量略有增加、质地正常或稍硬；后期肝体积明显缩小、质量减轻、质地坚硬、被膜增厚，表面和切面可见弥漫性、半球或圆球状、大小较均匀、呈黄褐或黄绿色结节，其周围有灰白色纤维组织条索或间隔包绕。

镜检：正常肝小叶结构破坏，形成许多假小叶。假小叶指由广泛增生的纤维组织分割原来的肝小叶并包绕成大小不等的圆形或类圆形的肝细胞团。假小叶内肝细胞排列紊乱，可见变性、坏死和再生的肝细胞。再生的肝细胞结节，其特点是肝细胞体积大、核大且深染、可出现双核。包绕假小叶的纤维间隔较一致，有少量淋巴细胞和单核细胞浸润。小胆管有增生。

【2009年执业兽医资格考试真题】肝硬化的后期组织学病变特点是（ ）
A. 肝水肿　　　　　B. 肝窦扩张、淤血　　　C. 肝细胞大量坏死
D. 假小叶生成和纤维化　E. 胆管上皮呈乳头状增生

（2）坏死性肝硬化　也称为中毒性肝硬化，动物中较为常见。

①原因和发病机制：坏死后肝硬化的致病因素主要有两种。

病毒感染：引起此型肝硬化的病毒主要是肝炎病毒，患病动物大多数先有较严重的病毒性肝炎，当病程迁延太久时，可逐渐发展为坏死后肝硬化。

中毒：某些药物或化学物质（如吡咯烷碱、四氯化碳、黄曲霉素等）中毒可引起肝细胞弥漫性中毒性坏死，然后出现结节状再生，最后发展为坏死后肝硬化。

②病理变化：

眼观：肝体积缩小，质量减轻，质地变硬，被膜皱缩、不易剥离，由于坏死较为明显、程度较重，表面有大小不等的结节，呈现典型的结节性肝硬化。

镜检：肝组织中可见大小不等、形状不规则的坏死灶，严重时整个肝小叶坏死。坏死局部因胶原纤维大量增生使间质明显增宽，将原肝小叶分割成数量、大小、形态不一的假小叶，较大的假小叶内可见数个完整的肝小叶，残存汇管区集中现象，有胆管增生和炎性细胞浸润。

（3）胆汁性肝硬化　指由于胆道阻塞，胆汁长期淤积引起的肝硬化。

①原因和发病机制：引起胆汁性肝硬化的主要原因是胆道结石、邻近组织肿瘤对胆管的持续压迫、肝外胆管狭窄或闭锁等。胆道长期阻塞，胆汁淤积，导致肝细胞变性、坏死，肝小叶周围的小胆管增生，管腔扩张，充满黏稠的胆汁。当小胆管过度扩张导致破裂后，胆汁溢出，引起门静脉慢性炎症和纤维组织增生，使肝小叶破坏，最后导致肝硬化。

②病理变化：

眼观：早期肝脏肿大、后期轻度缩小，质地较硬，表面光滑、呈细小结节或无明显结节。肝呈深绿或绿褐色，胆总管阻塞者尤为明显。

镜检：小胆管、毛细胆管及肝窦状隙明显扩张、充满胆汁，可见胆栓形成。肝细胞肿大、变性、坏死，胞质疏松、呈网状，细胞核消失，坏死区因胆汁淤积形成胆湖。胆管周围纤维组织增生，汇管区变宽。汇管区和肝小叶周围结缔组织中有大量嗜中性粒细胞浸润，炎性变化沿小胆管向肝小叶内逐渐扩展，后期沿小胆管增生的肉芽组织深入肝小叶内，使假小叶形成。

（4）淤血性肝硬化　又称为心源性肝硬化。

①原因和发病机制：常见于慢性心功能不全，尤其是慢性右心功能不全或右心衰竭。由于肝的慢性淤血，造成肝组织缺血性缺氧，导致肝小叶中心区肝

细胞变性、坏死，正常肝组织结构破坏，网状纤维胶原化，进而逐渐发展为肝硬化。

②病理变化：

眼观：早期肝脏体积增大，后期缩小，质地较硬，肝表面较平滑，可见微细颗粒状结构，结节样结构不明显。

镜检：肝小叶中心区明显纤维化是该型肝硬化的特征性病变，其他病变不明显。

(5) 寄生虫性肝硬化　指寄生虫在肝内寄生、移行，虫卵沉积所致的肝硬化。

①原因和发病机制：常见于牛、羊肝片吸虫病、马圆线虫病、兔肝球虫病、血吸虫病及猪蛔虫病等疾病引起的肝硬化，可能是由寄生虫幼虫在肝内移行，或虫卵聚集于肝内，或成虫直接寄生于肝内胆管损伤肝组织所致。由于寄生虫在肝组织中大量寄生，导致肝实质严重受损，间质大量增生，进而纤维化，最终发展为肝硬化。

②病理变化：

a. 幼虫移行引起的肝硬化。常见于猪蛔虫，幼虫在肝内移行时，可引起局灶性间质性肝炎，称为乳斑肝。本病多发生于猪，其他动物也可发生。

眼观：肝脏表面被膜下散在大小不一、灰白色斑点，形状不规则，质地坚硬，此白斑为增生的纤维组织，有时散布于整个肝，从而导致肝硬化。肝外形多无改变，也可见结节形成。

镜检：早期肝小叶间质明显增宽，有大量嗜酸性粒细胞浸润，呈局灶状，肝细胞因受压而发生萎缩。后期小叶间纤维组织明显增生，并伸展至小叶内。在纤维组织中可见淋巴细胞增生并形成滤泡状结节，偶见死亡的幼虫残体，其周围有浆细胞、巨噬细胞和多核巨细胞浸润。

b. 肝内胆管内寄生虫引起的肝硬化。常见于牛或羊肝片吸虫、兔球虫。肝片吸虫的囊蚴被动物采食后，消化液将囊膜溶解，幼虫逸出钻进小肠壁，经门静脉或腹腔到达肝脏，在肝组织内继续移行并侵入肝内胆管，在其中生长发育成熟。幼虫在肝内移行引起肝组织损伤，激发炎症反应，导致肝细胞变性、坏死。虫体侵入胆管后，引起慢性胆管炎，炎症由大胆管逐渐蔓延至各级小胆管及肝间质内，引起慢性间质性肝炎。肝内胆管管壁因纤维组织大量增生而变厚、变硬，凸出于肝表面。胆管管腔内充满浓缩胆汁、虫体，胆固醇结石及其细胞碎屑，致使部分胆管阻塞。病变胆管周围的肝组织纤维化，形成大量瘢痕，最终导致肝硬化。

眼观：早期肝脏肿大，表面有结节状，条索状突起，质地较硬。切面有胆管壁增厚，管腔内黄绿色黏稠液体，有虫体或其残骸，有时有钙化现象，切割困难、有沙沙声。后期肝体积缩小，表面凹凸不平，见灰白色结节和条索。

镜检：肝小叶间、胆管壁及汇管区内纤维结缔组织增生，向肝小叶内伸展，肝小叶结构被破坏，可见假小叶形成。假小叶内的肝细胞萎缩、消失，可见再生的肝细胞结节。胆管壁明显增厚，官腔扩大，腔内可见虫体及残骸。胆管黏膜上皮细胞变性、坏死、钙化、增生。在间质及胆管周围增生的结缔组织内可见大量嗜酸性粒细胞、淋巴细胞和浆细胞浸润。

c. 禽次睾吸虫引起的肝硬化。由次睾属吸虫寄生在鸭、鸡等家禽胆管及胆囊内所致，其主要特征为肝炎和肝硬化。

眼观：早期肝增大，色泽变淡，表面有白色斑点或花纹。后期肝质地变硬，胆管扩张、管壁增厚，管腔内含凝固的黄绿色胆汁及吸虫。胆囊扩张、囊壁增厚，其内有数量不等的吸虫。

镜检：急性和亚急性病例，肝细胞弥漫性坏死，导致肝组织严重损害，可见大量嗜酸性粒细胞浸润。慢性病例，在汇管区和小叶间，特别是血管和胆管周围有大量纤维组织增生，血管腔内可见吸虫幼虫。

d. 虫卵在肝细胞引起的肝硬化。常见于血吸虫病虫卵结节。

急性虫卵结节：由成熟的新鲜虫卵引起，虫卵无结构的坏死物，嗜酸性粒细胞。

慢性虫卵结节：虫卵死亡、崩解，钙化周围有巨噬细胞、上皮样细胞、淋巴细胞、成纤维细胞。

（四）胰腺炎

胰腺炎指由于各种致病因素的作用，使胰腺酶类异常活化而导致的胰腺自身消化所产生的炎性疾病。根据病程可分为急性胰腺炎和慢性胰腺炎两种。

1. 急性胰腺炎

急性胰腺炎指由于胰腺自身或其周围组织被酶类消化所引起的急性炎症，以水肿、出血、坏死为主要特征，又称为急性出血性胰腺坏死。多见于犬、猫、马、猪和猿类等。急性胰腺炎根据形态特点和病变程度可分为急性水肿型胰腺炎和急性出血型胰腺炎两种。

（1）病因　引起急性胰腺炎的常见原因为胆道结石、寄生虫等胆道疾病。

（2）发病机制　致病因素作用下，胰导管括约肌舒缩功能的改变，使胆汁和十二指肠液或肠液逆流至组织间隙激活胰蛋白酶，进一步激活胰腺中的脂肪酶、弹力蛋白酶、磷脂酶A和血管舒缓肽等其他酶类。其中，活化的脂肪酶可引起胰腺内、外、甚至机体其他部位脂肪组织的坏死；激活的弹力蛋白酶可造成血管壁破坏而引起出血；磷脂酶A的活化可使卵磷脂转变为溶血性卵磷脂，溶血性卵磷脂可破坏细胞膜导致细胞坏死；血管舒缓肽的活化可对全身血管的舒缩功能产生影响，从而引起组织水肿，严重时导致休克等。

(3) 类型和病理变化

①急性水肿型胰腺炎：又称为间质性胰腺炎，常发生于胰尾。

眼观：胰腺肿大、质地变硬、腹腔可见少量渗出液。

镜检：间质充血、水肿，嗜中性粒细胞和单核细胞浸润，可见局灶性脂肪坏死。

②急性出血型胰腺炎：又称为急性胰腺出血性坏死，发病急、病情严重，以广泛性出血、坏死为特征。

眼观：胰腺明显肿大、质软易脆、呈暗红或黑红色，胰腺原有结构模糊、甚至消失，大网膜、肠系膜及胰腺表面可见散在的黄白色斑点或小灶状脂肪坏死灶。

镜检：胰腺组织大片出血、凝固性坏死，细胞结构不清，坏死区周围嗜中性粒细胞和单核细胞浸润，脂肪组织坏死。

2. 慢性胰腺炎

慢性胰腺炎多由急性胰腺炎反复发作迁延而来，也可见于胰阔盘吸虫病和肉仔鸡传染性矮小症，以胰腺腺泡组织逐渐由纤维组织取代为病变特征，又称为慢性反复发作型胰腺炎。根据形态特征可分为慢性阻塞性胰腺炎和慢性钙化性胰腺炎。

(1) 病因　引起慢性胰腺炎的常见原因有胰管阻塞、甲状腺功能亢进、结核病、腮腺感染、原发性硬化性胆管炎波及胰腺等。

(2) 发病机制　一般认为由于肿瘤和结石所造成的胰管阻塞，以及各种原因引起的胰液大量分泌是慢性胰腺炎发生的主要因素。

(3) 病理变化

①眼观：胰腺体积缩小、呈结节状萎缩，质地较硬，表面粗糙，色灰白，切面分叶不清，可见弥漫性纤维化，大、小胰管不同程度的扩张，内含大量黏稠的炎性渗出物，可见结石或灶状坏死、假性囊肿。

②镜检：腺泡和胰腺组织不同程度的萎缩，间质纤维组织弥漫性增生及淋巴细胞、浆细胞浸润，胰管扩张，其内可见嗜酸性物质或白色结石；可见胰管囊肿。

子项目二　呼吸系统病理

> 项目目标

1. 掌握支气管炎的概念、分类、病因和病理变化。

2. 掌握肺炎的概念、分类、病因、发病机制、病理变化和结局及其对机体的影响。

3. 掌握肺气肿的概念、分类、病因、发病机制、病理变化和结局及其对机体的影响。

4. 掌握肺萎陷的概念、分类、病因、病理变化和结局及其对机体的影响。

> 知识准备

（一）支气管炎

支气管炎指支气管黏膜的炎症，支气管炎可同时波及大、小支气管和细支气管，但支气管树各部位其炎症程度是不相同的。严重支气管炎可沿黏膜和黏膜下蔓延，引起支气管肺炎和支气管周围炎，或在支气管壁引起明显的实质性变化。根据其炎症过程的发展速度可分为急性和慢性支气管炎。

1. 急性支气管炎

急性支气管炎指支气管黏膜表层和深层的急性炎症过程。急性支气管炎可表现为卡他性、化脓性和坏死性等不同类型。

（1）病因　急性支气管炎的发生原因通常可分为原发性和继发性。原发性包括机体受寒感冒、吸入刺激性物质及某些病原微生物和寄生虫侵袭；继发性常见于马腺疫、流行性感冒、牛口蹄疫、恶性卡他热、羊痘、家禽慢性呼吸道病等。另外，喉炎、气管炎和肺炎等邻近器官的炎症也可通过蔓延引起支气管炎。

（2）病理变化
①眼观：炎症早期，支气管黏膜充血、肿胀，随着腺体分泌量增加，黏膜表面分泌液不断增多。分泌液初期为浆液性或黏液性，后期为黏稠脓性，内含脱落的黏膜上皮细胞、白细胞浸润等。由寄生虫引起的支气管炎，分泌液中可见虫体或虫卵。
②镜检：病变黏膜水肿、肿胀、充血，黏膜上皮细胞变性、坏死而脱落，黏膜层，尤其是固有层有大量炎性细胞浸润。管腔中可见黏液、脱落上皮细胞、大量炎性细胞和红细胞等。

2. 慢性支气管炎

慢性支气管炎是长期的炎症过程。

（1）病因　慢性支气管炎是因为急性支气管炎的致病因素未能及时消除，长期反复作用的结果。慢性支气管炎也可独立发生，常见于受多种慢性刺激。牛、羊、猪的慢性支气管炎也见于寄生虫侵袭。

(2) 病理变化

①眼观：支气管黏膜充血增厚，呈棕色或红色，表面粗糙。黏膜表面可见少量黏性渗出物或黏脓性渗出物，由寄生虫引起的慢性支气管炎其渗出物中含有虫体和虫卵。严重时，因结缔组织增生，管壁收缩性降低可导致变形，支气管管腔狭窄或扩张。

②镜检：黏膜上皮细胞变性、坏死、脱落，纤毛上皮消失，可见支气管黏膜上皮不规则增生。支气管黏膜及黏膜下充血、水肿，有淋巴细胞、浆细胞浸润和结缔组织增生。

（二）肺炎

肺炎指细支气管、肺泡和肺间质的炎症。肺炎根据病程可分为急性、亚急性和慢性肺炎；根据其炎症侵害的部位和范围可分为支气管肺炎（小叶性肺炎）、大叶性肺炎和间质性肺炎；根据炎症的性质可分为渗出物肺炎和增生性肺炎。

1. 支气管肺炎

支气管肺炎指细支气管及其邻近肺泡的炎症，其炎症从支气管炎开始，然后沿细支气管蔓延至所属肺泡，或沿支气管壁向周围肺组织蔓延引起的肺炎。因其炎症仅侵害肺小叶的范围，故称为小叶性肺炎。支气管肺炎是动物肺炎的一种最基本的形式，因肺泡内渗出物以浆液和脱落的上皮细胞为主，又称为卡他性肺炎。常发生于幼龄和老龄动物。

【2010年执业兽医资格考试真题】支气管肺炎的始发病灶位于（　　）

A. 肺大叶　　　　　　B. 肺泡壁　　　　　　C. 肺小叶间质

D. 肺支气管周围　　　E. 细支气管或肺小叶

(1) 病因　支气管性肺炎主要由病原微生物感染引起，常见的有巴氏杆菌、肺炎链球菌、葡萄球菌、流感病毒、猪肺炎支原体、家禽烟色曲霉菌、化脓性棒状杆菌、沙门菌、猪霍乱杆菌、嗜血杆菌、链球菌和鼻疽杆菌等。另外猪瘟、口蹄疫和犬瘟热等传染病可并发支气管肺炎。

【2013年执业兽医资格考试真题】引起小叶性肺炎的常见原因是（　　）

A. 细菌　　　　　　　B. 病毒　　　　　　　C. 毒物

D. 缺氧　　　　　　　E. 营养缺乏

(2) 发病机制　病原微生物多为上呼吸道黏膜常在菌，在寒冷、过劳、长途运输、天气变化、维生素A缺乏等应激因素影响下，机体抵抗力降低、上呼吸道防御功能下降，进入呼吸道的病原菌可大量繁殖，先引起支气管炎，然后其炎症沿支气管蔓延，引起所属及其周围肺泡发炎导致支气管肺炎。支气管肺炎好发于肺的尖叶、心叶和中间叶以及膈叶的前下缘等处，因这些区域通气道短、呼吸浅以及位置低下，易发生淤血和感染。

支气管性肺炎的蔓延途径包括气源性和血源性。

①气源性：致病因素首先作用于支气管或细支气管引起炎症后通过三种途径蔓延至肺泡：一是支气管未被阻塞，病原微生物直接沿着支气管树传播，或穿过支气管壁在支气管周围和淋巴管内传播；二是当支气管管腔被水肿液阻塞，病原微生物能迅速在液体环境中移动到实质；三是支气管肺炎过程中常引起肺泡孔扩张，病原微生物通过肺泡孔从一个肺泡传播到另一个肺泡。

②血源性：肺是全身静脉血必经之路，也是全身静脉血的一个滤器，可保护其他器官。当病原微生物数量很多且毒力又强时，其可以突破肺的保护机制，通过血液在肺内形成局灶性炎症，在肺的不同部位出现粟粒性肺炎。

（3）病理变化

①眼观：病变为一侧或两侧，发炎肺小叶肿大，呈灰红色或灰黄色，质地坚实，不含空气；病灶为绿豆至蚕豆大小不等，在肺尖叶、心叶和膈叶下部呈散在性岛屿状分布；切开病变肺组织，病灶中心呈灰黄色、粗糙、突出于切面、质地硬实，并可见一发炎的细支气管，用力挤压时可从支气管断端流出灰黄色混浊液体。后期多个病变小叶融合成大叶，病灶切面平滑、湿润，支气管内可挤出浑浊的黏液或黄白色脓样分泌物，支气管黏膜充血、水肿。如果病灶是多发性的、没有互相融合时，在肺切面上可见多色性的病灶。

②镜检：初期渗出以浆液为主，细支气管和肺泡内见有浆液，其中混有少量脱落的上皮细胞、嗜中性粒细胞；细支气管壁充血、水肿及白细胞浸润，管壁增厚，管腔内蓄积大量浆液或黏液性渗出物；肺泡壁毛细血管扩张、充血，肺泡腔内充满大量浆液性渗出物，渗出液嗜中性粒细胞和上皮细胞明显增多。卡他性支气管性肺炎时，在细支气管和肺泡中充满黏液、白细胞和肺泡上皮细胞；化脓性支气管性肺炎时，肺组织发生脓性溶解，细支气管和肺泡中都有大量脓细胞。

（4）结局及对机体的影响　如治疗及时，病因消除后，渗出物可液化、吸收，损伤肺组织通过肺泡上皮再生而修复，辅以得当护理，炎症很快消除，机体可痊愈。如治疗不及时，病因不能及时消除，加之护理不当，化脓、坏死或坏疽炎症进一步发展，组织化脓分解，形成脓肿、坏死或坏疽，急性炎症转为慢性，长期迁延不愈，对机体就会产生不良后果，乃至严重后果。当转变成慢性支气管炎，镜检可见间质组织明显增生，或在脓肿与坏死灶周围有包囊形成；转变成慢性支气管性肺炎时，肺质地硬实，呈肉样，镜检可见支气管和肺泡内充满大量脓细胞和坏死物质；如继发化脓菌或腐败菌感染，则可转为化脓性肺炎或腐败性肺炎（肺坏疽）。幼年动物中低氧血症合并毒血症是支气管肺炎致死的主要原因。

2. 大叶性肺炎

大叶性肺炎指以细支气管和肺泡内渗出大量纤维蛋白为特征的一种急性肺炎，病变可侵害大片肺叶，甚至一侧肺叶或全肺。

（1）病因　多由某些传染性因素引起，发生于某些传染病过程中，如牛、羊、猪的巴氏杆菌病、牛肺疫、猪肺疫、山羊传染性胸膜肺炎、马传染性胸膜肺炎和鸡、兔的出血性败血症等。此外，感冒、受寒、吸入刺激性气体、过劳、长途运输等诱因，都能促使本病的发生。

（2）发病机制　病原体可通过气源性、血源性和淋巴源性侵入肺脏，从支气管树的最细部分侵入肺泡后在肺泡内大量繁殖，并通过肺泡和肺泡管向其他肺泡迅速扩散蔓延，或通过间质蔓延。因其扩散迅速，蔓延广泛，可侵害大片肺组织，引起大片肺组织发生大叶性肺炎。

大叶性肺炎时，由于病原菌数量多、繁殖快、毒力强，在其病原菌及其毒素的作用下，使肺组织内毛细血管遭受严重损伤，管壁通透性增强，血浆纤维蛋白原大量渗出，在细支气管和肺泡内及其间质中出现大量纤维蛋白。血源性感染偶见败血性沙门菌，与变态反应有关，发病急剧、扩散迅速、血管损伤明显，渗出物纤维蛋白和出血性质，类似过敏性炎性反应。

（3）病理变化　根据其发展经过和病变特点不同可分为充血水肿期、红色肝变期、灰色肝变期和消散期四个发展时期。

①充血水肿期：

特征：肺泡壁的毛细血管明显扩张、充血，肺泡内浆液性渗出。

眼观：肺叶肿大，质地稍实，呈暗红色，切面平滑、湿润、有带血样泡沫液体流出，肺质量增加，切块肺组织投入水中呈半沉半浮状态，呈"载重船样"。

镜检：肺泡壁的毛细血管扩张、充血；肺泡腔中有大量浆液性渗出物，呈淡粉色，其中混有少量红细胞、嗜中性粒细胞和脱落的肺泡上皮细胞。

②红色肝变期：

特征：肺泡壁毛细血管明显充血，肺泡内大量的红细胞和纤维蛋白渗出。

眼观：肺叶肿大，呈暗红色，质地坚硬、似肝脏；切面干燥，粗糙不平，呈小颗粒状突起，小叶间质水肿、扩张增宽、充满半透明样黄色胶冻状渗出物；胸膜增厚，表面有灰白色纤维素性渗出物覆盖；肺质量增加，切块肺组织投入水中可沉入水底。

镜检：肺泡壁毛细血管扩张、充血明显，肺泡腔内大量网状的纤维蛋白和红细胞、嗜中性粒细胞和脱落的肺泡上皮细胞。纤维蛋白可穿过肺泡孔，使肺泡与肺泡之间彼此相通。支气管周围、小叶间质和胸膜下组织水肿时明显增宽，其内充盈大量纤维蛋白渗出物，其中混有一定量的嗜中性粒细胞，间质中淋巴管扩张，充满炎性渗出物，有淋巴栓形成。

③灰色肝变期：

特征：肺泡壁毛细血管充血消退，肺泡腔内红细胞逐渐溶解，含大量纤维蛋白和嗜中性粒细胞。

眼观：肺叶仍肿大，呈灰红或灰白色，质地坚硬、似肝脏；肺泡腔内充满网状纤维蛋白，红细胞溶解消失；切面干燥，呈颗粒状，切块肺组织投入水中可沉入水底。

镜检：肺泡壁毛细血管充血消失，甚至发生贫血，管腔闭锁；肺泡内红细胞消失，肺泡间隔可见大量的星网状纤维蛋白渗出物和白细胞。

④消散期：

特征：渗出物自溶与组织再生，肺泡中嗜中性粒细胞坏死、崩解，纤维蛋白溶解，炎症消散后肺泡上皮细胞再生。

眼观：肺组织呈灰黄色，质地变软，切面湿润、可挤出灰黄色脓样液体，颗粒状外观消失。

镜检：肺泡腔内嗜中性粒细胞和巨噬细胞变性、坏死，肺泡腔内渗出的纤维蛋白已溶解，纤维蛋白的网状结构消失，变为微细颗粒，嗜伊红染色很不均匀；渗出物溶解液化，并由淋巴管吸收带走，细胞碎片由巨噬细胞吞噬清除；随着炎性产物的吸收和消散，肺泡壁毛细血管血流恢复，肺泡壁上皮细胞再生，肺泡腔又重新进入空气。

大叶性肺炎的四个发展时期，不是在每个病例都可见到，在一些急性经过的病例，病变发展到红色肝变期或灰色肝变期时，动物常因窒息而死亡。此外，大叶性肺炎时，在同一个肺大叶范围内，各小叶的炎症发展也是不一致的，一部分肺小叶处于红色肝变期，而另一部分已进入灰色肝变期，还有的部分处于二者过渡阶段。大叶性肺炎通常多侵入胸膜，引起纤维蛋白性胸膜炎或浆液-纤维蛋白性胸膜炎，后期多发生胸膜粘连或结缔组织增生。

（4）结局及对机体的影响　大叶性肺炎的结局，很少能够完全消散恢复，大多以炎症病灶机化肺肉变（即机化后的病肺组织变硬、结构致密、质变坚实、色泽呈鲜肉样）为结局。伴发纤维蛋白性胸膜肺炎时，可引起肺与胸膜的粘连。如继发化脓菌或腐败菌感染，可引起化脓性肺炎和腐败性肺炎（肺坏疽）。大叶性肺炎时，大面积肺组织发生实变，呼吸功能丧失，致使患病动物呼吸严重障碍，常可导致动物严重缺氧而致死。

3. 间质性肺炎

间质性肺炎指发生于肺间质的炎症过程。病变常始发于肺泡壁和肺泡间质，随后可波及肺小叶间质、支气管周围与血管周围的结缔组织和肺泡间隔。

（1）病因　间质性肺炎的病因较多，病原微生物、某些化学物质和变态反应等均可引起间质性肺炎。病原微生物有病毒、寄生虫、支原体、霉形体和细菌感染等；化学性物质有炭末、硅末、铁末等。同时间质性肺炎可继发于其他炎症过程，如支气管肺炎、大叶性肺炎、慢性支气管炎、肺慢性淤血和胸膜炎等疾病。

（2）发病机制　由于病因的直接作用，使肺泡隔毛细血管内皮受损，引起肺泡间质水肿和炎性渗出。病毒感染时可引起肺泡上皮增生。

（3）病理变化

①眼观：眼观变化比较复杂，基本病变为小灶状分布，炎灶大小不一，小的如针尖，大的为小叶性或融合成大叶性；病灶呈灰白或灰红色，质地稍坚实，切面严整。急性病变肺呈淡灰红色，慢性病变呈黄白或灰白色。后期病变发生纤维化，用刀不易切割，切面有纤维束走向。继发化脓时，切面可见脓肿，在其周围可形成包囊。胸膜上见有结缔组织增生和粘连。

②镜检：肺泡隔和间质、细支气管和血管周组织水肿，淋巴细胞、单核细胞浸润；病期长的结缔组织增生逐渐明显；肺泡隔明显增宽，肺泡腔相应缩小，有时可见少量的水肿液。肺泡上皮增生，增生的上皮细胞常呈立方状，排列成腺样，或上皮增生后脱落于肺泡腔中，使肺泡腔含有许多单核巨噬细胞，甚至可见多核巨细胞，肺泡间隔也有单核细胞与淋巴细胞浸润。严重的间质性肺炎时，肺泡内还有透明膜形成，覆盖在肺泡管或肺泡膜上。

【2014年执业兽医资格考试真题】支原体肺炎时，肺间质中浸润的炎性细胞主要是（　　）

A. 嗜中性粒细胞　　　B. 嗜酸性粒细胞　　　C. 嗜碱性粒细胞
D. 淋巴细胞　　　　　E. 巨噬细胞

（4）结局及对机体影响　由于病因不同，对机体的影响也不一致。急性间质性肺炎可以完全消散，肺泡上皮恢复正常，如果不能消散，即纤维化。当肺泡壁纤维化时，肺泡上皮细胞继发大量增生和化生。慢性间质性肺炎常发生肺硬化。面积较大的间质性肺炎可引起呼吸功能障碍，导致动物出现低氧血症，而继发肺心病，当肺动脉高压时可使心功能下降，严重者出现死亡。

4. 特异性肺炎

特异性肺炎指由特殊病原微生物感染所引起的肺炎。除具有共性的病理变化外，各自有其特征性变化。如鼻疽性肺炎、结核性肺炎、绵羊慢性进行性肺炎、禽曲霉菌性肺炎和放线菌性肺炎等。

（1）鼻疽性肺炎　指由鼻疽杆菌经血源性途径而引起的局灶性肺炎。根据其表现形式和形态结构可分为渗出性鼻疽结节和增生性鼻疽结节。

①渗出性鼻疽结节：常见于鼻疽性肺炎的初期。

眼观：渗出性结节呈针尖至豌豆大，中央有灰黄色脓样坏死灶，周围可见透明的炎性充血及水肿形成的炎性反应带，可见粟粒大小的点状出血。

镜检：结节中央的肺组织坏死、崩解，局部有大量崩解的嗜中性粒细胞碎片。肺泡隔毛细血管高度扩张、充血，肺泡腔内有大量浆液、纤维蛋白、红细胞和嗜中性粒细胞。部分病例可见小结节相互融合而形成较大的结节。

②增生性鼻疽结节：常见于疾病的相对稳定或趋向好转期，多数由渗出性结节转变而来。

眼观：结节呈针尖至粟粒大小或更大，质地坚实，呈灰白色，切面中央可见黄白色微干燥的坏死灶，部分病例可见钙化，其外层为灰白色的包囊。

镜检：坏死灶中有核碎片物，钙化时呈深蓝色粉末状或小块状钙盐，坏死灶外周可见上皮样细胞和多核巨细胞构成的特殊肉芽组织，外面被普通肉芽组织包裹，有大量的淋巴细胞。

（2）结核性肺炎　指由结核分枝杆菌引起人畜共患的一种慢性传染病。结核分枝杆菌有人型、牛型和禽型三种。

①牛结核性肺炎：由牛型结核分枝杆菌感染引起，以结核结节性肺炎为其病变特征。根据其炎症的性质、感染结核杆菌的数量、毒力和机体抵抗力可分为增生性结核结节性肺炎、渗出性结核结节性肺炎和变质性结核结节性肺炎。

a. 增生性结核结节性肺炎。常见于感染结核杆菌的数量少、毒力较弱，机体的抵抗力较强的病例。

眼观：结节呈球状，微突出于肺及其切面，结节中央可见黄白色干酪样坏死物，若发生钙化则呈白色坚实的结节。

镜检：病灶部肺组织固有结构消失，可见干酪样坏死物，病灶中央有大量增生的上皮样细胞、多核巨细胞，经抗酸染色其胞质中可见大量红色的结核分枝杆菌。在上皮样细胞和多核巨细胞外面可见浸润的淋巴细胞和增生的结缔组织，共同构成了增生性结核性肉芽肿。病程较长者，上皮样细胞等可发生干酪样坏死或钙化。

b. 渗出性与变质性结核结节性肺炎。常见于感染的结核分枝杆菌数量较多、毒力较强，机体的抵抗力下降的病例。

眼观：渗出性结核结节与增生性结核结节相似，但渗出性结核结节的中央呈灰黄色坏死，并且其周边有明显的红色炎性反应带。

镜检：病灶局部可见明显的充血、浆液性和纤维蛋白渗出，可见以单核细胞和淋巴细胞为主的灶状聚集，嗜中性粒细胞较少。后期渗出物和局部组织迅速发生干酪样坏死，其周围组织可见明显的炎性渗出。当机体抵抗力极弱时，只可见多发性微小坏死灶。

增生性结核结节与渗出性结核结节和变质性结核结节不是一成不变的，在一定条件下，由于结核杆菌的毒力的变化、机体抵抗力的改变等可相互转化。

②禽结核性肺炎：由禽结核分枝杆菌引起的禽的慢性传染病。主要发生于鸡和火鸡，鸭、鸽、鹅、乌鸡、麻雀等也可发生。多见于成年鸡和老龄鸡。

眼观：肺增大，色泽变淡，质地变脆，肺实质可见数量不等、大小不一的结核结节，突出于肺表面。大结节的切面为干酪样坏死物，外面是纤维组织形成的包囊。

镜检：初期结核结节由上皮样细胞、巨噬细胞组成，其周围及细胞间散在有淋巴细胞。中期结核结节的中央为红染的富含核碎片的干酪样坏死物，并有大量上皮样细胞和多核巨细胞，同时散在有巨噬细胞和淋巴细胞。后期结核结节扩大，其中心仍为干酪样坏死物，但无结构的均质红染物，坏死物周围是由多核巨细胞和上皮样细胞组成的特殊肉芽组织，并于结节中央坏死区可见大量结核杆菌。禽结核很少发生钙化。

（3）绵羊慢性进行性肺炎　绵羊慢性进行性肺炎又称为梅迪病，指由慢病毒引起绵羊的一种接触性传染病。该病以肺泡间隔、支气管和血管周围的网状细胞和淋巴细胞大量增生，呈典型的间质性肺炎为病变特征。

①眼观：肺体积明显增大，质量增加，切开胸腔肺不回缩。病变肺组织呈灰白色或灰红色，质地坚实、如橡皮，弹性下降。胸膜增厚，肺表面可见大量针尖样灰白色小点；有时可见细网状花纹，以膈叶最为明显。支气管淋巴结明显肿大，表面和切面呈灰白色。

②镜检：病变区肺泡隔明显增宽，并有淋巴滤泡形成；网状细胞和淋巴细胞明显增生，可形成淋巴小结和网状细胞小结。肺泡腔明显缩小、甚至闭塞，肺泡上皮细胞化生为立方上皮，部分肺泡腔内有少量巨噬细胞，呼吸性细支气管和血管平滑肌肥大、增生，并伸向肺泡隔。支气管淋巴结呈现典型的慢性淋巴结炎的表现。

（4）曲霉菌性肺炎　指由曲霉菌引起的真菌病，主要见于鸡、火鸡、鸭、鹅、鸽子等禽类及其他鸟类，马、牛、羊、猪、人和猫等哺乳动物也可感染；幼禽的感染率最高，呈急性暴发，可导致大批禽发病死亡。曲霉菌性肺炎是曲霉菌感染的特征性病理变化，表现为弥漫性肺炎和结节性肺炎。

①眼观：幼禽的病变主要在肺、气囊和呼吸道。肺表面可见粟粒至绿豆大的黄白色或灰白色小结节，或其融合而成的大团块。结节质地柔软或较坚硬，切面呈轮层状，中心为干酪样坏死物，内含大量菌丝。部分病例可表现为弥漫性肺炎而无小结节。

②镜检：呈现肉芽肿性炎。结节中央为干酪样坏死区，含有呈放射状排列的霉菌菌丝，PAS染色可见紫红色的菌丝壁和孢子壁。坏死区的周围为细胞性肉芽组织，包括上皮样细胞和多核巨细胞；外围是结缔组织，其中含有大量的异嗜性细胞、淋巴细胞及少量巨噬细胞和浆细胞。结节周围的肺组织充血、出

血，弥漫性肺炎表现为卡他性或纤维蛋白性炎症，肺泡和细支气管内充满黏液、纤维蛋白、细胞核碎片及炎性细胞和菌丝。

（三）肺气肿

肺气肿指因肺组织空气含量过多而致肺脏体积过度膨胀为特征的一种肺脏疾病。根据其病变发生部位不同，可分为肺泡性肺气肿和间质性肺气肿两种。

1. 肺泡性肺气肿

肺泡性肺气肿指因肺泡内含气量过多引起肺泡过度扩张的肺气肿。根据其发展经过不同分为急性与慢性两种。

（1）病因

①急性肺泡性肺气肿：长期不合理的使役或过度、过重劳役、剧烈咳嗽、濒死期挣扎或嘶叫以及当液体、炎性渗出物和异物等不完全阻塞支气管时，均可引起急性肺泡性肺气肿。

②慢性肺泡性肺气肿：多发生于慢性支气管炎和肺线虫病等疾病过程中。慢性肺泡性肺气肿分为局限性和弥漫性两种。慢性局限性肺泡性肺气肿主要由肺线虫病、慢性支气管炎和急性肺泡性肺气肿进一步发展所引起；慢性弥散性肺泡性肺气肿多伴发肺实质损伤，故又称实质性肺气肿，多见于老龄马和马息痨症、绵羊羊肺丝虫病。

（2）发病机制

①急性肺泡性肺气肿：机体代谢增强，需氧增多，反射性地引起呼吸加深加快，使肺通气量过多。吸气时，因吸气加深，支气管扩张，空气吸入量增多，肺泡过度扩张；呼气时不能将其呼出，而致肺泡余气增多，同时，肺泡内过多的余气又可压迫肺泡壁毛细血管，使其血流受阻，肺泡壁营养障碍，肺泡弹性逐渐减退，发生高度扩张，引起急性肺泡性肺气肿。

②慢性肺泡性肺气肿：阻塞性通气障碍慢性支气管炎时，支气管黏膜发炎肿胀，管壁增厚、管腔狭窄，而炎性渗出物常积聚在管腔内，使支气管腔发生不完全阻塞。吸气时支气管扩张，空气可以进入肺泡，呼气时因支气管管腔狭窄，气体呼出受阻，加之长期咳嗽，肺泡壁弹性减退，以致肺泡余气明显增多，致使肺泡高度扩张，引起慢性肺泡性肺气肿。

猪、牛、羊发生肺线虫病时，肺线虫寄生在支气管、细支气管内，引起支气管炎、细支气管炎，支气管黏膜肿胀，管腔被虫体或炎性渗出物不完全阻塞，引起慢性肺泡性肺气肿。

当肺脏某一部位因发生肺炎而实变时，为代偿实变部的呼吸功能，病灶周围组织表现过度充气，形成局灶性代偿性肺气肿。随着动物年龄的增长，肺泡壁的弹力纤维减少，弹性回缩力减弱，肺泡不能充分回缩，肺残留气量增多，肺泡膨胀，发生老龄性肺气肿。

(3) 病理变化

①急性肺泡性肺气肿：

眼观：肺胸膜苍白，肺胀满，中等程度膨大，呈岛屿样凸起，弹性降低。触摸和切割肺组织时捻发音不明显，切面比较干燥。

镜检：可见肺泡腔扩大，肺泡隔毛细血管因空气压迫而贫血，间隔变薄，肺泡无明显破损。

②慢性肺泡性肺气肿：

a. 慢性局限性肺泡性肺气肿。

眼观：气肿发生于小叶或小叶群，形成锥体状，锥体尖端指向中心，在尖端区支气管内可见虫体断面，支气管周围组织有嗜酸性粒细胞浸润。病变无明显定位，可散发于全肺，但以膈叶下缘和后缘多见。如继发于支气管性肺炎的代偿性肺气肿，肺气肿灶多见于小叶性肺炎病灶，并和肺萎陷病变交错存在。

镜检：肺泡腔扩大，肺泡壁变薄，常见几个肺泡汇合成一个大空腔。

b. 慢性弥散性肺泡性肺气肿。

眼观：肺不塌陷，色苍白，体积膨大，边缘钝圆，有大小不等的空泡凸出于肺表面。肺组织弹性丧失，指压留痕，切开时有特殊的爆裂音，切面干燥平滑，呈海绵状或蜂窝状。

镜检：肺泡腔扩大，肺泡壁变薄、毛细血管贫血，肺泡间孔增大，有的肺泡壁破裂，肺泡互相融合成较大的空腔，有排列紊乱的中隔。

支气管肺炎时，肺炎区周围肺组织，由于发生代偿性肺功能增强，可见局灶性肺泡性肺气肿，称为代偿性肺气肿。眼观可见大小不等的囊泡凸起于肺表面，并和肺萎陷病变交错存在。

2. 间质性肺气肿

间质性肺气肿指因肺泡或细支气管发生破裂，空气进入肺间质而引起的肺气肿。

(1) 病因和发病机制　常发生于牛黑斑病甘薯中毒等过程中。强烈、持久的深呼吸和胸壁穿透受伤时肺泡、细支气管可发生破裂；牛黑斑病甘薯中毒和肺丝虫病时，可发生肺泡性和间质性肺气肿。

(2) 病理变化

①眼观：在小叶间隔、肺胸膜下形成大量大小不一的一连串气泡，小气泡可融合成大的气泡，胸膜下的气泡破裂则形成气胸。因肺间质的气体可沿支气管和血管周围组织间隙扩展至肺门、纵隔，并可到达颈部、肩部、背部皮下，形成皮下气肿。肺气肿时，胸腔负压下降，血液流回右心的压力降低。因肺泡

隔毛细血管被压迫影响小循环，使血液被阻滞在右心，引起右心肥大，最后可因代偿不全而死于心力衰竭。

②镜检：肺间质增宽形成较大的气囊，肺间质和肺泡壁血管腔狭窄、贫血、气囊周围肺组织发生压迫性萎缩。

3. 结局及对机体的影响

短时间内发生的急性肺泡性肺气肿或轻度肺气肿时，在病因消除后，肺组织弹性恢复，可完全恢复正常，对机体影响不大。慢性肺泡性肺气肿病程缓慢，通常不显临床症状，病因去除后，也可恢复。严重的肺气肿，肺泡破裂可引起气胸。此时，胸腔负压降低，影响血液回流。

肺气肿时，因毛细血管受压，使肺血液循环阻力增加，导致肺动脉高压。肺动脉高压使右心负担加重，逐渐引起右心室肥大，最后可引起右心衰竭。

肺气肿时，肺泡壁毛细血管受压，影响肺泡与血液间的气体交换，从而导致血液氧分压降低和 CO_2 潴留，机体呈缺氧状态。CO_2 排出障碍，血液中 CO_2 和 H_2CO_3 含量均显增高，故可引起呼吸性酸中毒。

肺胸膜下气囊破裂，空气进入胸腔可引起气胸。加之肺体积膨大，使胸膜腔内压升高，负压降低，血液回流受阻，而致全身静脉淤血，加之肺循环阻力增加，最终导致心力衰竭。

（四）肺萎陷

肺萎陷又称为肺膨胀不全，指原已充满空气的肺组织因空气丧失，从而导致肺泡萎陷，是获得性的。肺不张指肺泡内空气含量减少甚至消失，以致肺泡呈塌陷关闭的状态。肺不张或肺膨胀不全一般是先天性的，肺组织从未被空气扩张过，由于呼吸道被胎粪、羊水、黏液阻塞或胎儿呼吸中枢发育不成熟等原因，使胎儿出生时吸入的空气量不足而导致肺泡张开不全。若为死胎，其肺萎陷的病变是弥散的；若为活胎，并能吸气，则肺不可能完全萎陷。根据其原因不同，可分为压迫性和阻塞性肺萎陷两种。

1. 病因

（1）压迫性肺萎陷　是由肺内、外压力所引起。胸内压力由肺内肿瘤、脓肿、寄生虫、炎性渗出物等直接压迫肺组织。肺外压力由胸腔积液、积血、气胸等所引起。胸腔肿瘤压迫肺组织，腹水、胃扩张等引起的腹压增高，通过膈肌前移压迫肺组织。

（2）阻塞性肺萎陷　主要由于支气管、细支气管阻塞，肺泡内残留气体逐渐被吸收，肺泡塌陷。引起支气管、细支气管阻塞的原因有急、慢性支气管炎时的炎性渗出物、寄生虫、吸入的异物、支气管肿瘤等。

2. 病理变化

（1）眼观　病变部体积缩小，表面下陷，胸膜皱缩，肺组织缺乏弹性，似肉样。切面平滑、均匀、致密。压迫性肺萎陷的萎陷区因血管受压而呈苍白色，切面干燥，挤压无液体流出。阻塞性肺萎陷的萎陷区因淤血而呈暗红色或紫红色，切面较湿润，有时有液体排除。

（2）镜检　由于肺泡塌陷，可见肺泡壁呈平行排列，彼此互相靠近、接触，肺泡腔呈裂隙状。先天性肺萎陷表现为肺泡壁明显增厚，肺泡衬以立方上皮；阻塞性肺萎陷，细支气管、肺泡内可见炎症反应，肺泡壁毛细血管扩张充血，肺泡腔内常见水肿液和脱落的肺泡上皮；压迫性肺萎陷，细支气管和肺泡腔内无炎症反应。

3. 结局和对机体的影响

肺萎陷常是可逆性的，只要病因消除，病变部分可再膨胀而恢复。如果病因不能消除，病程持久，萎陷部肺组织抵抗力明显降低，易继发感染，发生肺炎等。小区域的肺萎陷不会严重影响呼吸功能。胸腔大量积液、气胸等压迫肺组织引起的肺萎陷，使呼吸膜面积明显减少，可引起呼吸功能不全。

子项目三　泌尿及生殖系统病理

项目目标

1. 掌握肾炎、肾病的概念、分类、病因、发病机制和病理变化。
2. 掌握膀胱炎的分类、病因、发病机制和病理变化。
3. 掌握子宫内膜炎、乳腺炎的概念、分类、病因、发病机制和病理变化。
4. 掌握睾丸炎、附睾炎的概念、分类、病因、发病机制和病理变化。

知识准备

（一）肾炎

肾炎指肾小球、肾小管和肾间质的炎症。根据其炎症的发生部位和性质的不同可分为肾小球性、间质性和化脓性肾炎。

1. 肾小球性肾炎

肾小球性肾炎指以肾小球损伤为主的炎症。

（1）病因　常见于病原微生物引起的感染性疾病，如猪丹毒、猪瘟、鸡新城疫、马传染性贫血、链球菌病、牛病毒性腹泻/黏膜病、马腺疫等传染病，均可引起肾小球性肾炎的发生。

(2) 发病机制　病原微生物并非直接损伤肾小球引起肾小球性肾炎,而是产生变态反应引起肾小球炎症的发生。

①免疫复合物性肾小球性肾炎:90%以上的肾小球性肾炎由免疫复合物所致。

②抗肾小球基底膜性肾炎:较少见,由于机体内产生抗自身肾小球基底膜抗体与肾小球基底膜作用而引起的。

【2015年执业兽医资格考试真题】原发性肾小球肾炎的发病机制是(　　)

A. 内源性毒物质损伤　　B. 外源性毒物质损伤　　C. 应激反应
D. 缺血损伤　　　　　　E. 变态反应

(3) 病理变化　根据发病速度和病变特点,可分为急性型、亚急性型和慢性型三种。

①急性肾小球性肾炎:常见于急性感染之后,发病急、病程较短,病变特征为肾小球毛细血管内皮细胞和系膜细胞增生。

眼观:早期变化不明显,肾体积轻度肿大、充血,质地柔软,被膜紧张、易剥离,表面与切面潮红,迎光可见半透明的颗粒样物突出,称为"大红肾";当表面有粟粒、针帽至针尖大小的出血点,称为"蚤咬肾"。皮质部略增厚,纹理不清,可见大小不等的出血点。

镜检:早期肾小球毛细血管充血,毛细血管内皮细胞和系膜细胞肿胀、增生,使毛细血管管腔狭窄或堵塞,引起肾小球贫血。肾小球内嗜中性粒细胞、单核细胞、巨噬细胞渗出导致肾小球血细胞成分明显增多,引起肾小球体积增大,充满球囊腔,囊腔内还有白细胞、红细胞及浆液。肾上皮变性,管腔内有坏死脱落的上皮。病变严重时,毛细血管腔内可有血栓形成。

以增生为主的急性肾小球性肾炎,血管内皮细胞、系膜细胞增生;以渗出变化为主的急性肾小球肾炎,肾小管上皮细胞颗粒变性或脂变,肾小管扩张、内有透明或细胞管型,肾间质轻度水肿、出血,肾小球周围间质少量嗜中性粒细胞浸润。球囊内充满大量浆液性渗出物,称为浆液性肾小球肾炎;球囊充满大量红细胞,称为出血性肾小球肾炎。

②亚急性肾小球性肾炎:由急性肾小球肾炎转化而来,或因病因作用较弱使疾病较慢发展,呈亚急性经过,介于急性与慢性肾炎之间。病变特征为肾小球囊壁层上皮细胞增生,形成新月体或环状体。

眼观:肾体积肿大、表面光滑、质地较软、色泽苍白,称为"大白肾"。表面散布大量出血点,被膜紧张、易剥离,切面膨隆。皮质增宽、苍白、纹理不清,皮质、髓质分界较明显,可见出血点。

镜检：一部分肾小球呈急性肾小球肾炎变化；另一部分肾小球囊壁层上皮细胞明显增生，严重时发生纤维化。肾小球囊壁层上皮细胞增生，形成一个向球囊内突出的细胞性新月体，可见纤维素、嗜中性粒细胞和红细胞渗出。随着病程发展，出现肉芽组织增生，细胞性新月体被肉芽组织取代并转变成纤维性新月体，肉芽组织进一步增生形成环形体可引起肾小球纤维化，而导致肾小球玻璃样变。肾小管上皮细胞出现变性至坏死，肾小管管腔内有蛋白质、白细胞、红细胞和脱落上皮细胞组成的管型。部分肾小球纤维化，其所属的肾小管相继萎缩，间质结缔组织增生，淋巴细胞、单核细胞浸润，因代偿使肾小球增大和肾小管扩大。

③慢性肾小球性肾炎：发病迟缓，病程长，症状常不明显。根据病理形态不同可分为膜性、膜性增生性和慢性硬化性肾小球肾炎。

a. 膜性肾小球性肾炎。为慢性免疫复合物肾炎，是由于免疫复合物沉积于肾小球毛细血管基底膜所致，其病变特征为肾小球毛细血管基底膜弥漫性增厚。

眼观：肾脏体积增大，色苍白，切面皮质明显增宽，髓质无特殊变化；晚期肾脏体积缩小，表面呈颗粒状。

镜检：肾小球毛细血管壁弥漫性均匀增厚，毛细血管管腔狭窄、甚至闭塞，肾小球体积不一定增大，细胞数量无明显增多，球囊清晰、无粘连。免疫荧光检查，在肾小球毛细血管周围可见均匀一致的颗粒状荧光，表明有免疫复合物沉积，免疫复合物在肾小球血管基底膜表面与上皮细胞之间。肾小球毛细血管壁损伤，通透性增高，蛋白质渗出。近曲小管上皮细胞颗粒变性，常伴有大量的脂肪空泡和透明滴样物。晚期可见肾小球病变加重，肾小管萎缩，间质水肿，纤维组织增生和炎性细胞浸润。

超微病变（镀银染色）可见足细胞肿胀，足突消失，足细胞下有大量电子致密物沉积，沉积物之间的基底膜物质形成钉状突起，后者可向致密物表面延伸，覆盖沉积物使基底膜增厚。在基底膜内沉积物逐渐溶解后局部呈虫蚀状，其空隙由基底膜物质填充后，肾小球逐渐发生透明样变。

【2011年执业兽医资格考试真题】膜性肾小球肾炎初期的眼观呈（　　）
A. 大白肾　　　　　B. 大红肾　　　　　C. 皱缩肾
D. 白斑肾　　　　　E. 蚤咬肾

b. 膜性增生性肾小球性肾炎。病变特征为肾小球毛细血管系膜细胞增生、基底膜增厚。

眼观：早期肾脏无明显改变，晚期发生纤维化时肾脏体积缩小，表面呈细颗粒状，系膜区增宽（间膜细胞和基质增多）。

镜检：肾小球间质内系膜细胞增生，系膜基质增多，系膜区增宽，肾小球增大，血管球呈分叶状，肾球囊腔狭窄。免疫荧光检查，可见免疫球蛋白颗粒沉着于肾小球毛细血管周围和系膜内呈不连续的颗粒状荧光，系膜内出现团块状或环形荧光；呈线状的补体沉着物多沉积于小球的基底膜内，免疫球蛋白少。

超微病变可见基底膜的内面有一层新基底膜形成（双层基底膜样结构），呈不规则增厚，其中有电子致密度极高的物质沉积。肾小管上皮细胞脂肪变性，管腔内有透明管型及细胞管型。晚期肾小管萎缩，间质炎性细胞浸润并纤维化。

c. 慢性硬化性肾小球性肾炎。各种类型的肾小球肾炎发展到晚期，均可转变为慢性硬化性肾小球肾炎，其病变特征为大部分肾单位纤维化，少量残留肾单位代偿性肥大，肾变小变硬，表面凹凸不平。

眼观：两侧肾脏体积对称性缩小，质地变硬，表面呈细颗粒状。被膜粘黏、不易剥离，呈固缩状，称为固缩肾。切面皮质薄厚不均，结缔组织增生形成纹理或结节，可见小囊肿。

镜检：早期可见到某种类型肾炎的残有病变；中期多数肾小球纤维化和玻璃样变，肾小管萎缩、消失，间质内纤维组织增生，大量的淋巴细胞浸润；晚期肾小球纤维化，发展为透明变性，肾小管萎缩、消失，间质内结缔组织增生，淋巴细胞、巨噬细胞等炎性细胞浸润和增生。肾小球、肾小管的数目减少，纤维组织增多，肾小球分布不均，局部有相对靠拢和消失的现象，肾单位代偿性肥大，受压的肾小管发生梗阻，肾球囊扩张、肾小管变粗，形成小囊肿。

2. 间质性肾炎

间质性肾炎指肾间质以淋巴细胞、单核细胞等炎性细胞浸润和结缔组织增生为特征的肾炎。常见于牛、马、羊、猪、禽类。

（1）病因　其发生多与感染、中毒、免疫损伤和缺血有关。如布鲁氏杆菌病、钩端螺旋体病、牛恶性卡他热、水貂阿留申病、大肠杆菌、马传染性贫血等均可出现间质性肾炎；某些毒物或有毒药物的慢性刺激也可引起间质性肾炎；二甲氧苯青霉素、氨苄青霉素、青霉素、先锋霉素、噻嗪类和磺胺类药物等，可引起药源性间质性肾炎，停药后可恢复。

（2）发病机制　常同时发生于两侧，毒性物质经血源性途径侵入肾脏表面所引起，初期可见肾间质有淋巴细胞、单核细胞、嗜中性粒细胞浸润和成纤维细胞增生。随疾病发展，浸润和增生的炎性细胞数量增多，并出现结缔组织增生。因浸润、增生的细胞和纤维压迫肾小管和肾小球，使肾小管和肾小球发生不同程度的萎缩、崩解，甚至消失，若大量肾单位被破坏，纤维组织大量增生，最终形成皱缩肾。

（3）病理变化　根据病变范围不同可分为弥漫性间质性肾炎和局灶性间质

性肾炎两种。

①弥漫性间质性肾炎：常发生于幼年动物，伴发于全身感染。钩端螺旋体病可引起急性弥漫性间质性肾炎；牛恶性卡他热和水貂阿留申等病毒感染可引起亚急性或慢性弥漫性间质性肾炎。

a. 急性弥漫性间质性肾炎。

眼观：肾脏体积肿大，被膜紧张，易于剥离。被膜下皮质表面和切面可见针尖大至米粒大灰白色或灰黄色小病灶，重者小病灶互相融合成玉米粒大或更大的灰白色斑，波及整个皮质和髓质外带，称为白斑肾。

镜检：间质内有水肿和白细胞浸润，聚集在肾小管和肾小球周围。小叶间结缔组织内聚集大量的淋巴细胞、单核细胞、浆细胞及少量的嗜中性粒细胞。细胞浸润区内肾小管上皮细胞变性坏死、萎缩、消失，肾小球变化不明显。

【2013年执业兽医资格考试真题】"白斑肾"见于（　　）
A. 急性肾小球肾炎　　B. 膜性肾小球肾炎　　C. 亚急性肾小球肾炎
D. 化脓性肾炎　　　　E. 间质性肾炎

b. 慢性弥漫性间质性肾炎。

眼观：肾脏体积缩小，表面皱缩，称为皱缩肾，呈淡灰或灰黄褐色，被膜增厚、与皮质相粘连、不易剥离，质地较硬。切面皮质变窄，与髓质分解不清，可见小囊肿形成。

镜检：肾脏内纤维组织广泛增生，首先出现在炎性细胞浸润的部位，使浸润的细胞逐渐减少，病变的肾小管萎缩、消失。残留的肾小管扩张，上皮细胞变扁平。肾小球囊壁纤维性增厚，或囊腔扩张，血管球变形或萎缩，逐步形成纤维化、玻璃样变。最后，大部分肾实质被瘢痕组织取代，其中有单核细胞浸润。

【2011年执业兽医资格考试真题】间质性肾炎后期的眼观呈（　　）
A. 大白肾　　　　　　B. 大红肾　　　　　　C. 皱缩肾
D. 白斑肾　　　　　　E. 蚤咬肾

②局灶性间质性肾炎：

眼观：肾稍增大，表面和切面分布灰白色、大小不等的斑点状或圆形结节状病灶，称为白斑肾。被膜易于剥离，或与结节发生粘连。切面结节局限在皮质，呈楔形，边缘部可有出血。病变多时，皮质呈现斑纹或斑块。

镜检：肾小球病变一般不明显。肾间质水肿，可见淋巴细胞、单核细胞、浆细胞局灶性浸润和增生，形成炎性细胞结节。随病情发展结缔组织增生，肾小管受压迫出现变性、坏死、萎缩，甚至由结缔组织取代而消失。残存的肾小管扩张，有细胞管型。

3. 化脓性肾炎

化脓性肾炎指由细菌引起肾脏的化脓性炎，主要侵害肾盂和肾实质。

(1) 肾盂肾炎

①病因：由化脓菌感染所引起的，常见的化脓菌有葡萄球菌、链球菌、绿脓杆菌、棒状杆菌、化脓放线菌、大肠杆菌等。

②发病机制：常由尿路上行感染引起，如输尿管炎、膀胱炎、尿道炎、前列腺炎、生殖道炎以及膀胱麻痹和尿道结石等均可诱发肾盂肾炎。当尿道排尿受阻，滞留尿液异常发酵分解，其产物可引起黏膜损伤，在滞留尿液中细菌大量繁殖，引起尿路炎症并由尿道、膀胱至输尿管进入肾盂导致肾盂肾炎。如细菌进一步侵入肾实质则引起肾实质炎症。有时，病原菌可经血源性引起感染，化脓菌由肾盂动脉血管网进入肾盂引起肾盂肾炎。

肾盂肾炎可为单侧性，也可为双侧性，这与单侧输尿管阻塞有关，若阻塞部位在膀胱或其下部尿道则为双侧。

③病理变化：

眼观：肾脏体积肿大、质地柔软、被膜易剥离。切面可见肾盂高度扩张，肾实质因受压出现一定程度萎缩。肾盂黏膜潮红、肿胀，有时见出血点或出血斑，表面被覆脓性渗出物，肾盂内充满脓性黏稠的液体。肾乳头出血，可形成化脓性溃疡灶，病变可蔓延到髓质甚至皮质，可见自肾乳头顶端伸向髓质与皮质呈放射状的灰黄或灰白色条纹，即化脓性坏死灶，病灶周围有炎性反应带，呈暗红色，与健康组织分界明显。严重时肾组织溶解形成脓肿。输尿管、膀胱等扩张，腔内充满尿液、脓液，黏膜潮红、水肿、出血等。

镜检：肾盂黏膜充血、出血、水肿和嗜中性粒细胞等炎性细胞浸润，黏膜上皮细胞变性、坏死、溶解脱落使局部形成溃疡。从肾乳头伸向皮质的肾小管内充满嗜中性粒细胞，有时见有菌块，肾乳头部的肾小管上皮细胞变性、坏死、脱落，周围间质疏松水肿，血管扩张、充血，嗜中性粒细胞等炎性细胞浸润。病变波及皮质和肾小球时出现间质炎性反应，可见其充血、水肿和炎性细胞浸润等。亚急性肾盂肾炎时，肾小管及间质内淋巴细胞浸润，形成明显的楔形梗死灶；成纤维细胞增生，形成纤维结缔组织并纤维化，病灶内的肾小球发生纤维化和玻璃样变。慢性肾盂肾炎时，肾盂黏膜和肾实质出现淋巴细胞、浆细胞和巨噬细胞浸润和增生，使肾盂黏膜增厚；肾表面形成较大的凹陷，肾体积缩小、硬度增加、变实，被膜不易剥离；结缔组织进一步增生时，肾盂和肾实质形成瘢痕，严重时肾发生纤维化。

(2) 栓塞性化脓性肾炎　指菌血症或脓毒血症的血栓性栓子在运行过程中，化脓性细菌随栓子进入肾，停留在肾小球的血管和肾小管间的毛细血管内，形成的化脓性肾炎。

①病因和发病机制：化脓性细菌通过血流进入肾脏，引起栓塞性化脓性肾炎。如化脓性子宫内膜炎、化脓性肺炎、蜂窝织炎、溃疡性心内膜炎、化脓性

乳腺炎及化脓性脐带炎时，化脓菌可进入血液，通过细菌性栓子引起化脓性肾炎。

②病理变化：

眼观：肾脏肿大，质地变软，被膜易剥离。表面和切面分布大小不等、灰白或灰黄色病灶，其中有黏稠脓汁。病灶周围有暗红色反应性充血和出血带。浅表性脓肿破溃可引起肾周围组织化脓性炎。

镜检：肾小球的毛细血管内及肾小管间小血管有蓝染或淡蓝染的菌块，周围有大量嗜中性粒细胞浸润。细胞浸润处组织出现脓性溶解形成小脓肿，随着病程发展，小脓肿逐步融合成大脓肿，周围组织充血、出血、水肿及嗜中性粒细胞等炎性细胞浸润，病程较长时出现肉芽组织增生。

（二）肾病

肾病指肾小管上皮细胞发生变性、坏死，而无明显炎症变化的疾病。

1. 原因

凡能损伤肾小管上皮细胞的有毒物质均可引起肾病，包括外源性毒物和内源性毒物，外源性毒物有氯仿、四氯化碳、重金属、毒鼠药、栎树叶、磺胺类药物、霉菌毒素等；内源性毒物为有毒代谢产物或传染病、蜂窝织炎等疾病过程中形成的病理性产物，如淀粉样物质、肌红蛋白、游离血红蛋白等。

2. 发病机制

有毒物质通过血流到达肾脏随尿排除时，被肾小管上皮细胞吸收后可引起肾小管损伤；原尿中的大量水分被重吸收后，尿液浓缩使有害物质浓度升高，对肾小管上皮细胞产生强烈的毒害作用，导致肾小管变性、坏死。

淀粉样肾病是由于淀粉样物质通过肾小球和间质血管内皮，沉积在肾小球血管壁、基底和间质中引起的肾病。

3. 病理变化

（1）急性肾病（坏死性肾病）　常见于急性传染病和中毒病。

①眼观：肾肿大，柔软，呈灰白色或灰黄色，切面隆起、结构浑浊不清，皮质增厚、色泽不一、有淡黄色或灰红色条纹。

②镜检：肾小管上皮明显肿胀、呈颗粒变性、水泡变性、脂肪变性和透明滴状变，部分坏死、崩解、脱落，脱落的上皮细胞可进入肾小管管腔，形成管型。间质充血、水肿，有嗜中性粒细胞和单核细胞浸润或无炎性反应。肾小球无明显变化。

（2）慢性肾病（淀粉样肾病）　常见于慢性消耗性疾病。

①眼观：肾肿大，质地坚硬，色泽灰白，切面呈灰黄色、半透明的蜡样或油脂状。

②镜检：肾小球入球小动脉、毛细血管、出球小动脉、小叶间动脉、肾小球间质及肾小管基底膜上有大量的淀粉样物沉着，使肾小球血管和间质小动脉壁增厚、血管腔狭窄、肾小管基底膜增厚。严重时，肾小球、肾小管和间质小动脉被淀粉样物质所取代。肾小管上皮细胞可见脂肪变性、透明滴状变等。淀粉样变持续时间长时，肾小球内充满同质团块，所属肾小管上皮变性、坏死，间质结缔组织增生，肾脏可发生纤维化，导致皱缩肾。

（三）膀胱炎

1. 病因

膀胱炎的主要致病因素是病原微生物，许多细菌（如大肠杆菌、葡萄球菌、链球菌、变形杆菌、棒状杆菌等）、某些病毒（如猪瘟病毒、牛恶性卡他热病毒等）均可引起膀胱炎。

2. 发病机制

病原微生物通过尿路或血源性而感染。尿路感染有上行和下行感染两种途径，上行感染指病原体从尿道至膀胱的感染，如牛化脓性子宫内膜炎和阴道炎向上发展为膀胱炎；下行感染指存在于肾或输尿管的病原体经尿液进入膀胱引起感染，如化脓性肾炎。肾盂肾炎、输尿管炎可继发膀胱炎。血源性感染多见于某些急性传染病，病原体进入血液通过血液循环到达膀胱引起膀胱炎。

膀胱黏膜可分泌 IgA 和黏液，抵抗力比较强。尿液中的高浓度尿素和酸性物质对细菌繁殖也起到一定的抑制作用。在尿路阻塞或尿道麻痹时，因尿液排出障碍，使膀胱积尿，滞留在尿液中的细菌可大量繁殖导致膀胱炎。当尿液中的糖或蛋白含量高，使分解尿液的非致病菌在其中迅速繁殖也可引起膀胱炎。

3. 病理变化

根据病因和机体反应性不同，可分为急性卡他性、化脓性、纤维蛋白性和慢性膀胱炎。

（1）急性卡他性膀胱炎

①眼观：膀胱黏膜潮红、肿胀，尿液混浊。

②镜检：黏膜上皮细胞变性、坏死、脱落，固有层小血管扩张充血，间质疏松增宽，嗜中性粒细胞浸润。可见少量淋巴细胞、单核巨噬细胞浸润和增生。当伴有出血时，膀胱黏膜可见小出血点或出血斑，黏膜固有层内有红细胞渗出。

（2）化脓性膀胱炎　是由化脓菌感染引起。

①眼观：膀胱黏膜粗糙，表面被覆灰白或灰黄色、黏稠脓性物质，膀胱壁疏松增厚，尿液混浊、黏稠。

②镜检：黏膜固有层中含有大量嗜中性粒细胞，上皮细胞崩解、脱落，上

皮表面或尿液中有大量嗜中性粒细胞。严重时黏膜下层、肌层中也有嗜中性粒细胞浸润。

（3）纤维蛋白性膀胱炎

①眼观：膀胱黏膜增厚，表面被覆灰白或灰黄色纤维蛋白膜，病变轻时膜易剥离，呈浮膜性膀胱炎；当膀胱黏膜出现明显坏死时，坏死物与渗出的纤维蛋白融合形成厚痂，且紧密附着在肠壁上，不易脱落，呈固膜性膀胱炎。

②镜检：黏膜上皮细胞变性、坏死，表面纤维蛋白渗出，固有层充血、水肿、炎性细胞浸润。严重时，坏死组织崩解，与渗出的纤维蛋白融合成无结构的物质。

（4）慢性膀胱炎　多见于膀胱结石。

①眼观：膀胱黏膜增厚，呈灰白色。

②镜检：黏膜上皮细胞脱落，固有层淋巴细胞、单核巨噬细胞大量浸润和增生，病程后期结缔组织明显增生，膀胱壁增厚和纤维化。

发生慢性息肉性膀胱炎时，膀胱黏膜面形成许多皱褶或绒毛状突起，镜检可见突起表面由上皮细胞覆盖，上皮细胞有时化生为黏液样细胞，间质由致密结缔组织、淋巴细胞和单核巨噬细胞组成。

（四）子宫内膜炎

子宫内膜炎指发生于子宫内膜的炎症，以乳牛多见。根据病程可分为急性子宫内膜炎和慢性子宫内膜炎两类种；根据炎性渗出物的性质可分为卡他性子宫内膜炎和化脓性子宫内膜炎。

1. 病因

（1）理化因素　如过热或过浓的、刺激性的消毒药水冲洗子宫、产道，难产时助产器械、截胎后暴露出的胎儿骨端，以及助产者的手指引起子宫黏膜损伤。

（2）传染性因素　各种化脓菌和腐败菌的感染，如化脓棒状杆菌、大肠杆菌、坏死杆菌、梭状芽孢杆菌、链球菌及葡萄球菌等都是最常见的病原菌。克雷伯氏杆菌、链球菌和马流产沙门菌也能引起母马的感染；马耳他布氏杆菌、流产布氏杆菌、猪布氏杆菌和犬布氏杆菌等则可引起山羊、牛、猪、绵羊和犬的特殊性感染。

2. 发病机制

子宫内膜炎通常与流产和分娩密切相关，产道开张，胎盘剥离，子宫黏膜受损，尤其是胎盘停滞，容易被许多微生物侵入。各种病原菌可通过上行性（生殖道）和下行性（血液或淋巴）等两种途径侵入子宫引起感染。

子宫内膜炎多发生于产后。因为雌性动物在分娩时和产后早期，生殖道开放，而且子宫黏膜常出现不同程度损伤，子宫腔中多残留脱落和崩解的黏膜上皮、胎衣碎片、血液、其他渗出物和分泌物等，有利于病原微生物的侵入和繁殖。难产、胎衣不下、子宫脱出、子宫恢复不全、流产时更易发生。某些全身感染性疾病时，病原体可进入血液。经血道转移至子宫引起子宫内膜炎。健康动物的子宫和阴道内经常有微生物存在，当机体的抵抗力减弱时，原来存在的非致病性微生物也有可能迅速繁殖，毒力增强，引起自体感染。腹膜炎或腹腔其他组织器官的炎症，可直接蔓延引起子宫周围炎，进一步发展为子宫内膜炎或经淋巴蔓延至子宫引起子宫炎和子宫内膜炎。

3. 病理变化

（1）急性卡他性子宫内膜炎　多由上行性感染引起。

①眼观：子宫外形及浆膜无明显变化，切开子宫可见子宫内膜潮红，表面湿润，伴有点状或斑状出血，黏膜表面和子宫腔内有大量黏稠混浊、数量不等的灰白或灰红色渗出物。如子宫黏膜坏死脱落，黏膜遗留有糜烂或溃疡；如炎症侵入黏膜下层和肌层，可见子宫壁肥厚；如有纤维素渗出，黏膜上覆盖灰白色膜。牛、羊发生子宫内膜炎时，子宫肿大、出血。

②镜检：子宫内膜血管扩张、充血，黏膜固有层水肿、疏松，有些部位散在性出血，并见嗜中性粒细胞、巨噬细胞、淋巴细胞等炎性细胞浸润，黏膜血管充血，黏膜上皮发生不同程度变性、坏死和脱落。子宫腺上皮细胞变性、坏死，部分腺体崩解，子宫腺减少；内膜上皮细胞坏死脱落并与渗出的炎性细胞融合在一起。如炎症侵入肌层和浆膜下层，可见肌纤维变性，肌间和浆膜下层充血、出血、水肿、疏松，并有大量炎性细胞浸润。

（2）慢性卡他性子宫内膜炎　由急性卡他性子宫内膜炎转化而来。

①眼观：初期黏膜表面被覆黏液，后期以结缔组织增生为主，黏膜肥厚。随着结缔组织的不断增生，黏膜层腺体受压，其分泌物排出受阻，可见黏膜表面有大小不等呈半球状隆起的囊肿，内含灰白色混浊液体。牛发生慢性子宫内膜炎时，坏死的子宫黏膜经常发生钙盐沉着，形成硬固的灰白色的小斑点。

②镜检：初期黏膜明显出血、水肿、白细胞渗出等轻度的急性炎症变化；随后浆细胞和淋巴细胞的大量浸润，成纤维细胞增生。由于黏膜内细胞浸润，腺体和腺管间的结缔组织增生不均衡，变化明显的部位则向腔内呈息肉状隆起，称为慢性息肉性子宫内膜炎。随着成纤维细胞的增生和成熟，子宫腺的排泄管受到挤压，分泌物蓄积在腺腔内，使腺腔扩张呈囊状，称为慢性囊肿性子宫内膜炎。在慢性子宫内膜炎的发展过程中，有时子宫内膜的柱状上皮可化生为复层鳞状上皮，并可发生角化。当黏膜层的子宫腺萎缩或消失，黏膜变得很薄，呈现疤痕化或皱缩，称为慢性萎缩性子宫内膜炎。

（3）急性化脓性子宫内膜炎

①眼观：子宫浆膜无明显变化，但器官常增大和松软，切开子宫后，黏膜

肿胀、充血、出血，表面被覆有污红色的浆液-黏液渗出物，子宫及其周围充血与出血更为明显。严重病例黏膜表面粗糙、浑浊和坏死，若坏死组织脱落则遗留糜烂。炎症限于一侧子宫角或两侧的子宫角、子宫体与子宫颈。

②镜检：黏膜血管充血，并散在出血和小血管内血栓形成。黏膜浅层的子宫腺管周围和腺腔内，均有明显的嗜中性粒细胞、巨噬细胞和淋巴细胞等炎性细胞浸润。黏膜上皮和部分浅层的子宫腺管上皮发生变性、坏死和脱落，黏膜表面被覆含有脱落上皮及白细胞的黏液。严重时，白细胞浸润和水肿可侵入子宫壁深层，且黏膜组织的变性、坏死明显，常与渗出的纤维素和红细胞凝结在一起，其周围有密集的白细胞浸润。

（4）慢性化脓性子宫内膜炎　由化脓菌感染引起。常见于牛和猪，经常在分娩后有胎儿或胎膜滞留时发生。

①眼观：子宫体积膨大，子宫腔扩张，触压子宫有波动感，切开子宫可见子宫腔蓄积大量脓性渗出物，呈灰白色、灰黄色、黄绿色和褐红色等。脓汁有时稀薄，有时混浊黏稠或呈干酪样。子宫黏膜面粗糙、污秽、无光泽，黏膜有糜烂或溃疡灶，常被覆大量坏死组织碎片，使黏膜面的外观如散布一层麦麸。

②镜检：初期可见子宫黏膜固有层和黏膜表面有大量嗜中性粒细胞浸润，继而浸润的炎性细胞和黏膜组织发生坏死、脱落，与坏死崩解的嗜中性粒细胞形成脓液，有时也可见细菌团块。黏膜下层组织发生充血、水肿和嗜中性粒细胞、巨噬细胞和淋巴细胞等炎性细胞浸润。

患布鲁氏菌病的母猪，子宫黏膜中出现粟粒至高粱大小的多发性黄白色结节，向表面隆起，部分为化脓或干酪样坏死的病灶。病猪多发性坏死性葡萄球菌子宫内膜炎时，子宫内蓄积脓液很少，子宫腔狭窄，子宫壁增厚，黏膜上有针头大到豌豆大小的淡灰色坏死灶。严重的病例，黏膜弥漫性坏死，由上皮到深层发展。

（五）乳腺炎

乳腺炎指动物乳腺发生不同类型的炎症。常发生于各种动物，其中以奶牛和奶山羊最为常见。根据病程长短可分为急性乳腺炎和慢性乳腺炎；根据炎症的组织位置可分为实质性乳腺炎和间质性乳腺炎；根据炎症渗出物的性质可分为浆液性、卡他性、纤维蛋白性、化脓性、出血性和坏疽性乳腺炎；根据病因和发病机制可分为特异性乳腺炎和非特异性乳腺炎。

1. 病因

引起乳腺炎的原因较多，有物理性、代谢性和生物性因素等。主要致病因素是病原微生物。引起乳腺炎的病原微生物有80余种，常见的有20多种，如葡萄球菌、链球菌、化脓性棒状杆菌、大肠杆菌、绿脓杆菌、沙门菌、坏死杆菌、牛放线菌、结核分枝杆菌、布鲁氏杆菌、克雷伯氏杆菌、多杀性巴氏杆菌、蜡样芽孢杆菌、林氏放线杆菌等。支原体、真菌、病毒等因素均可促进乳腺炎的发生。

2. 发病机制

除了结核性和布鲁氏杆菌乳腺炎是血源性感染外，其他微生物侵入的门户为乳头孔和乳头管。机械性和理化因子、毒物作用和乳汁停滞等对促成细菌侵入乳腺起重要作用。如挤乳方法不当可造成乳头皮肤和黏膜的创伤，母牛因病卧地和母猪乳头接近地面与地面摩擦，幼仔咬伤乳头等机械性损害，为细菌侵入乳腺创造有利条件。不按时挤乳、产后无仔畜吮乳或断乳后喂给大量多汁饲料以致乳汁分泌过于旺盛等，均可使乳汁在乳腺内积滞或酸败，成为细菌生长繁殖的良好培养基。当畜舍潮湿或温度过低等饲养管理不当时，使动物机体的抵抗力降低，原来存在于输乳管及乳池中的少数寄生菌转变为致病菌。周围环境不卫生，污染乳腺，也是感染的来源。

3. 病理变化

（1）非特异性乳腺炎　指无特异性病原体和无临床剖检症状的一种乳腺炎，根据病程和病变特点可分为急性弥漫性乳腺炎、慢性弥漫性乳腺炎和化脓性乳腺炎。

①急性弥漫性乳腺炎：是牛最常见的一种乳腺炎，常发生于泌乳初期。病原菌主要是葡萄球菌、大肠杆菌或葡萄球菌、大肠杆菌与链球菌三种致病菌的混合感染。此型乳腺炎以渗出变化为主，除有炎性渗出物外，同时伴有腺泡上皮的变性、坏死和脱落，以及间质的充血和水肿。

眼观：乳房明显肿大、质地坚实，可挤出混有絮片的稀薄水样分泌物或脓样物。切开乳腺后，切面湿润，有大量炎性渗出物流出，炎症性质不同变化各有特点。乳腺小叶呈灰黄或灰红色，挤压时有稀薄液体或脓样分泌物流出，输乳管、乳池和乳头管黏膜肿胀，被覆灰白色渗出物，有时见黏液面有出血点与出血斑，或出现糜烂或溃疡灶。

浆液性乳腺炎，乳腺皮肤紧张、色红，切面湿润闪光，色苍白，乳腺小叶呈灰黄色，小叶间质及皮下结缔组织充血和炎性水肿。卡他性乳腺炎，切面较干燥，因乳腺小叶肿大而呈淡黄色的颗粒状，按压时有浑浊的脓样分泌物流出。纤维蛋白性乳腺炎，发炎的乳腺坚实，切面干燥，呈白色或黄色，在乳池和输乳管黏膜上可见纤维蛋白性渗出物。出血性乳腺炎，切面平滑，呈暗红色或黑红色，按压时从切口流出淡红色或血样稀薄液体，其中混有絮状血凝块，输乳管及乳池黏膜常见出血点。化脓性乳腺炎，发炎乳腺有大小不等或数量不一的化脓灶，输乳管及乳池内有灰白色浓液。

镜检：病灶内有不同的炎性渗出物，乳腺上皮细胞有不同程度的变性、坏死，呈急性渗出性炎特征。病程较短时，以浆液渗出为主，在腺泡内有均质红染的浆液渗出，其中混杂少量空泡、嗜中性粒细胞和脱落的腺上皮细胞，腺泡结构基本完整。病变较重时，腺泡和间质有大量嗜中性粒细胞渗出。腺泡上皮细胞普遍坏死、脱落和崩解，乳腺原有结构消失。病灶出现大量坏死崩解的组织碎片、嗜中性粒细胞和脓细胞。卡他性乳腺炎，腺泡腔内有许多脱落的上皮和嗜中性粒细胞、淋巴细胞和单核细胞等炎性细胞，间质炎性水肿。纤维蛋白性乳腺炎，在多数腺泡腔内有多少不等的纤维蛋白渗出，其中也混有少量的嗜中性粒细胞、单核细胞和脱落的上皮细胞。出血性乳腺炎除了腺泡上皮细胞变性和脱落，间质炎性水肿及白细胞渗出外，在腺泡腔内和间质内有大量红细胞浸润。

②慢性弥漫性乳腺炎：多由急性转化而来，呈慢性经过，常发生于泌乳期以后。病原体主要是无乳链球菌和乳腺炎链球菌感染。此型乳腺炎以乳腺实质萎缩和间质增生为主要特征。病原菌从乳头管侵入后，初期在乳池和大输乳管引起渗出性化脓性炎，接着相邻的腺泡发炎，以后在输乳管周围的病变转为慢性增生性，从输乳管扩展到腺泡。由于大量增生的结缔组织成熟收缩的结果，导致乳腺的萎缩和硬化。

眼观：病初与急性弥漫性乳腺炎相似。后期乳池和输乳管明显扩张，管腔内充满由脱落上皮、炎性细胞及乳汁凝结而成的黏稠的脓样渗出物。因间质结缔组织增生，而致乳腺实质萎缩，质地硬实，切面灰白色，最后乳腺实质被增生的结缔组织取代并发生纤维化，导致病变乳腺萎缩和硬化，使病变部乳腺组织完全失去泌乳功能。

镜检：初期在乳池、输乳管及发病的腺泡腔等病灶内含有均质的带空泡的渗出物，其中混有嗜中性粒细胞和脱落的上皮细胞；间质炎性水肿、疏松，嗜中性粒细胞、淋巴细胞和巨噬细胞浸润，并见少量成纤维细胞增生。后期病灶内嗜中性粒细胞减少，淋巴细胞、浆细胞和单核细胞等炎性细胞浸润和增生较明显，成纤维细胞大量增生。乳池和输乳管黏膜细胞浸润于上皮增生而肥厚，呈柱状，形成皱襞或息肉状、疣状突起。最后由于增生的纤维组织发生疤痕性收缩，残留的腺泡、输乳管和乳池也被牵引而明显扩张，上皮萎缩或鳞状化生。

③化脓性乳腺炎：其病原体主要是化脓棒状杆菌，其次为化脓性链球菌和铜绿假单胞菌；也可继发于急性卡他性乳腺炎。多见于奶牛、猪和羊。

眼观：常发生于一个乳区或数个乳区。病变部乳腺肿胀，常呈结节状，脓肿可向皮肤穿孔，形成窦道。切开乳腺后，有大小不等的化脓灶，其内充满带有绿黄色或黄白色恶臭的稀薄或浓稠的脓汁，化脓灶周围有脓肿膜包裹，内层为柔软的肉芽组织，外层为致密的结缔组织。输乳管和乳池内蓄积大量脓性物，其黏膜肿胀、粗糙，黏膜表面覆盖脓性物并发生糜烂或溃疡。创伤引起的化脓性乳腺炎，创伤部皮下乳腺组织中可形成脓肿，其外有较厚的纤维性包囊，脓肿扩大时，皮肤出现穿孔，脓汁从孔道排出，如穿孔长期不愈合则形成瘘管。化脓性乳腺炎可波及乳腺皮下和肌间，呈弥散性分布，乳腺明显肿胀，切开后切面呈蜂窝状，称为乳腺蜂窝织炎。

镜检：病灶中可见大量嗜中性粒细胞、坏死崩解。腺泡结构消失，上皮坏死、溶解，形成脓汁，脓汁中可见蓝染的细胞团块和核碎片。化脓灶周围血管充血、水肿，病程较长者结缔组织增生并形成包囊。

（2）特异性乳腺炎 又称为肉芽肿性乳腺炎，指某些特异性病原体引起并具有特征性病变的乳腺炎。

①结核性乳腺炎：常见于奶牛，以血源性感染为主，病变以增生性结核结节较多。

眼观：乳腺中弥漫分布大小不等的结核结节，呈灰白色，周围有结缔组织增生，质地较硬。乳腺结核也呈弥漫性渗出性结核，病变常波及几个乳腺叶或整个乳腺，使乳腺明显肿胀、硬实。切面见不规则的大面积地图状干酪样坏死灶，故又称为干酪性乳腺炎，在病灶周围可见红晕。结核病灶也可波及输乳管、乳池，其黏膜形成结核性病变。

镜检：结节内主要是增生的特殊肉芽组织和普通肉芽组织，组织有大量的纤维蛋白与白细胞浸润，病灶中心可能发生干酪样坏死和钙化。在乳汁中可检出大量结核菌。

②放线菌性乳腺炎：常见于牛、羊和猪。一般经皮肤创伤感染，在乳腺皮下或深部组织发生放线菌性化脓灶。

眼观：感染部位乳腺皮肤和皮下肿胀，切开肿胀部可见厚的结缔组织包囊，其囊腔有稀稠不等的脓汁，其中含有淡黄色硫黄样细颗粒。脓肿及表面邻近的皮肤可逐渐软化和破裂，并形成瘘管或窦道向外排脓。乳腺深部的脓肿破溃时，可开口于输卵管和乳池，在乳汁中出现放线菌块。

镜检：病灶中央是菌块和脓液，放线菌菌块的中心是交织的菌丝，其周围的菌丝呈放射状排列，菌丝被伊红染成红色；菌块周围为变性的嗜中性粒细胞等组织构成的脓细胞。在病灶的周围区有浸润的淋巴细胞和浆细胞的纤维结缔组织。

③布鲁菌性乳腺炎：常见于牛和羊，呈亚急性或慢性局灶性乳腺炎。

眼观：发病初期，病变轻微，不易被发现。后期由于结缔组织增生和乳腺实质萎缩，可看到硬固的病灶。

镜检：在乳腺内可见到局灶性炎症病灶，病灶主要是由增生的淋巴细胞和上皮样细胞形成的小结节，其中混有少数的嗜中性粒细胞和巨噬细胞，结节外有结缔组织增生，结节的腺泡萎缩和上皮变性、坏死和脱落，腺泡崩解。

④诺卡氏菌乳腺炎：由星形诺卡氏菌所引起，常见于牛，呈散发性。各种年龄的乳牛均可感染，大多数病例在分娩后第2~10d内出现。

眼观：初期呈急性多发性化脓性乳腺炎。乳腺的渗出物呈灰白色，黏稠，常混有血块以及直径1mm大小的白色小颗粒。

镜检：可见颗粒由微生物团块所组成。

（六）睾丸炎

睾丸炎指睾丸发生的炎症。可发生于多种动物，常见于牛、羊和猪。

1. 病因和发病机制

引起睾丸炎的原因主要是外伤和感染。如公羊，由于其睾丸下垂明显且游离度大，容易因外伤引起睾丸炎。外伤性睾丸炎同时常伴发明显的阴囊炎。细菌、病毒等感染性因素均可引起睾丸炎，病原可经血源性和生殖道两种途径感染。

2. 病理变化

根据病程和病变性质，睾丸炎可分为急性和慢性两种。急性睾丸炎以变质和渗出变化为主，可见睾丸胀肿、被膜紧张、切面膨隆且湿润多汁，可见弥漫性或局灶性坏死灶；慢性睾丸炎以结缔组织和炎性细胞增生为主，睾丸因纤维化导致体积缩小、质地硬实、被膜增厚、表面粗糙、切面干燥并常见钙盐沉积。

（1）化脓性睾丸炎　主要由葡萄球菌、链球菌、大肠杆菌、沙门菌、化脓棒状杆菌等感染引起，同时存在化脓性附睾炎。睾丸和附睾可见弥漫性或局灶性化脓灶，并形成脓肿。在急性炎症时，其周围有明显水肿，炎症也可波及鞘膜、阴囊，在阴囊表面处破溃可形成窦道。

（2）布鲁菌性睾丸炎　是由布鲁氏杆菌感染引起的一种传染病。细菌感染动物后，经血道进入睾丸和附睾引起炎症。布鲁氏杆菌引起的睾丸炎多为双侧性。

①眼观：可见阴囊肿大、下垂，鞘膜腔中充满纤维素化性脓性渗出物。睾丸肿大，实质有散在的灰黄色小坏死灶，坏死灶可扩大并逐渐融合，可波及整个睾丸，最后使睾丸形成一坏死块，其周围结缔组织增生形成包囊，坏死灶可液化为脓液，使局部变成脓肿。

②镜检：睾丸内的感染是沿着细精管的管腔蔓延，可见睾丸内曲细精管生精细胞坏死、脱落，坏死的细胞和管腔中有大量病原菌。早期，间质淋巴细胞浸润，在曲细精管周围形成管套。随疾病发展，曲细精管和间质见大量嗜中性粒细胞，并伴有坏死细胞和嗜中性粒细胞崩解和脓汁形成。

公猪由猪布鲁氏杆菌引起的睾丸炎，多发性脓肿比融合性坏死更为多见。

可见鞘膜的炎症有带血的脓性渗出物；附睾和睾丸发生的脓肿，以中央发生干酪化为特征，脓肿外面有厚层结缔组织包膜包裹，其中有白细胞浸润。

(3) 结核性睾丸炎　比较少见，主要见于牛和猪。在全身粟粒性结核病时，结核分枝杆菌通过血液途径进入睾丸引起结核性炎症。在附睾和前列腺结核性炎时，细菌通过上行途径也可侵入睾丸引起炎症。

病变睾丸肿大变硬，特别是附睾的头部。附睾的病变为典型的结核，但不易与结核性损害与精子停滞或渗出所引起的病变相区别。

睾丸呈粟粒性结核或慢性睾丸结核的变化。粟粒性结核为大小不等的干酪坏死灶和钙化灶，不规则分布于整个睾丸；慢性睾丸结核在肿大睾丸的切面上，呈辐射状的干酪样坏死带，附睾通常也受侵害。

(4) 乙型脑炎病毒性睾丸炎　主要见于公猪。

①眼观：可见睾丸不同程度的肿胀，切开阴囊在鞘膜和白膜之间常有大量积液。睾丸组织潮红，切面呈大小不等、形态不一的坏死灶，其周围有出血。少数病例睾丸体积缩小、变硬，阴囊与睾丸发生粘连，大部分实质被纤维组织替代。附睾变化不明显。

②镜检：初期可见少数曲精细管的上皮变性、坏死，精子也发生类似的变化。小管的轮廓尚保存，局部间质有充血、出血、水肿和单核细胞浸润。随着病程的发展，变性坏死过程严重，病变范围扩大，一部分曲细精管虽保持管状轮廓，但管腔被破碎、崩解的物质所充满；一部分曲细精管已完全趋于坏死而结构消失，相互融合为大片的坏死区。间质的炎症十分明显。慢性病例中，小坏死灶可溶解、吸收，较大的坏死灶则逐渐被增生的结缔组织所替代，形成大小不等的疤痕，当有大面积的疤痕形成时，睾丸发生硬化。

(5) 其他各种感染引起的睾丸炎　各系统的感染均可波及睾丸引起炎症。马鼻疽可见睾丸内出现典型的鼻疽结节；马流产沙门菌也可引起睾丸炎；化脓棒状杆菌可引起牛和绵羊的睾丸脓肿等。

(七) 附睾炎

附睾炎常与睾丸炎同时发生，可见于多种动物。

1. 病因和发病机制

发病原因主要包括外伤、精液外溢、过敏反应、病原微生物感染等，如化脓棒状杆菌、布鲁氏杆菌、结核杆菌、鼻疽菌、放线菌等感染均可引起附睾炎。附睾炎通常为单侧性，但在急性附睾炎或通过血液性散播感染时可呈双侧性。感染初期炎症主要在附睾尾，然后逐渐扩散到附睾体和附睾头。一些养羊地区由羊布氏杆菌引起的公羊附睾炎是一种常见的疾病，通过交配感染，以精子变性和精子肉芽肿为特征。

2. 病理变化

（1）眼观　受害的部位肿胀，发热。附睾不同程度的肿大，质地硬实，如继发精子性肉芽肿，其外观似脓肿，切面灰白色，呈现肿瘤样结构。当附睾管破裂，精子进入鞘膜腔时，可引起鞘膜炎。白膜有炎性渗出物附着，鞘膜含有大量浆液。牛患布鲁氏菌病，急性期时附睾明显肿胀，可触知睾丸与附睾的界限；慢性期因纤维化而使附睾增大和硬化。

（2）镜检　初期可见间质充血、水肿，少量炎性细胞浸润，附睾管上皮细胞变性、坏死、脱落。严重时，附睾管胞内充满脱落的上皮细胞以及渗出的嗜中性粒细胞、淋巴细胞，附睾管结构被破坏，精子外溢可引起肉芽肿。当病程延长、炎症呈慢性经过时，可见结缔组织大量增生，并发生纤维化。

子项目四　心血管系统病理

> **项目目标**

1. 掌握贫血的概念、分类、病因、发病机制、病理变化及其对机体的影响。
2. 掌握动脉炎和静脉炎的概念、分类、病因和病理变化。
3. 掌握心包炎、心肌炎、心内膜炎的概念、分类、病因、发病机制、病理变化、结局及其对机体的影响。
4. 掌握骨髓炎的概念、分类、病因和发病机制。

> **知识准备**

（一）贫血

贫血指单位容积血液中红细胞数量和血红蛋白含量低于正常值，并伴有红细胞形态改变和运氧障碍的病理变化。贫血不是独立的疾病，而是许多疾病过程中的一种临床表现。根据红细胞血红蛋白含量可分为低色素性贫血、正色素性贫血和高色素性贫血三种；根据红细胞平均体积可分为小红细胞性贫血、正常红细胞性贫血和大红细胞性贫血三种；根据其病因和发病机制可分为失血性贫血、溶血性贫血、再生障碍性贫血和营养缺乏性贫血四种。

1. 失血性贫血

失血性贫血又称为出血性贫血，指因出血过多造成的贫血，根据失血速度可分为急性和慢性失血性贫血。

（1）病因

①急性失血性贫血：常见于各种急性大出血，如创伤性出血、产后大出血、肝脾等内脏器官破裂等。

②慢性失血性贫血：常见于长期轻微和持续或反复性出血，如结核病、胃肠溃疡、体腔内肿瘤、蕨菜中毒、寄生虫和出血性胃肠炎等。

（2）发病机制 以红细胞大量丧失所为特征的贫血。

（3）病理变化

①急性失血性贫血：急性大出血的早期，由于红细胞和血浆损失比例相等，短时间内血液总量减少，但单位容积血液内的红细胞数量和血红蛋白含量正常；失血后数小时至 1~2d 内，血液总量逐渐恢复，单位容积血液内的红细胞数和血红蛋白含量减少；失血后 4~5d，外周血液中出现大量的网织红细胞、多染性红细胞和有核红细胞。急性失血性贫血时，如血液大量丧失，机体来不及代偿，可导致低血容量性休克甚至死亡。

眼观可见所有贫血器官组织苍白，可视黏膜和皮下组织尤为明显。脾萎缩、红髓减少。管状骨骨体中可见红骨髓再生，可将黄骨髓完全替代。

②慢性失血性贫血：在贫血的初期，症状不明显，后期由于反复失血，使铁丧失过多，而致缺铁性贫血，即色素低，红细胞小，大小不均，形态异常。

初期由于失血量少，骨髓造血功能可以代偿，贫血症状不明显。血液中出现网织红细胞、正成红细胞、成红细胞、再生型红细胞。但长期反复失血后，因铁丧失过多，导致缺铁性贫血。外周血液涂片中可见红细胞大小不一、中心淡染区扩大，出现有核红细胞和中、晚红细胞等异形红细胞。由于骨髓造血功能增强，嗜中性粒细胞增多，出现核左移现象；但随着贫血严重，红细胞数量减少，骨髓造血功能出现衰竭，肝、脾和淋巴结内可出现髓外造血灶。

眼观死于慢性失血性贫血的动物，其所有器官和组织均苍白，浆膜、黏膜点状出血，血液稀薄，体腔积水，皮下组织水肿，管状骨骨体中红骨髓再生。

2. 溶血性贫血

溶血性贫血指由于红细胞破坏过多而引起的贫血。

（1）病因和发病机制 引起溶血的因素很多，包括遗传性、免疫性、物理性、化学性和生物性因素等。各种疾病造成红细胞溶解，在体内破坏速度超过了骨髓的代偿能力，引起溶血性贫血。

①遗传性因素：见于遗传性血液病和代谢病，由于致病基因的作用，致使红细胞发育异常，出现某些自身缺陷，从而引起红细胞大量破坏并导致贫血。

②免疫性因素：通过免疫机制使红细胞破坏而发生的贫血，称为免疫性溶血性贫血。

a. 血型抗体所引起的贫血。

　　异型输血：由于血型不同。供血者红细胞可被受血者血浆中的同型天然抗体破坏。在输血量不多时，由于供血者血浆中的天然抗体数量有限或被稀释，一般对受血者红细胞影响不大。

　　新生动物免疫性溶血病：因亲代雌性动物血型与雄性动物不同，新生动物的红细胞与出生后来自母体的抗红细胞抗体发生免疫反应所致，常见于马驹、驴驹、仔猪和犊牛。

　　b. 药物免疫性溶血。许多药物进入机体后，在血浆中与蛋白质或红细胞结合则具有抗原性，刺激机体产生抗体，通过抗原、抗体作用，引起免疫性溶血。如青霉素、链霉素、吲哚美辛、苯妥英钠、奎宁等。

　　c. 自身免疫性溶血。因红细胞抗原性改变或机体免疫识别功能异常，体内产生自身抗体，与自身红细胞发生免疫反应，使红细胞破坏过多而引起的贫血，如系统性红斑狼疮。

　　③物理性因素：高温能使红细胞膜的脂质溶解，破坏细胞膜通透性及变形性；电离辐射能使红细胞膜脆性增加，对红细胞具有破坏作用；血浆低渗可引起红细胞离子平衡异常，致使红细胞膨胀崩解，DIC能使通过微血管的红细胞遭受纤维蛋白网的机械性牵拉，容易造成红细胞损伤，引起微血管病性溶血性贫血。

　　④化学性因素：常见的化学毒物有苯、苯肼、皂苷、胆酸盐、铅、砷、铜和某些药物等。苯和苯肼可直接引起红细胞溶解，还可影响骨髓造血功能；蛇毒含有磷脂酶，能水解红细胞膜或血浆中的卵磷脂；皂苷能与红细胞膜的胆固醇结合，增高细胞膜通透性，水和钠易渗入红细胞内而引起溶血。

　　⑤生物性因素：溶血性链球菌、溶血性梭菌、钩端螺旋体、葡萄球菌、猪瘟、鸡传染性贫血、鸡包涵体肝炎等疾病的病原微生物和焦虫、锥虫、鞭虫、附红细胞体等血液寄生虫均可通过机械性的、毒性的或免疫性的作用，引起红细胞破坏。

　　⑥有毒植物：蓖麻子、栎树叶、金雀枝、毛茛属植物、旋花植物、黑黎芦及野葱等有毒植物能使动物血液发生溶血，但因其适口性差，动物很少过多采食而发生中毒。

　　⑦代谢性疾病：产后血红蛋白尿是高产乳牛常见的一种疾病，发生在产后2～3周，特征为发生贫血和血红蛋白尿，可能与磷含量不足有关。犊牛和青年牛常发生水中毒，导致血液低渗，红细胞水肿、破裂而发生溶血和血红蛋白尿。

　　（2）病理变化　溶血性贫血的动物血液总量一般不减少，但单位体积的红细胞和血红蛋白减少。骨髓造血功能增强。外周血液中网织红细胞明显增多，可见有核红细胞和多染性红细胞。其粪便及尿液中粪胆素、尿胆素均增高，可作为红细胞大量破坏、溶血的一个指征。

急性溶血性贫血时，大量释放血红蛋白，出现血红蛋白尿。溶血性贫血死亡的动物，血液中间接胆红素增多，在心血管内膜、浆膜、黏膜和皮肤等部位呈现明显的溶血性黄疸，有点状出血。红细胞大量崩解，单核-吞噬细胞系统功能增强。实质器官变性。脾肿大，呈青褐色，脾髓网状细胞和脾窦内皮细胞中有大量含铁血黄素沉着。脾、肝和淋巴结出现髓外造血。

3. 营养缺乏性贫血

营养缺乏性贫血指由于造血原料供应不足而引起的贫血。

（1）病因和发病机制　常见于营养不良、消化与吸收障碍或丧失过多等原因所致。

①蛋白质缺乏：蛋白质是合成血红蛋白的重要成分，缺乏时可引起贫血。

②铁缺乏：铁是合成血红蛋白、亚铁血红素的重要成分，缺乏时可引起贫血。

③维生素 B_{12} 和叶酸缺乏：维生素 B_{12} 和叶酸是红细胞成熟因子，可促进红细胞的分裂增殖和成熟。

④铜、钴缺乏：铜可促进血红蛋白的合成和红细胞成熟和释放，还是许多酶的组成成分，直接参与造血过程。钴是维生素 B_{12} 的组成成分，钴缺乏症伴有维生素 B_{12} 合成的下降。

（2）病理变化　一般病程较长，动物消瘦，血液稀薄，血红蛋白含量降低，血色变淡。铁和铜缺乏时，表现为小红细胞低色素性贫血，红细胞平均体积及血红蛋白平均含量均降低，严重时红细胞大小不均并呈异型性。钴和维生素 B_{12} 缺乏时，由于红细胞成熟障碍，表现为大红细胞高色素型贫血，血红蛋白含量比正常高。

4. 再生障碍性贫血

再生障碍性贫血简称再障性贫血，指由于骨髓造血功能障碍使红细胞生成不足而引起的贫血。

（1）病因

①物理性因素：动物机体长期暴露于 α 射线、β 射线、X 射线或放射性同位素的辐射环境，可造成选择性骨髓功能不全。

②化学性因素：已经证明从三氯乙烯抽提的饲料、蕨类植物、50 多种化学药物及常见的苯及其衍生物类化学物质能造成再生障碍性贫血。

③生物性因素：马传染性贫血、牛恶性卡他热、鸡传染性贫血、鸡包涵体性肝炎等病毒性传染病能造成再生障碍性贫血。

④骨髓疾病：各种类型白血病、多发性或转移性骨髓瘤等使骨髓组织破坏

或抑制，不能充分利用造血原料。

(2) 发病机制

①骨髓造血微环境障碍：某些病因引起造血微环境，尤其血液供应障碍，不利于造血细胞生成和分化，可导致骨髓造血功能障碍。

②造血干细胞受损：化学毒物、电离辐射、感染等致病因素引起造血干细胞受损，使骨髓造血功能障碍。

③免疫反应：某些致病因素通过免疫机制引起造血细胞或骨髓微循环破坏，而导致贫血。某些药物、病毒等可与干细胞蛋白质结合形成一种结合蛋白，使细胞膜抗原发生改变，从而被淋巴细胞或抗体所排斥，或者引起微血管结构破坏。

④促红细胞生成素调节障碍：促红细胞生成素减少，影响干细胞分化、幼红细胞增殖和成熟。因促红素生成主要与肾脏有关，故慢性肾功能不全出现的贫血可能与促红细胞生成素不足有关。

(3) 病理变化　外周血液中常出现椭圆形、小瓶形、梨形、心形、哑铃形、桑葚状、棒状等异型红细胞，其数量过多，称为异型红细胞增多症或异型红细胞血症。血液中正常的红细胞和网织红细胞呈进行性减少或消失，红细胞大小不均，同时白细胞、血小板也出现减少，皮肤、黏膜有出血和感染等症状。骨髓造血组织发生脂肪变性和纤维化。红骨髓被黄骨髓取代，血清中铁和铁蛋白含量增高。

5. 贫血对机体的影响

(1) 对代谢的影响

①血液性缺氧：由于贫血，红细胞数量减少，毛细血管内氧扩散压力过低，导致距离较远的组织供氧不足，血液呼吸功能减弱，总的携氧能力降低，输送到组织的氧量减少，结果引起组织缺氧、酸中毒。各器官、组织随之出现细胞萎缩、变性、坏死。

②胆红素代谢：溶血性贫血时，由于红细胞破坏过多，非酯型胆红素过多，超过肝对其处理的能力，可出现黄疸和血红蛋白尿。

③生理性代偿反应：在组织缺氧的情况下，血红蛋白中的氧实际并未完全被释放和利用。身体能通过增加血红蛋白中氧的释放，增加心脏输出量和加速血液循环、血液总量的维持、器官和组织中血流的重新分布、红细胞增多等发挥多种代偿机制以便充分利用血红蛋白中的氧，使组织尽量获得更多的氧气。

(2) 对功能的影响

①循环系统：贫血早期，由于缺氧与物质代谢障碍，使心脏功能增强、心输出量增加。但严重的长期贫血，由于心脏负荷加重，心肌缺氧，可导致心功能不全。

②呼吸系统：贫血时，由于缺氧和酸性代谢产物蓄积，刺激呼吸中枢使呼吸加深、加快；同时组织呼吸酶活性增强，红细胞内 2,3-二磷酸甘油酸含量增高，促使氧合血红蛋白解离加强，增加了组织对氧的摄取能力。

③消化系统：消化功能障碍，主要表现为食欲减退，胃、肠蠕动与分泌功能减弱，消化吸收功能障碍。

④神经系统：贫血时，由于缺氧和酸性代谢产物蓄积，神经系统功能紊乱。严重贫血时，因脑能量生成减少，动物表现精神沉郁，甚至昏迷。

⑤骨髓造血功能：贫血时，由于缺氧刺激促红细胞生成素增多，致使骨髓造血功能增强（再生障碍性贫血除外）。

（二）血管病理

1. 动脉炎

动脉炎指动脉管壁的炎症。根据炎症发生部位可分为动脉内膜炎、动脉中膜炎和动脉周围炎；根据炎症发生的程度可分为急性动脉炎、慢性动脉炎和动脉周围炎。如动脉各层都发生炎症时，称为全动脉炎。

（1）急性动脉炎

①病因：动脉炎常由细菌（如坏死杆菌）、支原体（如丝状支原体）、病毒（如马动脉炎病毒）、免疫复合物沉积以及机械性、物理性和化学性等因素所引起。

②病理变化：

眼观：动脉管壁增厚、变硬，内膜表面粗糙不平，管腔狭窄，有时可见血栓。

镜检：动脉内皮细胞肿胀、变性、脱落，管腔内有血栓形成。内膜与中膜水肿、嗜中性粒细胞浸润、弹性纤维断裂溶解。中膜平滑肌细胞发生变性、坏死。血管充血、出血、水肿、胶原纤维肿胀和炎性细胞浸润。

（2）慢性动脉炎

①病因：动脉炎多由急性动脉炎转变而来。

②病理变化：

眼观：动脉壁增厚、变硬，呈瘤样结节，横切面见管腔狭小，管壁肥厚，内膜粗糙不平，有血栓形成。

镜检：动脉壁固有结构破坏，局部结缔组织明显增生，有一定数量的白细胞浸润，内膜表面可见血栓及机化现象。

（3）动脉周围炎

①病因：周围炎常发生于器官的中、小动脉，尤其在血管分支处。常见于牛、猪、犬、马、绵羊等动物。马传染性贫血、牛恶性卡他热、水貂阿留申病

等传染病的过程中可能是因抗原-抗体复合物沉积所引起的血管变态反应。

②病理变化：

眼观：受侵害的中动脉呈结节状肥厚，横切面血管壁明显增宽，管腔狭窄甚至闭锁。

镜检：早期动脉外膜和中膜水肿，大量嗜中性粒细胞浸润；中膜平滑肌和弹性纤维崩解，呈现纤维蛋白样坏死，动脉壁各层均可见坏死性变化，内皮细胞变性、脱落，管腔内有血栓形成。后期血管壁坏死组织被肉芽组织所取代，可见单核细胞浸润，血管修复性变化导致其呈结节状变粗。

2. 静脉炎

静脉炎指静脉管壁的炎症，可分为急性静脉炎和慢性静脉炎。

（1）急性静脉炎　是败血症感染门户的病变之一，如出生动物脐带感染可引起脐带静脉炎，注射消毒不严格可引起急性静脉炎。当发生败血症时，要注意检查局部炎症发展为全身化的通道。急性静脉炎是病原微生物经血源性播散的重要标志。

①病因：静脉炎多由感染和中毒所引起。

②病理变化：

眼观：管壁炎症部位质地硬实、增厚，内膜粗糙，可见血栓。

镜检：管壁各层水肿，炎性细胞浸润；中膜平滑肌变性、坏死，内皮细胞肿胀、脱落。可见血栓附着。

（2）慢性静脉炎

①病因：静脉炎多由急性静脉炎转变而来，或继发于邻近组织的慢性炎症。

②病理变化：

眼观：血管壁明显增厚、变硬，内膜不平，管腔狭窄。

镜检：静脉壁结构消失，结缔组织大量增生，并有少量淋巴细胞浸润。

（三）心脏病理

1. 心包炎

心包炎指心包脏层（浆膜、心外膜）和壁层发生的炎症。因病变发生于心包脏层而常称为心外膜炎。除牛创伤性心包炎为独立疾病外，大多数心包炎均伴发于巴氏杆菌病、猪丹毒、大肠杆菌病、链球菌病等疾病的病理过程中。

根据心包炎症中渗出物的性质可分为浆液性、纤维蛋白性、出血性、化脓性和混合性心包炎；根据发病原因可分为浆液-纤维蛋白性心包炎和创伤性心包炎。

（1）浆液-纤维蛋白性心包炎　指以大量浆液和纤维蛋白性渗出为特征的

心包炎症。

①病因：由病原微生物所引起，常见于结核病、巴氏杆菌病、牛传染性胸膜炎、猪瘟病毒、链球菌病、气肿疽、牛散发性传染性胸脊髓炎、猪格赛尔氏病等疾病的病程中。

②发病机制：病原微生物通过血液或邻近器官直接蔓延或随淋巴渗透侵入心包引起心包炎。炎症初期渗出物为浆液性，随着疾病的发展，毛细血管损伤严重，导致纤维蛋白原渗出，使渗出物变成浆液-纤维蛋白性或纤维性。营养、天气、过度劳役、受凉等饲养管理不当也可导致机体抵抗力下降，促进心包炎的发生。

③病理变化：

眼观：心包表面血管扩张、充血、水肿、增厚，心包腔内有大量浆液性、浆液性-纤维蛋白性、纤维蛋白性渗出物。浆液性渗出液呈淡黄色，透明的水样物，后因混有脱落的间质细胞和渗出的白细胞而浑浊；浆液性-纤维蛋白性渗出液含有絮状的纤维蛋白团块状物质和大量白细胞及少量红细胞，呈灰黄白色、浑浊。当絮状纤维蛋白渗出较多时，在心包壁层与脏层均覆有白色薄膜状凝固物，因心脏搏动，渗出的纤维蛋白呈绒毛状附着于心外膜表面时，称为"绒毛心"。在慢性疾病过程中，附着于外膜上的纤维蛋白可发生机化，使心包壁层与脏层相互粘连，如心包内大量渗出物发生机化，则心脏表面可见厚层的增生物，形似盔甲，故称"盔甲心"，可见于牛结核性心包炎。

镜检：初期心外膜上有浆液-纤维蛋白性渗出物和一定数量的炎性细胞。心外膜下血管充血、出血，间皮增生、肿胀、变性、脱落；与心外膜相邻的心肌呈现颗粒变性、脂肪变性；间质结缔组织充血、水肿、白细胞浸润等炎性反应。

（2）创伤性心包炎　指由于机械性损伤所引起的心包炎症，多见于牛，偶见于羊。

①病因：饲养管理粗放，在饲料或饲草中混入铁钉、铁丝、玻璃碎片等尖锐物体被动物采食所导致。

②发病机制：牛口腔黏膜角化乳头丰富，对坚硬刺激物的感觉较迟钝，当动物采食尖锐物体时，被吞咽到瘤胃，再进入网胃，当胃蠕动时，可刺破胃壁、横膈进入心包，胃内微生物随异物进入心包而引起创伤性心包炎。

③病理变化：

眼观：心包不同程度增厚、扩张。心包腔内有浆液-纤维蛋白性脓性渗出物，呈污绿色，有恶臭味，含气泡。心外膜覆盖污浊的浆液-纤维蛋白性脓性渗出物，剥离后心外膜浑浊、粗糙、充血、出血。在心包腔的渗出物中、心尖、心脏左侧或右缘常见尖锐的异物。病程较长者可见心包、横膈和网胃发生粘连，其间可能有瘘管形成。

镜检：心外膜被覆由浆液、纤维蛋白、嗜中性粒细胞、巨噬细胞、白细胞、红细胞和脱落的间质等组成的渗出物。心外膜间质细胞消失，外膜下结缔组织水肿、充血、出血、炎性细胞浸润。膜下肌纤维变性，严重时深层肌纤维呈化脓性炎症。

（3）结局及对机体的影响 取决于心包的受损程度、心包腔炎性渗出物的量和对心肌等邻近组织的受损程度。病情较轻时，心包受损轻微、心包腔有少量渗出物时，渗出物可液化、吸收而痊愈。如渗出物较多时，机体不能完全吸收时，因压迫心脏，使心脏舒张受阻，引起静脉回流减少、体循环淤血、组织水肿，渗出物由新生的肉芽组织将其机化导致心包增厚，脏层和壁层发生粘连，心脏活动受限，可引起心脏功能障碍，严重者出现心力衰竭。创伤性心包炎时，尖锐物质损伤心肌，可引起创伤性心肌炎，渗出物腐败分解，可变为腐败性脓肿，继发脓毒败血症；炎症蔓延邻近组织可伴发肺炎、胸膜炎、心肌炎等，可导致动物死亡。

2. 心肌炎

心肌炎指各种原因引起心肌的局部性或弥漫性炎症。原发性心肌炎极少，大多数心肌炎都伴发于某些传染病、代谢病、中毒性疾病、寄生虫病和变态反应性疾病等全身性疾病的过程中。根据发生原因可分为病毒性、细菌性、中毒性、寄生虫性和免疫反应性心肌炎等；根据发生部位和性质可分为实质性、间质性和化脓性心肌炎。

（1）实质性心肌炎 指以心肌纤维的实质性变化为主，间质出现不同程度的渗出和增生的心肌炎症过程。

①病因：常见于急性败血症、细菌性疾病（如巴氏杆菌病、鸡白痢沙门菌病、猪丹毒病、链球菌病等）、病毒性疾病（如恶性口蹄疫、急性型马传染性贫血、犬细小病毒感染、猫传染性腹膜炎、猪脑心肌炎病毒感染等）、中毒性疾病（如砷、磷、有机汞中毒等）及某些代谢性疾病（如硒缺乏症等）。

【2018年执业兽医资格考试真题】犬细小病毒可引起（　　）

A. 心脏肥大　　　　　B. 心肌缺血　　　　　C. 实质性心肌炎
D. 化脓性心肌炎　　　E. 间质性心肌炎

②发病机制：各种细菌或病毒等致病因素具有亲心肌的特性，可直接破坏心肌细胞，也可通过细胞免疫反应间接损害心肌，从而引起实质性心肌炎。

③病理变化：

眼观：心肌颜色变淡，质地松软，无光泽。心腔扩张，右心室尤其明显。心内膜和心外膜炎症病变部位呈局灶性灰黄色或黄白色的斑块状或条纹状，散在于黄红色的心肌组织中，排列呈环层状，其外观类似虎皮的斑纹，称为"虎斑心"。

【2013 年执业兽医资格考试真题】仔猪发生口蹄疫时，心脏常常呈现"虎斑心"外观，镜下见心肌细胞脂肪变性，肌纤维断裂崩解，间质中见淋巴细胞、巨噬细胞等浸润。此病变为（ ）

  A. 化脓性心肌炎 B. 间质性心肌炎 C. 实质性心肌炎
  D. 中毒性心肌炎 E. 免疫反应性心肌炎

【2019 年执业兽医资格考试真题】犬细小病毒导致的心肌出血病变称为（ ）

  A. 心肌炎 B. 心内膜炎 C. 心包炎
  D. 绒毛心 E. 虎斑心

镜检：炎症较轻微时心肌纤维呈颗粒变性和脂肪变性；严重者可见水泡变性和蜡样坏死，心肌纤维断裂、崩解，时间较长者坏死的心肌内有钙盐沉着，肌浆变成均质红色玻璃样物。在坏死的心肌间质可见纤维蛋白样坏死、充血、水肿及炎性细胞浸润，成纤维细胞增生比较轻微，但随着病程发展可见纤维结缔组织明显增生、肌纤维细胞增多。猫传染性腹膜炎伴发的心肌炎时，可形成肉芽肿；犬细小病毒感染伴发的心肌炎时，心肌纤维肿大、变性，核内可见包涵体。

（2）间质性心肌炎 指以心肌间质出现渗出和增生性变化为主，心肌纤维的实质性变化较轻微的心肌炎症过程。间质性心肌炎可为原发性，但大多数是由实质性心肌炎转化来的，一般呈慢性经过。

①病因：常见于某些寄生虫感染（如弓形虫、肉孢子虫、旋毛虫、猪囊尾蚴、猪浆膜丝虫等）和变态反应（如风湿病、布鲁氏菌病、药物过敏、结节性多动脉炎、犬系统性红斑狼疮等）。

【2018 年执业兽医资格考试真题】猪肉孢子虫可引起（ ）

  A. 心脏肥大 B. 心肌缺血 C. 实质性心肌炎
  D. 化脓性心肌炎 E. 间质性心肌炎

②发病机制：寄生虫感染主要是细胞内寄生虫，在中间宿主骨骼肌和心肌寄生的虫体呈包囊结构，称为米氏囊，完整的包囊不会引起炎症反应，当包囊变性或破坏时，由包囊内释放肉孢囊素，引起心肌纤维变性、坏死、断裂、崩解，间质出现炎性细胞浸润，导致间质性心肌炎。某些病原微生物感染等引起的变态反应所导致的间质性心肌炎，与机体先前致敏有关。

③病理变化：

眼观：与实质性心肌炎类似，不易区分。但间质性心肌炎的心肌中常有灰白色条纹，心肌硬度增加。

镜检：间质可见明显的充血、出血和浆液性渗出，间质增生并有大量炎性细胞浸润。肌纤维局灶性变性、坏死。慢性疾病过程时，心肌纤维萎缩、变性、坏死甚至消失，大量结缔组织细胞增生以至纤维化。变态反应性心肌炎时，肌间小血管呈纤维素样坏死，周边有较多嗜酸性粒细胞浸润。

（3）化脓性心肌炎 指以大量嗜中性粒细胞渗出和脓液形成为特征的心肌炎症过程。

①病因：由葡萄球菌、链球菌等化脓性细菌继发感染所致。

【2018年执业兽医资格考试真题】猪链球菌可引起（　　）
A. 心脏肥大　　　　　B. 心肌缺血　　　　　C. 实质性心肌炎
D. 化脓性心肌炎　　　E. 间质性心肌炎

②发病机制：其他部位的化脓菌随血流到达到心脏，形成化脓性栓塞，引起心肌化脓性炎症；也可由牛创伤性网胃心包炎、溃疡性心内膜炎、化脓性心外膜炎等直接蔓延所致；肋骨骨折损伤心脏后继发感染也可引起化脓性心肌炎。

【2013年执业兽医资格考试真题】牛创伤性网胃心包炎时，引起心肌发炎，眼观心脏表面有大小不一的化脓汁，心肌上坏死、液化和大量嗜中性粒细胞碎片，病灶周围血管扩张、充血、大量反应带。此病变为（　　）
A. 化脓性心肌炎　　　B. 间质性心肌炎　　　C. 实质性心肌炎
D. 中毒性心肌炎　　　E. 免疫反应性心肌炎

③病理变化：

眼观：心肌内有大小不等、数量不一的化脓灶。新鲜的化脓灶周围有充血、出血性炎症反应带。陈旧化脓灶外周有结缔组织形成的包囊。化脓灶内的脓液呈灰白色、灰绿色或灰黄色。

镜检：初期可见栓塞部血管有出血性浸润、化脓性渗出，周围充血、出血和嗜中性粒细胞浸润。化脓灶邻近心肌纤维变性、坏死、溶解，并形成脓液。慢性化脓时，化脓灶周围形成结缔组织包囊。

【2018年执业兽医资格考试真题】化脓性心肌炎时渗出的炎性细胞主要是（　　）
A. 嗜酸性粒细胞　　　B. 嗜中性粒细胞　　　C. 淋巴细胞
D. 浆细胞　　　　　　E. 单核细胞

（4）结局及对机体的影响 非化脓性心肌炎时，受损心肌纤维由邻近的结缔组织增生而机化，呈白色条纹或斑点状瘢痕，心肌收缩力减弱，可引起心脏功能不全。化脓性心肌炎时，随着病程发展，常以钙化、包囊形成和纤维化为结局，如脓肿向心脏内破溃，脓汁和细菌可混入血液，在血液内繁殖、生长并随血流输送至全身，形成转移性化脓灶，严重者引起脓毒性败血症。

心肌炎时，心脏自主性、兴奋性、传导性和收缩性均发生障碍，表现为心脏节律紊乱，初期为代偿阶段，由于心脏感受器受刺激而兴奋，心率加快，血压升高，心音亢进；随后心肌变性、坏死，使肌源性心脏扩张，心肌收缩力减弱，血液循环障碍，此时由于冠状动脉循环血流量减少，导致心脏功能减弱，出现心力衰竭，患病动物常因心肌麻痹而死亡。

3. 心内膜炎

心内膜炎指发生于心内膜的炎症。根据炎症发生部位可分为瓣膜性、心壁性、腱索性和乳头肌性心内膜炎，其中瓣膜性心内膜炎最常见；根据心内膜炎的病变特点可分为疣性心内膜炎和溃疡性心内膜炎。

（1）疣性心内膜炎　又称为单纯性心内膜炎，指心瓣膜轻微损伤和出现疣状赘生物为特征的心内膜炎症。

①病因：常见于细菌感染，如链球菌、肠球菌等，并伴发于慢性猪丹毒等疾病过程中。

②发病机制：其发生机制是免疫性损伤，当感染细菌后，菌体蛋白与瓣膜内皮下胶原纤维的黏多糖结合，形成复合性抗原，刺激机体产生相应的抗体，通过抗原-抗体反应，并激活补体，引起局部损伤。组织损伤表现为心内膜和瓣膜内皮下水肿，胶原纤维肿胀、断裂或崩解，内皮细胞肿胀、变性、坏死、脱落，局部形成血栓，即疣性心内膜炎的早期赘生物，常出现于二尖瓣的心房面和主动脉半月瓣的心室面及瓣膜邻近的心内膜上，可能与瓣膜不停运动、功能负荷大、游离缘心室面易损伤等有关。当病程较长时，从瓣膜基部长出肉芽组织将血栓完全机化，即形成血栓机化性赘生物。

③病理变化：

眼观：心瓣膜增厚，无光泽，附着黄白色、细颗粒样赘生物，直径约1mm，易于剥离。随炎症发展，疣状赘生物不断增大，后期由于结缔组织增生，赘生物变硬，呈灰白色，与瓣膜紧密相连，不易剥离。

镜检：早期赘生物是由血小板和少量纤维蛋白构成的白色血栓，附着在心瓣膜上。炎症局部的内皮细胞变性或脱落，内皮下结缔组织水肿，细胞变圆，白细胞浸润，胶原纤维呈纤维蛋白样坏死。瓣膜深层组织未见严重损失。后期赘生物下可见成纤维细胞和毛细血管增生，由于肉芽组织的形成，血栓被结缔组织取代而机化。

【2016年执业兽医资格考试真题】剖检病死猪，见心脏三尖瓣上附着有淡黄色、干燥、坚实、表面粗糙的灰白色菜花状赘生物。

①引起此病变的主要病原是（　　）

A. 毒力较弱的病毒　　B. 毒力较强的病毒　　C. 毒力较弱的细菌

D. 毒力较强的细菌　　E. 寄生虫

②组织切片检查，渗出的主要炎性细胞是（　　）

A. 淋巴细胞 B. 嗜中性粒细胞 C. 嗜酸性粒细胞
D. 嗜碱性粒细胞 E. 上皮样细胞
③该赘生物脱落形成栓子，最可能栓塞的器官是（ ）
A. 肝 B. 脾 C. 肺
D. 脑 E. 肾

（2）溃疡性心内膜炎 又称为败血性心内膜炎，指心瓣膜受损严重、炎症侵入瓣膜深层并发生明显坏死、出现溃疡灶病变为特征的炎症。

①病因：常见于病毒性较强的化脓菌感染，如金黄色葡萄球菌、溶血性链球菌、化脓棒状杆菌等。

②发病机制：当强毒性化脓性细菌感染机体后引起脓毒败血症，或心脏邻近组织发生化脓性炎症时，可直接侵袭心瓣膜，损伤心瓣膜内皮细胞而导致炎症，由于血流的冲击发生脱落或脓性溶解，而出现导致溃疡性损伤。此外，在疣性心内膜炎发展过程中，瓣膜继发细菌感染，也可引发溃疡性心内膜炎。当瓣膜坏死向深层发展，可引起瓣膜穿孔或破裂，进而损伤腱索和乳头肌。

③病理变化：

眼观：初期在心瓣膜上可见混浊的淡黄色小斑点，斑点逐步扩大并相互融合，形成表面粗糙、干燥、坚实的坏死灶，由于坏死症剥离或化脓溶解，坏死物脱落形成溃疡灶。在溃疡面上覆有污秽的黄色凝结物，溃疡灶周围有出血和炎性反应。肉芽组织增生时，溃疡灶边缘部隆起。

镜检：心内膜坏死，瓣膜固有结构消失，呈均匀粉红色。坏死灶周边大量嗜中性粒细胞浸润和肉芽组织形成。瓣膜表面有纤维蛋白、崩解的细胞和菌落构成的血栓凝块。

（3）结局及对机体的影响

①瓣膜口关闭不全或狭窄：心内膜炎发生后，由于结缔组织增生及瘢痕形成，可引起瓣膜的严重变形和腱索增粗缩短，使心瓣膜口关闭不全或狭窄。当发生瓣膜穿孔或腱索断裂时，可引起急性瓣膜功能不全。当动物出现瓣膜关闭不全如二尖瓣关闭不全时，在心收缩期左心室部分血液返流到左心房内，加上接纳肺静脉的血液，左心房血容量较正常增多，时间较长者出现左心房代偿性肥大。在心舒张期，左心房内大量血液涌入左心室，使左心室发生代偿性肥大。当动物出现瓣膜口狭窄如二尖瓣狭窄时，早期心脏舒张期从左心房流入左心室的血流受阻，舒张末期仍有部分血液滞留在左心房内，加上由肺静脉回流的血液，可引起左心房代偿性扩张，严重者出现左心房代偿性肥大。后期左心房滞留的血液增多，心房肌收缩不断加强，时间较长者发生左心房代偿失调，左心房明显扩张，血液淤积，肺静脉回流受阻，导致肺淤血、肺水肿或出血。左心室和左心房均可发生代偿性失调（左心衰竭），依次出现肺淤血、肺动脉

高压、右心室和右心房代偿性肥大、右心衰竭和大循环淤血。

②细菌全身化及细菌性栓子：瓣膜或内膜上的细菌菌落由于血流的冲击，脱落入血，出现血道转移；或堵塞血管形成细菌性栓子，从而导致梗死形成。

（四）骨髓炎

骨髓炎指骨髓的炎症，多由感染或中毒引起。根据病程经过不同可分为急性骨髓炎和慢性骨髓炎两种。

1. 急性骨髓炎

急性骨髓炎根据其病变性质可分为急性化脓性和急性非化脓性骨髓炎两种。

（1）急性化脓性骨髓炎

①病因：急性化脓性骨髓炎由化脓性细菌感染所致。感染路径有血源性的，如体内某处化脓性炎灶中的化脓菌经血液转移至骨髓；有局部化脓性炎（如化脓性骨膜炎）的蔓延；也有骨折损伤所引起的直接感染。

②病理变化：化脓性骨髓炎时，在干骺端或骨干的骨髓内可见脓肿的形成，局部骨髓固有组织坏死、溶解。随着脓肿的扩大，化脓过程可波及整个骨髓及骨组织。骨髓的化脓性炎可侵蚀骨干的骨密质到达骨膜下，引起骨膜下脓肿。由于骨膜剥离骨质，骨质失去来自骨膜的血液供给而发生坏死，被剥离的骨膜因刺激作用发生成骨细胞增生，形成一层新骨，新骨逐渐增厚，形成骨壳或包壳包围部分或整个骨干，包壳通常有许多穿孔，称为骨瘘孔，并经常从孔内向外排脓。化脓性骨髓炎也可经骨骺端侵入关节，引起化脓性关节炎。如果大量化脓菌进入血液，可导致脓毒败血症。

（2）急性非化脓性骨髓炎 是以骨髓各系血细胞变性、坏死、发育障碍为主要表现的急性骨髓炎。

①病因：常见于病毒感染（如马传染性贫血病毒、鸡传染性贫血病毒）、中毒（如苯、蕨类植物中毒）和辐射损伤。

②病理变化：

眼观：病变不尽相同，一般可见红骨髓色变淡，并变成黄红色，或红骨髓岛屿状散在于黄骨髓中，有的可见长骨的红髓质地稀软，呈红色污浊。

镜检：骨髓细胞成分减少，各系细胞变性、坏死、崩解，各系发育后期的中、晚、幼细胞成分明显减少，并有浆液、炎性细胞渗出，小血管内皮细胞肿胀、变性。

2. 慢性骨髓炎

慢性骨髓炎通常由急性骨髓炎转变而来，可分为慢性化脓性骨髓炎和慢性非化脓性骨髓炎。

(1) 慢性化脓性骨髓炎　是由急性化脓性骨髓炎因治疗不当而迁延不愈所转变来的慢性炎症过程，其特征为脓肿形成，结缔组织和骨组织增生。脓肿周围肉芽组织增生形成包囊并发生纤维化，其周围骨质常硬化成壳状，形成封闭性脓肿。有的脓肿可侵蚀骨质及其相邻组织，形成向外开口的脓性窦道，不断排出脓性渗出物，长期不愈，窦道周围肉芽组织明显增生并纤维化。骨膜下形成的脓肿可导致骨坏死、病理性骨折。

(2) 慢性非化脓性骨髓炎

①病因：常见于马传染性贫血、单核巨噬细胞系统增殖病、J-亚型白血病、慢性中毒等。

②病理变化：

眼观：红骨髓逐渐变成黄骨髓，甚至变成灰白色，质地变硬。

镜检：骨髓各系细胞不同程度的变性、坏死消失，淋巴细胞、单核细胞、成纤维细胞增生，实质细胞被脂肪组织取代。

单核-吞噬细胞系统增殖病见网状细胞灶状或弥漫性增生，J-亚型白血病时以髓细胞增生为主。当机体遭受细菌、病毒、真菌、寄生虫及过敏原的侵害时，可见嗜中性粒细胞或嗜酸性粒细胞系的骨髓组织增殖。

子项目五　免疫系统病理

项目目标

1. 掌握脾炎的概念、分类、病因、病理变化和结局。
2. 掌握淋巴结炎的概念、分类、病因、病理变化和结局。
3. 掌握法氏囊炎的概念、分类、病因和病理变化。

知识准备

（一）脾炎

脾炎指脾脏的炎症。多伴发于各种传染病、血液原虫病和其他疾病。由于脾是参与免疫反应的重要外周器官，又是血液循环通路中的滤过器官，在吞噬、处理和清除血液病原体的过程中，易受到刺激和损伤，从而引起炎症。

根据病程和病变特征脾炎可分为急性脾炎、坏死性脾炎、化脓性脾炎和慢性脾炎。

1. 急性脾炎

急性脾炎指伴有脾明显肿大的急性炎症。急性脾炎是由炎性充血、淤血、炎性渗出、脾实质细胞和支持组织的变性、坏死所引起的。

（1）病因　常见于牛和羊炭疽、猪急性链球菌病、急性猪丹毒、马传染性贫血、急性副伤寒等败血型疾病，又称为败血脾；也可见于马和牛焦虫病、猪弓形虫病等急性血液原虫病。

【2009年执业兽医资格考试真题】发生急性猪丹毒时，脾脏的病变是（　　）

A. 急性脾炎　　　　B. 慢性脾炎　　　　C. 化脓性脾炎
D. 坏死性脾炎　　　E. 出血性梗死

（2）病理变化

①眼观：脾肿大2~10倍，被膜紧张，边缘钝圆，质地柔软，切开时流出血样液体，切面隆起并富有血液，明显肿大时犹如血肿，呈暗红或黑红色。固有结构不清，脾髓质软，用刀轻刮切面，可刮下大量富含血液而软化的糊状脾髓。严重时脾髓呈粥样或煤焦油样，可从切面流出。

②镜检：脾髓充满大量血液，红细胞多溶解，散在嗜中性粒细胞，并有浆液性水肿和大量棕色色素。脾实质细胞弥漫性坏死、崩解，数量明显减少。白髓体积缩小，甚至完全消失，仅在中央动脉周围残留少量淋巴细胞；红髓中固有细胞成分大大减少，在小梁和被膜附近可见一些零散的淋巴细胞。坏死灶内结构疏松，可见渗出的浆液、嗜中性粒细胞和坏死崩解的实质细胞混杂在一起，被膜和小梁中的平滑肌变性、坏死，纤维细胞肿胀、溶解。

（3）结局　急性脾炎在病因消除、原发病痊愈后，充血可以减轻至消失，坏死组织及渗出物可被吸收，脾结构和功能可以恢复。但部分严重病例或动物机体衰弱者可发生脾萎缩，被膜与小梁因结缔组织增生而增厚、变粗。

2. 坏死性脾炎

坏死性脾炎指脾实质坏死明显而体积不肿大的脾炎。

（1）病因　常见于巴氏杆菌病、猪瘟、猪伪狂犬病、鸡新城疫、禽霍乱、鸡传染性法氏囊病、结核病、弓形虫病及牛坏死杆菌病等急性传染病。

（2）病理变化

①眼观：脾体积稍大或不肿大，切面有大小不一的灰白色坏死灶。猪瘟感染时可见脾脏边缘有出血性梗死。

②镜检：实质细胞坏死特别明显，白髓和红髓中均可见散在的坏死灶，其中多数淋巴细胞和网状细胞变性、坏死，胞核破裂、溶解，胞浆肿胀、崩解。坏死灶内可见浆液渗出和嗜中性粒细胞浸润，有些粒细胞发生核破碎。脾含血量无明显增加，故脾体积一般不肿大，增生过程很明显。被膜与小梁可见变质

性变化。

鸡新城疫和禽霍乱引起的鸡坏死性脾炎时，坏死灶主要可见鞘动脉周围的网状细胞，可扩大波及周围淋巴组织，并伴有浆液和纤维素渗出，严重病例可见坏死的鞘动脉管壁与其周围坏死灶及渗出物融合在一起。

猪瘟引起的坏死性脾炎时，因血管壁破坏，在坏死的基础上还有明显的出血变化，部分被出血所覆盖。

（3）结局　坏死性脾炎的病因消除后，炎症过程可消散，随着坏死物和渗出物的吸收，淋巴细胞和网状细胞再生，脾结构和功能可完全恢复。在部分慢性病例，当脾实质和支持组织损伤严重时，脾可出现增生纤维化，小梁和被膜增厚。

3. 化脓性脾炎

化脓性脾炎指伴有组织脓性溶解的脾炎。

（1）病因　主要是由于其他部位化脓灶中的化脓菌经血源性传播所致，在脾脏形成大小不等的化脓灶。

（2）病理变化

①眼观：脾可见大小不一的化脓灶。

②镜检：初期脾组织可见嗜中性粒细胞聚集、浸润，然后发生变性、坏死、崩解，局部组织坏死而形成脓汁。后期化脓灶周围常有结缔组织增生，并有包囊形成，淋巴组织也可见坏死，并形成脓液。

4. 慢性脾炎

慢性脾炎指伴有脾脏肿大的慢性增生性炎症。

（1）病因　常见于结核病、鼻疽、布鲁氏杆菌病、副伤寒、马传染性贫血以及牛的传染性胸膜肺炎等亚急性或慢性传染病，也可见于焦虫病、锥虫病等寄生虫疾病。

（2）病理变化

①眼观：脾轻度肿大 1~2 倍，被膜增厚，边缘稍钝圆，质地硬实，切面平整或稍隆突，呈暗红，可见灰白色增大的颗粒状淋巴小结。结核病、鼻疽时还可见结核结节、鼻疽结节。

②镜检：淋巴细胞和网状细胞不同程度的增生，被膜和小梁结缔组织明显增生。

亚急性马传贫慢性脾炎时，脾脏淋巴细胞增生特别明显，淋巴小结明显增多，排列紧密；鸡结核性脾炎时脾巨噬细胞明显增多，上皮样细胞和多核巨细胞形成特殊的肉芽肿，外围淋巴细胞增多，结缔组织增生；布氏杆菌病慢性脾炎时可见淋巴细胞增生，淋巴小结可见巨噬细胞增多，上皮样细胞结节和普通结缔组织增生。

(3) 结局　发生慢性脾炎时成纤维细胞增生，严重时可使脾纤维化。脾受损较轻时，对机体影响较小；若严重受损，则可影响机体免疫功能，引起免疫抑制。

（二）淋巴结炎

淋巴结炎指淋巴结的炎症。根据炎症发生的部位可分为局部性淋巴结炎和全身性淋巴结炎，局部性淋巴结炎常见于局部皮肤、黏膜或某一器官出现病变时；全身性淋巴结炎常见于炭疽、猪瘟、猪丹毒等败血症。根据炎症的发展过程，可分为急性淋巴结炎和慢性淋巴结炎。

1. 急性淋巴结炎

急性淋巴结炎指以变质和渗出为主要表现的淋巴结炎。根据病变特点可分为浆液性、出血性、坏死性和化脓性淋巴结炎。

（1）浆液性淋巴结炎　指以充血和浆液渗出为主要表现的急性淋巴结炎，又称为单纯性淋巴结炎，是最常见的一种淋巴结炎症。

①病因：常发生于急性传染病的初期，尤其是附近某组织有急性淋巴结的炎症。

②病理变化：

眼观：淋巴结体积肿大，被膜紧张，质地柔软，色鲜红或紫红；切面隆起，颜色潮红，湿润多汁。

镜检：淋巴组织内的毛细血管和被膜扩张、充血。淋巴窦扩张，网状细胞肿大、增生、脱落，窦内有浆液和大量的巨噬细胞（窦卡他），还可见嗜中性粒细胞及红细胞。其中有的巨噬细胞胞浆内有吞噬的病原微生物、组织细胞碎片和红细胞，有的巨噬细胞出现变性和坏死。淋巴小结和髓在炎症早期的变化不明显，后期可能出现变性、坏死和增生。输出淋巴管扩张，淋巴或浆液充盈，细胞成分增多。

淋巴结窦卡他是单纯性淋巴结炎中常见的变化，表现为淋巴窦内有大量网状细胞增生、脱落以及组织内巨噬细胞游离出来，使大量巨噬细胞积聚和浆液集聚的现象。

③结局：浆液性淋巴结炎是急性淋巴结炎的早期表现，一般损伤较轻，病因消除后，炎症逐渐减退，通过再生直至完全恢复。如进一步发展可转变为出血性、坏死性或慢性淋巴结炎。

（2）出血性淋巴结炎　指伴有严重出血的单纯性淋巴结炎。

①病因：常见于炭疽、猪瘟、巴氏杆菌病、猪急性链球菌病与传染性胸膜肺炎等出血败血性传染病，也见于牛泰勒虫病等急性原虫病。

【2016年执业兽医资格考试真题】急性猪瘟患病猪淋巴结的主要病变

是（　　）

　　A. 浆液性淋巴结炎　　B. *出血性淋巴结炎*　　C. 化脓性淋巴结炎
　　D. 坏死性淋巴结炎　　E. 增生性淋巴结炎

②病理变化：

眼观：淋巴结肿大，呈暗红色或黑红色；被膜紧张，质地稍硬实；切面隆起、湿润，并含大量血液；出血轻者，淋巴结外层潮红、散在少许出血点；中等程度出血时，被膜下和沿小梁出血呈黑红色条斑，使淋巴结切面呈大理石样外观；严重出血者，淋巴结因被血液充斥，似血肿样。

镜检：出血部位的淋巴窦内聚集大量红细胞，实质中也有出血。还可见浆液渗出、炎性细胞、淋巴细胞坏死。

【2017年执业兽医资格考试真题】剖检猪瘟病死猪，见淋巴结肿大，周边呈暗红色或黑红色，切面隆突，湿润，呈"大理石"样外观。此病变为（　　）

　　A. 浆液性淋巴结炎　　B. *出血性淋巴结炎*　　C. 化脓性淋巴结炎
　　D. 坏死性淋巴结炎　　E. 增生性淋巴结炎

③结局：出血性淋巴结炎的结局与其实质损伤程度和出血量有关。实质损伤较轻且出血量不多时，炎症在病因消除后可消散，漏出的血细胞可被吞噬、溶解，局部有含铁血黄素沉着，组织缺损经再生而修复。当出血量大而实质损伤较重时，常转变为坏死性淋巴结炎。

（3）坏死性淋巴结炎　指伴有实质组织发生明显坏死的淋巴结炎。多由前两种炎症基础上发展而来。

①病因：见于坏死杆菌病、炭疽、牛泰勒焦虫、猪副伤寒和猪的弓形体病。

②病理变化：

眼观：淋巴结肿大，呈灰红色或暗红色，切面湿润、隆起，有大小不一的灰黄色或砖红色坏死灶，周围组织充血、出血，被膜及周围组织成胶样浸润。

镜检：淋巴组织固有结构破坏，淋巴细胞坏死、崩解，可见大小不一的坏死灶，坏死灶周围血管扩张、充血、出血及嗜中性粒细胞和巨噬细胞浸润，当弓形虫病或泰勒焦虫病感染时，巨噬细胞浆内可见原虫体，淋巴窦扩张，并有大量的巨噬细胞、红细胞、白细胞和组织崩解产物，被膜和小梁水肿，白细胞浸润。

③结局：坏死性淋巴结炎的结局取决于病变程度、病灶的大小、机体抵抗力和有无继发感染。当坏死灶较小、机体抵抗力强时，可完全恢复；当坏死灶较大时，可发生机化或包囊形成；当继发感染时可转变为化脓性淋巴结炎。

（4）化脓性淋巴结炎　指伴有脓性溶解的淋巴结炎。

①病因：由化脓菌感染所致，常见于马腺疫、牛放线菌病和猪链球菌病的

下颌淋巴结，也发生于组织、器官化脓性炎症时的局部淋巴结。

【2016年执业兽医资格考试真题】牛放线菌病下颌淋巴结的病变是（　　）

  A. 浆液性淋巴结炎　　B. 出血性淋巴结炎　　C. 化脓性淋巴结炎

  D. 坏死性淋巴结炎　　E. 增生性淋巴结炎

②病理变化：

眼观：淋巴结肿大，呈灰黄色，表面和切面可见大小不一的脓肿，周围有充血、出血。严重时淋巴结内充满灰黄色或灰绿色脓液，形成结缔组织膜包裹的脓肿，后期脓液干涸。

镜检：炎症初期，淋巴结的固有结构消失，组织溶解坏死，淋巴窦内聚集浆液和大量嗜中性粒细胞，核碎裂、崩解，窦壁细胞增生、肿大，进而嗜中性粒细胞聚集、变性、崩解，局部组织溶解形成脓液。时间较长者，可见化脓灶周围有纤维组织增生，并形成包囊。

【2017年执业兽医资格考试真题】马腺疫病马颌下淋巴结肿胀，有波动，局部皮肤变薄，后自行破溃，流出大量黄白色黏稠液体。此病变为（　　）

  A. 浆液性淋巴结炎　　B. 出血性淋巴结炎　　C. 坏死性淋巴结炎

  D. 化脓性淋巴结炎　　E. 增生性淋巴结炎

③结局：化脓性淋巴结炎的结局取决于化脓菌的种类、性质、组织损伤程度。早期病灶，渗出物可被吸收而恢复；小脓灶可被机化；大化脓灶在被包囊形成后，脓液逐渐干涸变成干酪样物质，进而发生钙化；体表淋巴结的脓肿，可形成窦道并破溃向体外排脓，排脓创口可以修复。

2. 慢性淋巴结炎

慢性淋巴结炎又称增生性淋巴结炎，指病因反复或持续作用引起的以细胞和结缔组织增生为主的淋巴结炎。

（1）病因　常见于布鲁氏菌病、副结核病、马传染性贫血等慢性传染病；也可由急性炎症转变而发生。

【2016年执业兽医资格考试真题】副结核病患牛淋巴结的主要病变为（　　）

  A. 浆液性淋巴结炎　　B. 出血性淋巴结炎　　C. 化脓性淋巴结炎

  D. 坏死性淋巴结炎　　E. 增生性淋巴结炎

（2）病理变化

①眼观：淋巴结肿大，质地变硬，切面灰白色、致密，皮质部和髓质部界限不清，有髓样肿胀之称，呈细颗粒状。肉芽肿性淋巴结炎，切面可见灰白色结节状病灶，结节中心常发生干酪样坏死或钙化。纤维素性淋巴结炎，淋巴结常缩小，质地坚硬，切面可见增生的结缔组织和网状纤维呈不规则交错，淋巴

结固有结构消失。

②镜检：组织内以淋巴细胞增生为主，淋巴小结数目增多、体积增大，具有明显的生发中心。皮质、髓质间分界不清，淋巴窦内充满增生的淋巴细胞，淋巴细胞弥漫地分布于整个淋巴。淋巴细胞间巨噬细胞和浆细胞不同程度的增生，充血和渗出现象不明显。结核病、马鼻疽、布鲁氏杆菌病和副结核病时的慢性淋巴结炎及真菌性淋巴结炎，在淋巴细胞增生的同时，可见上皮样细胞和朗汉斯巨细胞增生，形成典型的特殊肉芽肿结节，其中心常形成干酪样坏死灶和钙化。真菌性淋巴结炎时可见真菌菌丝和孢子。

【2017年执业兽医资格考试真题】剖检一副结核病死牛，见淋巴结肿大，呈灰白色髓样外观，质地稍硬实。此病变为（　　）

A. 浆液性淋巴结炎　　B. 出血性淋巴结炎　　C. 化脓性淋巴结炎
D. 坏死性淋巴结炎　　E. 增生性淋巴结炎

（3）结局　慢性淋巴结炎持续时间较长，以后随病因消除，增生过程停止，淋巴细胞数量逐渐减少，网状纤维胶原化。淋巴结功能减弱甚至消失。上皮样细胞增生的淋巴结炎，在病原菌清除后，上皮样细胞可转变为成纤维细胞，从而使淋巴结内结缔组织成分增多，实质成分减少，发生纤维化。

（三）法氏囊炎

法氏囊炎指由病原微生物引起的法氏囊的炎症。根据病变性质可分为卡他性炎、出血性炎及坏死性炎。

1. 病因

法氏囊炎常见于鸡传染性法式囊病、新城疫、禽流感及禽隐孢子虫感染等传染性疾病。

2. 病理变化

（1）眼观　法式囊周围常见淡黄色胶冻样水肿，法式囊肿大，质地变硬，潮红或呈紫红色似血肿。切开法式囊，腔内有灰白色黏液、血液或干酪样坏死物，黏膜肿胀、充血、出血，可见灰白色的坏死点。后期法式囊萎缩，壁变薄，黏膜皱褶消失，色变暗，无光泽，腔内可见灰白色或紫黑色干酪样坏死物。

（2）镜检　法式囊淋巴滤泡内实质细胞发生不同程度的变性、坏死，可见许多崩解破碎的细胞核，有的滤泡充满浆液或出血，滤泡间充血、出血、炎性细胞浸润。后期常见间质结缔组织增生，淋巴滤泡萎缩，严重时法式囊的淋巴组织被结缔组织取代而发生纤维化。

子项目六　神经系统病理

项目目标

1. 了解神经组织炎症的主要表现。
2. 掌握脑炎的概念、分类及其病因、发病机制和病理变化。
3. 掌握脑软化的概念、病因和病理变化。
4. 掌握神经炎的概念、发病机制和病理变化。

知识准备

（一）脑炎

脑炎指发生在脑实质的炎症。根据病程可分为急性脑炎和慢性脑炎两种；根据病因分为病毒性脑炎、细菌性脑炎、寄生虫性脑炎和中毒性脑炎等；根据炎症的性质可分为化脓性脑炎、非化脓性脑炎、嗜酸性粒细胞性脑炎和变态反应性脑炎。

1. 化脓性脑炎

化脓性脑炎指脑组织内由于化脓菌感染所引起的有大量嗜中性粒细胞渗出，并伴有局部组织的液化性坏死和形成脓汁为特征的炎症过程。当脊髓内出现化脓灶时，称为化脓性脊髓炎；当脑和脊髓实质内同时出现化脓性病变时，称为化脓性脑脊髓炎；当脑和脊髓的感染灶波及脑膜或由脑膜波及脑脊髓的化脓性炎时，称为化脓性脑膜脑脊髓炎。

（1）病因和发病机制　凡能引起化脓性炎症的所有病原微生物均可导致化脓性脑炎，主要是细菌，常见的有葡萄球菌、链球菌、棒状杆菌、巴氏杆菌、嗜血杆菌、大肠杆菌及李氏杆菌等。化脓菌侵入中枢神经系统的途径主要有血源性和组织源性两种。

血源性感染可发生在脑的任何部位，但下丘脑和灰、白质交界处的大脑皮质最为易感。常见于细菌性心内膜炎、牛化脓性棒状杆菌、链球菌感染、绵羊败血性巴氏杆菌病、绵羊嗜血杆菌、鸡葡萄球菌感染和大肠杆菌感染等。

组织源性感染主要发生在脑的附近组织，筛窦和内耳是最常见部位，其次是垂体窝、额窦及鼻窦等处组织的严重损伤和化脓性炎时，可直接蔓延引起化脓性脑炎。

（2）病理变化

①眼观：病变由于病因不同而稍有差异。脑组织中有灰黄色或灰白色小化

脓灶，其周围有一薄层囊壁包膜，内为脓汁，按压感柔软，波动感，大小不等。

②镜检：病变初期血管周围或脑软化灶内有大量嗜中性粒细胞，边缘不清楚，周围脑组织充血、水肿和嗜中性粒细胞渗出。神经组织局灶性坏死崩解，形成小化脓灶。随后巨噬细胞和小胶质细胞增生，脓肿周围的神经组织出现变性，血管周围嗜中性粒细胞和淋巴细胞浸润，并形成套管。

【2018年执业兽医资格考试真题】链球菌病猪，脑组织病灶渗出主要炎性细胞（ ）

A. 嗜中性粒细胞　　　B. 淋巴细胞　　　　C. 嗜酸性细胞
D. 嗜碱性细胞　　　　E. 单核细胞

③不同类型的病理变化：

李氏杆菌病：其引起的化脓性脑炎在蛛网膜有淋巴细胞、单核细胞和嗜中性粒细胞浸润。脑实质中可见微小脓肿和血管管套。胶质细胞增生，可形成胶质小结。血管套中的细胞主要是单核细胞。脑膜充血，在白质出现化脓性炎时，可出现血管炎，外周有浆液和纤维蛋白渗出。

【2015年执业兽医资格考试真题】家兔，出现神经症状，血液学检查见单核细胞数量明显增多。剖检见肝脏表面有坏死灶，脑内有细小化脓灶。脑组织切片检查见血管套现象。

①该病原可能是（ ）
A. 巴氏杆菌　　　　　B. 李氏杆菌　　　　C. 布氏杆菌
D. 大肠杆菌　　　　　E. 链球菌

②为确诊，需进一步检查的项目是（ ）
A. 血常规检查　　　　B. 尿常规检查　　　C. 抗体检查
D. 细胞培养　　　　　E. 病原分离鉴定

③病兔的脑炎病灶中，形成血管套的主要炎性细胞是（ ）
A. 嗜酸性细胞　　　　B. 嗜中性粒细胞　　C. 单核细胞
D. 淋巴细胞　　　　　E. 浆细胞

【2017年执业兽医资格考试真题】李氏杆菌引起的脑膜脑炎中深处的主要炎性细胞是（ ）

A. 淋巴细胞　　　　　B. 嗜中性粒细胞　　C. 嗜酸性粒细胞
D. 单核细胞　　　　　E. 多核巨细胞

巴氏杆菌病：其可引起牛中脑内的脓肿，通过血源性转移的脓肿可到达脑部，感染常有限制，形成一个或多个脓肿。

嗜血杆菌病：其可引起牛血栓性脑膜脑炎，特征是脑和脑膜发生化脓性炎症，主要在血管壁内外。颅骨受伤感染时发生弥漫性、化脓性或纤维素性脑膜炎。

大肠杆菌病：其可发展为败血症，并通过血源性感染引起化脓性脑膜脑炎。脑膜充血和出血，大脑沟内有脓性渗出物，脑实质有软化灶。

仔猪败血型链球菌病：其可引起脑膜脑炎。眼观可见脑脊髓软膜潮红、出血，脑回肿胀、变平，脑沟变浅，脑脊液增多。镜检可见蛛网膜和软膜血管充血、出血和血栓形成，血管壁纤维素样坏死。软膜因炎性浸润而增厚。室管膜和脉络膜上皮增生，炎性细胞浸润。大脑灰质神经细胞发生肿胀、空泡变性、液化坏死等变性和嗜中性粒细胞浸润，并形成小脓灶。血管周隙水肿，出现嗜中性粒细胞、单核细胞形成的血管套。神经胶质细胞弥漫性或局灶性增生。组织切片革兰染色可见脑膜、血管周隙和室管膜内有大量链球菌，常呈双球状排列。

2. 非化脓性脑炎

非化脓性脑炎指主要因病毒感染而引起的脑组织的炎症过程。

（1）病因　引起非化脓性脑炎的主要是病毒性传染病，又称为病毒性脑炎。可分为两类：一类是嗜神经性病毒，主要侵害神经组织，如狂犬病病毒、日本乙型脑炎病毒；另一类是泛嗜性病毒，侵害各种组织，经过血液循环感染脑组织，如猪瘟病毒。非化脓性脑炎常见于猪瘟、非洲猪瘟、猪传染性水疱病、乙型脑炎、狂犬病、伪狂犬病、猪传染性脑脊髓炎（捷申病）、马传染性贫血、马脑炎、牛瘟、牛恶性卡他热、弓形虫病、鸡新城疫、禽传染性脑脊髓炎等。

（2）病理变化

①眼观：非化脓性脑炎的肉眼变化不明显，可见脑体积肿大、脑回变平，软脑膜充血、脑膜下有少量水肿液渗出。脑膜下和脑实质内偶见小出血点。脑室液增多，脉络膜充血。

②镜检：神经细胞变性、坏死：肿胀的神经细胞体积增大，染色变淡，核肿大或消失；皱缩的神经细胞体积缩小，染色深，核皱缩或核与胞浆界限不清。变性的神经细胞可见中央和周边染色质溶解，进一步发生坏死并溶解液化，在局部形成软化灶。

血管反应：脑组织最明显的变化是血管扩张、充血，血管周围间隙增宽，其中聚集大量单核细胞，在小动脉和毛细血管周围形成一层或几层，即形成血管套，又称为血管袖套现象。血管套中的细胞主要是由血管外膜细胞和胶质细胞增生而来的组织源性单核细胞、血源性单核细胞和淋巴细胞。慢性疾病中含较多的浆细胞。食盐中毒时出现嗜酸性粒细胞。血管壁通透性增高时，血管周围可见环状出血。

【2017年执业兽医资格考试真题】猪食盐中毒时，脑组织中形成血管套的炎性细胞是（　　）

A. 淋巴细胞　　　　B. 嗜中性粒细胞　　　　C. 嗜酸性粒细胞

D. 单核细胞　　　　　　　E. 多核巨细胞

胶质细胞增生：神经胶质细胞呈弥漫性或结节性增生。当胶质细胞围绕神经细胞增生的称为卫星现象；而吞噬坏死神经细胞称为噬神经元现象。胶质细胞在软化灶局部增生聚集可形成胶质小结。

包涵体：病毒性非化脓性脑炎可在神经细胞、胶质细胞和其他间叶细胞内发现包涵体，位于胞质（胞质包涵体）、胞核（核内包涵体）或胞质-胞核混合包涵体，包涵体嗜酸性（呈红色）或嗜碱性（呈蓝色）。

狂犬病的特征性病变为非化脓性脑炎，可见"血管套""噬神经细胞现象""卫星现象"和胶质细胞结节。此外，在海马角、小脑和唾液腺的神经细胞内可见胞质嗜酸性包涵体，称为"内基小体"。

【2014年执业兽医资格考试真题】某鸡场，雏鸡发病，头颈震颤，共济失调，镜下见脑神经变性坏死，有吞噬神经元和血管套管形成，胶质细胞增多。

①病雏脑部病变是（　　）
A. 脑软化　　　　　　B. 化脓脑炎　　　　　C. 化脓脑膜炎
D. 化脓脑膜脑炎　　　E. 非化脓脑炎

②脑部形成血管套细胞是（　　）
A. 嗜中性粒细胞　　　B. 淋巴细胞　　　　　C. 酸性细胞
D. 碱性细胞　　　　　E. 巨噬细胞

③脑部增生的胶质细胞是（　　）
A. 星形胶质细胞　　　B. 室管膜细胞　　　　C. 少突胶质细胞
D. 小胶质细胞　　　　E. 雪旺氏细胞

【2017年执业兽医资格考试真题】鸡患新城疫时，脑组织中形成血管套的炎性细胞（　　）
A. 淋巴细胞　　　　　B. 嗜中性粒细胞　　　C. 嗜酸性粒细胞
D. 单核细胞　　　　　E. 多核巨细胞

【2018年执业兽医资格考试真题】乙型脑炎病猪，脑组织病灶渗出主要炎性细胞（　　）
A. 嗜中性粒细胞　　　B. 淋巴细胞　　　　　C. 嗜酸性细胞
D. 嗜碱性细胞　　　　E. 单核细胞

3. 嗜酸性粒细胞性脑炎

嗜酸性粒细胞性脑炎指动物摄入含过量食盐的饲料后引起的食盐中毒，动物出现间隔性的惊厥发作为主要特征，又称为食盐中毒性脑炎，常见于猪。

（1）病因　饲料中含盐过多和动物限制饮水等均可引起动物出现食盐中毒。

（2）病理变化
①眼观：无特殊变化，只见软脑膜明显充血，脑回变平，脑沟变浅，大脑

皮质软化，脑实质偶见出血。胃底部和小肠有卡他性或出血性炎症。

②镜检：血管周围、脑膜及脑实质中有大量的嗜酸性粒细胞浸润，软脑膜充血、水肿并形成血管套和胶质结节，脑组织发生急性坏死和液化。

【2018年执业兽医资格考试真题】食盐中毒病猪，脑组织病灶渗出主要炎性细胞（　　）

A. 嗜中性粒细胞　　B. 淋巴细胞　　C. 嗜酸性细胞
D. 嗜碱性细胞　　　E. 单核细胞

4. 变态反应性脑炎

变态反应性脑炎是脑部的一种自身免疫病。抗原是不同种属动物神经组织的共有成分，刺激机体免疫系统产生抗自身神经组织的抗体，导致脑炎的发生。

（1）病因　变态反应性脑炎常发生于疫苗接种后，如犬在接种狂犬病疫苗14~24d可发生运动麻痹，严重者4~10d内死亡。

（2）病理变化

①眼观：脑和脊髓切面可见软化灶和点状出血。

②镜检：病变限于白质血管周围，可见有髓神经纤维髓鞘脱失，一般不破坏神经元及其突起。病灶中含有脂肪颗粒细胞（泡沫细胞）、血管周围淋巴细胞、浆细胞和单核细胞浸润，小胶质细胞增生。

（二）脑软化

脑软化指脑组织坏死后发生分解变软、形成液化的病理过程。脑软化即其器官的梗死，软化根据其大小和供血范围分为大软化和小软化，大软化由于大脑大动脉病变所致，多见于大脑半球的皮质及其白质；小软化由于小动脉病变所致，多分布在视丘脑及脑干上部。根据发生部位可分为白质脑软化、灰质脑软化（层状皮质坏死）、局灶对称性脑软化、局灶对称性灰质软化等。软化的脑组织肉眼可见空腔和囊肿；镜检可见微细空腔，如海绵状。

1. 病因

能引起脑软化的原因很多，凡能使神经细胞坏死的任何致病因素均可引起脑软化。脑软化在不同疾病过程中，病变发生的部位及其分布具有特异性。

（1）生物性因素　主要为朊病毒，其可引起羊痒病、牛海绵状脑病等。牛海绵状脑病是因为牛采食含绵羊痒病毒饲料添加剂、肉骨粉所致，经口感染后病原体聚集在动物的脾脏，然后随淋巴组织扩散而侵入中枢神经系统。动物机体对朊病毒的感染不产生炎性反应和免疫应答反应。

（2）化学性因素或中毒　某些化学物质中毒可使动物发生脑软化，如猪食盐中毒、牛铅中毒在大脑皮层发生层状坏死；马霉玉米中毒引起脑白质软化，霉玉米中的串珠镰刀霉菌毒素对马属动物的脑白质具有选择性毒性作用，毒素可损伤髓鞘使其溶解并出现胶质增生；产气荚膜梭菌产生的D型毒素引起羔羊局灶性对称性脑软化等。

（3）营养性因素 维生素B_1、维生素E、硒、铜缺乏等均可引起动物脑软化。维生素B_1缺乏可能会引起丙酮酸代谢障碍；维生素E和微量元素硒缺乏可引起抗氧化功能障碍；铜缺乏可引起胺氧化酶和细胞色素氧化酶活性降低，神经脱髓鞘和神经细胞损伤。

2. 病理变化

（1）羊肠毒血症

①眼观：基底神经节、灰质和丘脑背侧出现两侧对称性的软化灶，软化灶直径可达1~1.5cm，呈红色，时间较长者为灰黄色，常伴有出血。

②镜检：可见内囊、皮质下白质和小脑脚的神经纤维髓鞘脱失，神经元坏死、液化、出血，初期有嗜中性粒细胞浸润，后期有小胶质细胞增生。

（2）马霉玉米中毒

①眼观：硬膜下腔、蛛网膜下腔、脑室和脊髓中央管均见积液，大脑半球、丘脑、脑桥、四叠体、延脑的白质中可见大小不等的液化性坏死灶，坏死灶表面的脑膜可见明显的水肿和出血。

②镜检：可见脑膜和脑内血管扩张充血，血管周围间隙增宽，有水肿液和红细胞。脑内神经元变性、坏死，液化灶内组织疏松，有颗粒状物质崩解。软化灶周围胶质细胞增生，可见卫星现象和噬神经元现象，有的形成胶质结节。

（3）雏鸡营养不良性脑软化 由于维生素E缺乏症所致。

①眼观：小脑肿胀、质软，软脑膜充血，表面有散在的出血点。

②镜检：可见脑组织呈现程度不同的坏死性变化，小脑神经元变性、坏死，脊髓神经束脱髓鞘，软脑膜充血水肿，坏死的脑组织形成软化灶。

【2013年执业兽医资格考试真题】某鸡场发生大量雏鸡死亡，剖检病死雏鸡见小脑肿胀，质地变软，软脑膜充血，镜下出现大小不一的坏死灶。

①发生的疾病最可能是（　　）

A. 维生素A缺乏症　　B. 维生素B_{12}缺乏症　　C. 维生素C缺乏症

D. 维生素D缺乏症　　E. 维生素E-硒缺乏症

②病鸡脑组织病变的机制是（　　）

A. 缺乏性梗死　　B. 干酪样坏死　　C. 蜡样坏死

D. 液化性坏死　　E. 湿性坏死

③引起雏鸡脑病变的机制是（　　）

A. 氧化磷酸化过程障碍　B. 抗氧化功能障碍　C. 突触传递障碍

D. 神经递质生成障碍　　E. 离子通道障碍

(三)神经炎

神经炎指神经纤维变性并伴有神经间质的炎症。神经纤维主要由神经细胞的轴突和髓鞘组成。神经纤维变性主要有沃勒变性和脱髓鞘两种。

1. 发病机制

(1)沃勒变性 神经纤维损伤后,脱离神经细胞体,失去营养,发生变性和崩解,被吞噬细胞清除。有髓神经纤维损伤脱离细胞体时,可立即发生变性,先是远心端纤维变性。沃勒变性包括轴突肿胀,呈不规则屈曲或串球状,后期断裂成片段,着色性差,轴突变为颗粒状,髓鞘节段性分解后呈点滴状颗粒,其中的髓磷脂分解,最后变为中性脂肪,可经特殊染色观察。外周神经膜细胞转变为吞噬细胞,清除轴突和髓鞘的分解产物,当吞噬较多脂质时,变为泡沫细胞。近心端神经纤维也发生类似变化。当神经细胞体受损不严重或断离远心端较小,且神经纤维外膜完整时,近心端神经纤维可以再生、修复。当损伤的神经纤维靠近胞体,神经细胞可发生变性或死亡。

(2)髓鞘脱失 有髓神经纤维髓鞘变性、崩解和消失,而轴突保留的非特异性病变。初期髓鞘肿胀、断裂成管球,淡染,因含空泡而呈海绵状。以后髓磷脂分解为中性脂肪,并被施万细胞和小胶质细胞吞噬而成泡沫细胞。脱髓鞘见于缺血、缺氧、感染等。

2. 病理变化

急性神经炎的病理变化表现为神经肿胀、变红、水肿。化脓或腐败性炎症时,神经呈污浊的黄色。镜下神经纤维变性、肿胀、空泡化、节段化或崩解成颗粒状。间质有炎性变化。

项目思考

1. 急性卡他性胃炎的病理变化有哪些?
2. 病毒性肝炎的病理变化有哪些?
3. 如何区别小叶性肺炎和大叶性肺炎?
4. 结核分枝杆菌常见类型有哪些?
5. 肾炎可分为哪几种?如果进行区别?
6. 简述子宫内膜炎的发病机制。
7. 创伤性心包炎的病变特点有哪些?
8. 描述"虎斑心"的病理变化。
9. 急性脾炎的病理变化有哪些?
10. 化脓性脑炎的病理变化有哪些?

项目十三 病理剖检诊断技术

本项目主要介绍动物尸体剖检的技术，阐述其概念、意义、分类、动物死亡后的尸体变化和动物死亡后尸体剖检的准备、步骤、病料的采集与送检及剖检和送检报告书写。共分为概述和动物尸体剖检术式两个任务，通过正确地对动物的尸体进行剖检，并能综合分析其病变特点，对疾病做出诊断。

子项目一 概述

项目目标

1. 了解尸体剖检的概念、意义及分类。
2. 掌握动物死亡后的尸体变化的表现。

知识准备

（一）尸体剖检的概念

动物尸体剖检是运用病理解剖知识，通过检查尸体的病理变化，来研究疾病的发生、发展和转归的规律，为临床诊断和防治疾病提供科学依据。

（二）尸体剖检的意义

尸体剖检是兽医病理学的一种基本研究方法和技术，是最为方便、客观、快速、直接、准确地进行动物疾病诊断的方法之一。通过尸体剖检，观察器官特征病变，结合临床症状和流行病学调查等，可以及早做出诊断（死后），及时采取有效的防治措施。通过尸体剖检可以检验生前对疾病的诊治是否正确，及时总结经验、积累资料,不断提高动物诊疗工作的技术和治疗质量。

（三）尸体剖检的分类

根据剖检目的不同,尸体剖检分为诊断学剖检、科学研究剖检和法医学剖检三种。诊断学剖检指查明病畜发病、死亡的原因；科研剖检指以科学研究为目的；法医学剖检旨在解决兽医与动物主人之间的诊疗纠纷、并涉及相关专业法律的问题。

（四）动物死亡后的尸体变化

动物死亡后,受体内酶和环境中细菌的作用,尸体将逐渐发生一系列的变化,包括尸冷、尸僵、尸斑、尸体自溶、尸体腐败、血液凝固。

1. 尸冷

尸冷指动物死亡后,由于动物体内新陈代谢停止,使机体产热停止,但散热继续,尸体的温度逐渐降至与环境温度相等的水平。

尸冷速度与环境温度（冬季天气寒冷将加速尸冷的过程,而夏季炎热将延缓尸冷的过程）、尸体肥瘦等有关。通常室温下以 1℃/h 下降。某些疾病死亡后的动物,在死后的一段时间,因肌肉挛缩,尸温可能会上升。检查尸体的温度有助于确定动物死亡的时间。

2. 尸僵

尸僵指动物死后一段时间,肌肉收缩、四肢僵硬不能屈伸、关节固定、整个尸体发生僵硬的现象。

尸僵发生时间随外界条件及动物机体状况而不同,大、中型动物一般在死后 1~6h 开始发生,10~24h 发展完全,24~48h 开始缓解。尸僵从头部开始,然后是颈部、前肢、躯干和后肢的肌肉逐渐发生；解僵的过程也是按照原来尸僵发生的顺序开始消失,肌肉变软。根据尸僵的发生和缓解状况,基本可以判断动物死亡的时间。

动物在死亡后半小时左右心肌即可发生尸僵,24h 后尸僵消失、心肌松弛。如果心肌变性或心力衰竭时,则尸僵可不出现或不完全,这时心脏质地柔软,心腔扩大,并充满血液。所以动物在发生败血症时,尸僵不完全。

3. 尸斑

尸斑指动物死亡后,因尸僵、心血管收缩,将心脏和动脉系统内血液挤到静脉系统,由于重力的作用,血管内血液逐渐沉降到尸体最低下部位而出现的青紫色淤血区（坠积性淤血）,尸体的倒卧侧皮肤出现坠积性淤血的现象。坠积性淤血一般在死后 1~1.5h 即可出现,该部血管充盈,局部暗红色。初期,用指压该部可使红色消退,并且这种暗红色的斑可随尸体位置的变更而改变。

后期，由于发生溶血使该部组织染成污红色（一般在死后 24h 左右开始出现），此时指压或改变尸体位置时也不会消失，即尸斑形成。尸斑在尸体倒卧侧的皮肤、肺、肝、肾等表现均很明显，注意尸斑与生前的淤血、充血进行区别（表13-1）。尸斑的检查，对于判断动物死亡时间和死后尸体位置有一定的意义。

表 13-1　　　　　　　　　尸斑与生前淤血、充血的区别

尸斑	淤血	炎性充血
主要见于尸体下部，由重力因素引起。血管扩张，皮肤暗红，内脏器官在卧下一侧明显，无其他变化	发生部位和范围不受重力影响。如肺淤血时，两侧肺表现一致，且有气肿、水肿等	可见于任何部位，局部还伴有肿胀或其他损伤

【2012 年执业兽医资格考试真题】动物死亡后，可见尸体倒卧侧的皮肤出现青紫色淤血区，后期由于发生溶血，可使该部位染成污红色，该动物尸体变化类型属于（　　）

　　A. 尸冷　　　　　　B. 尸体自溶　　　　　　C. 尸僵
　　D. 尸斑　　　　　　E. 尸体腐败

4. 尸体自溶和尸体腐败

尸体自溶指尸体受到体内细胞溶酶体酶、胃液、胰液的作用而发生的自体溶解消化的过程。尸体腐败指尸体组织蛋白受到体外细菌作用而发生的腐败分解的现象。参与腐败过程的细菌主要为消化道的厌氧菌，可经体外进入。腐败时可出现死后臌气（应与生前臌气进行区别，见表 13-2）、内脏器官海绵状、尸绿、尸臭等现象。

表 13-2　　　　　　　　　生前臌气与死后臌气的区别

生前	死后
胃肠道最明显，腹部膨胀，肛门突出，严重时，横膈或腹壁破裂，其裂口无其他变化	有淤血现象，头、颈、浆膜面可见出血，破裂口边缘肿胀，出血性浸润

【2012 年执业兽医资格考试真题】动物死亡后，尸体在自身酶（如溶酶体酶等）的作用下被消化，其中以胃、肠和胰腺出现的变化最为明显，该动物尸体变化类型属于（　　）

　　A. 尸冷　　　　　　B. 尸体自溶　　　　　　C. 尸僵
　　D. 尸斑　　　　　　E. 尸体腐败

5. 血液凝固

血液凝固指动物死后，抗凝因子失去作用，在心脏和大血管内血液发生凝

固形成血凝块的现象。血液凝固须与血栓进行区别（表13-3）。血凝发生较快时，呈一致的暗红色；发生较慢时，呈明显的两层结构，上层为含血浆为主的淡黄色鸡油样凝血块，下层为含红细胞为主的暗红色鸡脂样血凝块。动物死于败血症、窒息、CO中毒时，血凝凝固不良或不凝固。

表13-3　　　　　　　　　　血凝块与血栓的区别

类别	时间	表面	质度	弹性	切面
血凝块	死后	光滑、湿润、有光泽，游离于血管壁	柔软	大	无特殊结构
血栓	生前	粗糙、干燥、无光泽，与血管联系紧密	质脆	无	有血栓特殊结构

子项目二　病理剖检技术

项目目标

1. 了解剖检前的准备工作及注意事项。
2. 熟悉动物尸体外部检查的内容及注意事项。
3. 掌握致死动物的方法和内部检查的内容及注意事项。
4. 掌握家禽的尸体剖检步骤和要点。
5. 掌握病理组织学、微生物学、毒物学病料的采集与送检的方法和要求。
6. 能够正确地对剖检病变进行描述。
7. 掌握尸体剖检报告的内容及书写要求。
8. 掌握各种动物尸体剖检技术。

知识准备

（一）病理剖检的准备

1. 剖检前的准备

（1）剖检场地的选择　为了防止病原扩散和污染环境，以及保护剖检人员的自身安全和便于消毒，在进行尸体剖检，特别是传染病尸体的剖检，一般选择在具有一定条件的病理剖检室进行。如果条件不允许而在室外剖检时，应选择地势较高、环境较干燥、远离水源、居民区、道路和畜舍的地点进行。

剖检前挖深2m的深坑，剖检后将内脏、尸体连同被污染的垫布、垫草、土层投入坑内，再撒上石灰或喷洒10%的石灰水、3%~5%来苏儿或臭药水，然后再用土掩埋。有条件的尽量采用焚烧法处理尸体。

(2) 尸体剖检常用的器材和药品　根据死前症状或尸体特点准备相应的解剖所使用的器材和药品。

①器材的准备：

剖检器械：剥皮刀、解剖刀、手术刀、脑刀、手术剪、肠剪、普通剪刀、有齿镊子、无齿镊子、骨钳、板锯、骨斧、量尺、量杯、磨刀石、注射器及针头、瓷盘、天平、药棉、纱布等。

病料采集器皿：灭菌平皿、棉拭子、广口瓶等。

剖检人员的防护装备：工作服或防护服、胶皮或塑料围裙、橡胶手套、劳保线手套、工作帽、胶鞋或鞋套、护目镜、口罩等。

②药品的准备：

消毒液：0.1%新洁尔灭溶液、3%~5%来苏儿溶液、84消毒液、苯酚、臭药水、0.2%高锰酸钾等。

防护液：3%~5%碘酊、70%~75%酒精、0.1%硼酸溶液、洗手液、肥皂、凡士林、滑石粉等。

固定液：10%福尔马林溶液或95%酒精。

(3) 剖检前尸体的处理　在剖检前应对尸体体表进行喷洒消毒液。如需搬运尸体，应使用不透水容器装运，特别是炭疽、开放性鼻疽等传染病的尸体时，应先用浸透消毒液的药棉、纱布团塞住尸体的天然孔，然后再用消毒液喷洒尸体体表。运送所使用的车辆、用具在运前和运后都要严格进行消毒。尸体所污染的草料、土层可采用焚烧后再深埋的方法进行处理。

(4) 了解病史及临床特征　在进行尸体剖检前，剖检人员需要对病死动物生前的病史、临床诊疗等进行了解，并根据临床特征、流行病学等做出初步诊断，以确定动物尸体能否进行剖检。对于国家规定危及人畜公共卫生和安全的病死动物尸体，如炭疽、马传染性贫血、破伤风等，除在特定条件下，按规定处理外，应严禁剖检。疑似上述疾病时，应先取耳尖、尾尖、四肢末端等末梢血管的血液进行血液涂片检查，如没有条件进行确诊的病死动物，应禁止剖检。

2. 剖检的注意事项

(1) 了解病史　尸体剖检前，应先了解患病动物所在地区的疾病流行情况、生前病史，包括临床化验、检查和临床诊断、治疗，还应注意饲养管理和临死前的动物表现等情况。

(2) 尸体剖检的时间　尸体剖检应在动物死后尽早进行。供分离病毒的脑组织要在动物死后5h内采取。死后超过24h的尸体，由于尸体自溶与腐败而难于辨别原有病变，失去剖检的意义。剖检最好在白天进行，晚间应在充足的日光灯下进行，便于辨认脏器的色彩。

（3）脏器的检查与摘取　在采取某一脏器前，应按照"看—摸—采"三步进行，检查与该脏器相关的其他组织、器官，便于查明病因。

在剖检过程中，要经常用清水或消毒液去清洗剖检人员手上和刀剪等器械上的血液、脓液和各种排出物，不可让清洗的脏水污染地面过大。未经检查的脏器表面和切面，不可用水冲洗，以免改变其原来的颜色和性状。

对于已摘取的器官，在未切开前，需要称量其质量、长度、宽度及厚度。切脏器的刀、剪应锋利，切开脏器时，要由前向后，一刀切开，不要由上向下挤压或拉锯式的切开。切开未经固定的脑和脊髓时，应先使刀口浸湿，然后再下刀，否则切面粗糙不平。

（4）剖检人员的自我防护　剖检人员应注意自身防护，特别是剖检人畜共患病的动物尸体时更应严格防护。穿戴好工作衣帽，外罩橡胶或塑料围裙，戴乳胶手套并外加劳保线手套，穿胶靴，必要时还要戴上口罩和护目镜。如无手套，可在手上涂抹凡士林或其他油类，保护皮肤，以防感染。在剖检中不慎损伤皮肤时，应立即消毒并包扎。剖检完毕，尸体处理后，先除去手套。如未戴手套时先清洗双手，再脱去全部防护衣物，投入消毒液中浸泡。在全部工作完毕后，再次洗净双手，先用肥皂洗涤，再用消毒液浸泡，最后用清水将手上消毒液冲洗干净。也可先用0.2%高锰酸钾水浸泡双手，再用2%~3%草酸溶液洗涤褪色，最后用清水冲洗干净。

剖检器械和衣物浸泡消毒后，用清水洗净。橡胶制品晾干后要抹上滑石粉以防止粘黏。金属器械擦干后要涂抹凡士林防锈。为了除去粪便与尸腐的臭味，可用84消毒液或百毒杀浸泡，既消毒又除臭。

穿戴防护用品的顺序：用流水及肥皂或消毒液冲洗手，然后戴好口罩，压紧鼻夹，使其紧贴于鼻梁处；穿防护服时，按照顺序先穿下衣、再穿上衣、戴帽子、戴防护目镜，双手不要接触面部；套上鞋套或穿上胶靴；戴上乳胶手套，将手套套在防护服袖口外面。

脱下防护用品的顺序：用手握式喷雾器对手套进行消毒，保定人员将反面朝外脱下有橡胶保护层的手套，对内层一次性乳胶手套进行消毒；摘下防护眼镜，放入消毒液中；脱掉防护服，将反面朝外，由上向下，污染面向里，脱下后放入塑料袋；一次性的防护服集中销毁，重复使用的防护服消毒后再用；摘口罩，一手按住口罩，另一只手将口罩带摘下，放入塑料袋中，注意双手不接触面部；脱下鞋套或胶鞋，放入塑料袋中，集中消毒；摘掉一次性乳胶手套，应将手套反面朝外，放入塑料袋中；橡胶手套放入消毒液中，最后洗手消毒。

（5）剖检尸体及场地的处理　剖检后的尸体最好是焚化或深埋。特殊情况如人兽共患病或烈性病尸体要先用消毒药处理然后再焚烧。野外剖检时，尸体要就地深埋，深埋之前在尸体上洒消毒液，尤其要选择具有强烈刺激异味的消毒药如甲醛等，以免尸体被意外挖出。

剖检场地要进行彻底消毒，以防污染周围环境。如禽流感，检验工作在现场进行，当撤离检验工作点时，要做终末消毒，以保证继用者的安全。

（二）动物尸体剖检术式

为了保证剖检的质量和提高工作效率，尸体剖检需按照一定的顺序进行，但有时因剖检目的和具体条件不同，可有一定的灵活性。一般剖检的顺序为：一般登记→外部检查→剥皮和皮下组织器官检查→内部检查→腹腔剖开与检查→骨盆腔剖开与检查→胸腔剖开与检查→颅腔剖开与检查→口腔及颈部剖开与检查→鼻腔剖开与检查→脊椎管剖开与检查→肌肉及关节剖开与检查→骨和骨髓剖开与检查。

1. **外部检查**

在剥皮之前检查尸体的外表状态。外部检查的内容，主要包括以下几方面。

（1）尸体概况　包括畜别、品种、性别、年龄、毛色、特征、体态等。

（2）营养状况的检查　可根据肌肉发育情况及皮肤和被毛状况来判断尸体胖瘦。

（3）被毛、皮肤的检查　检查被毛的光泽度、有无脱毛，皮肤的厚度、硬度及弹性，褥疮、溃疡、脓肿、创伤、肿瘤、外寄生虫、体表有无新旧外伤、皮下有无水肿和气肿等，有无粪泥和其他病理产物的污染。

（4）天然孔、可视黏膜检查　检查眼、鼻、口、肛门、外生殖器等天然孔的开闭状态，有无分泌物、排泄物及其性状、量、颜色、气味和浓度等；眼结膜、口鼻黏膜、肛门和生殖器黏膜等可视黏膜的色彩变化和完整性的检查，有无贫血、充血、淤血、出血、黄疸、溃疡和外伤等。

（5）体躯结构对称性的检查　检查有无骨折和关节移位，及腹部膨胀程度。

（6）尸体变化检查　动物死亡后，舌尖伸出于卧侧口角外，由此可以确定死亡时的位置。尸体变化的检查，有助于判定死亡发生的时间、位置，并与病理变化相区别，检查项目见包括尸冷、尸僵、尸斑、尸体自溶、尸体腐败、血液凝固、尸体变化等。

2. **致死动物**

对于病重动物可直接致死进行检查，但患病动物发病系统不同、检验目的不同，致死方法也不同，常见的方法主要有以下几种。

（1）放血致死　大、中、小动物均适用，用刀切断或剪子剪断动物的颈动脉、颈静脉、前腔动、静脉等，使动物因失血过多而死亡。

（2）静脉注射药物致死　如静脉注射甲醛、来苏儿等。

（3）人造气栓致死　主要用于小动物，从静脉注入空气，使动物在短时间内死于空气性栓塞。

（4）断颈致死　用于小动物或禽类，将第一颈椎与寰椎脱臼，致使脊髓及颈部血管断裂而死，临床上常用于鸡的致死。这种方法方便、快捷，多数情况下不需要器具，但可造成喉头和气管上部出血，故呼吸道疾病时要注意区别。

（5）断延髓　用于大型动物如牛的致死，这种方法要求有确实的把握，否则比较危险。

3. 内部检查

内部检查包括剥皮、皮下检查、体腔的剖开及内脏器官的采出和检查等。牛的尸体剖检，通常采取左侧卧位，便于取出约占腹腔3/4的瘤胃。

【2015年执业兽医资格考试真题】进行牛的尸体剖检时通常采用（　　）
A. 左侧卧位　　　　B. 背卧位　　　　C. 右侧卧位
D. 腹卧位　　　　　E. 吊挂式

（1）剥皮和皮下组织检查

①剥皮：将牛尸体仰卧，自下颌部起沿颈部、胸部、腹部正中线切开皮肤，切至脐部时向左、右分为两条，绕过生殖器或乳房等器官后切线又合并为一，直至尾根。再从腹正中切线垂直沿肢内侧正中作一切线分别切开四肢皮肤，切至球节部作一环形切线。然后沿其切线，剥离皮肤（图13-1）。传染病尸体一般不剥皮。在剥皮过程中，应注意检查皮下的变化。

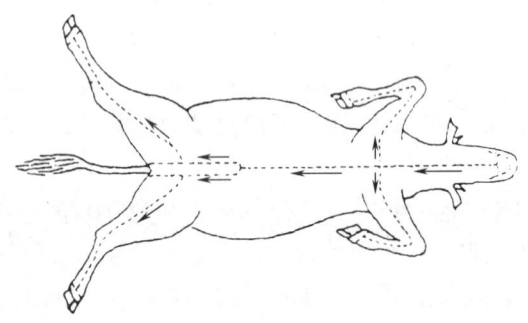

图13-1　牛的剥皮方法

剖检猪、犬、羊的尸体，通常取背侧仰卧位，不需要剥皮，如要剥皮时其方法与牛大同小异。

②皮下组织检查：在剥皮时应检查皮下组织，主要检查皮下脂肪含量及性状、肌肉的丰瘦情况，皮下有无出血、水肿和炎症等。

③切离前、后肢：为了便于内脏的检查与摘除，先将牛的右侧前、后肢切

离。切离的方法是将前肢或后肢向背侧牵引，切断肢内侧肌肉、关节囊、血管、神经和结缔组织，再切离其外、前、后三方面肌肉即可取下。

（2）暴露腹腔，视检腹腔脏器　一般从欣窝肋骨弓后缘至剑状软骨部，再从欣窝沿髂骨体至耻骨前缘作两条切线，切开腹壁并翻转入腹下，即可显露出腹腔，此时应随时检查腹腔脏器的位置有无变化。检查的内容包括腹腔液的数量和性状，腹腔内有无异常内容物，腹膜的性状，腹腔脏器的位置和外形，横膈膜的紧张程度，有无破裂等。

①胃的检查：包括胃的大小、质度，浆膜的色泽，有无粘连、胃壁有无破裂和穿孔等，然后沿胃大弯剖开胃，检查胃内容物的性状、黏膜的变化等。反刍动物胃的检查，特别要注意网胃有无创伤，是否与膈相粘连。如果没有粘连，可将瘤胃、网胃、瓣胃、皱胃之间的联系分离，使四个胃展开。然后沿皱胃小弯与瓣胃、网胃的大弯剪开；瘤胃则沿背缘和腹缘剪开，检查胃内容物及黏膜的情况。

②肠的检查：先检查肠管浆膜面的情况。然后沿肠系膜附着处剪开肠腔，检查肠内容物及黏膜情况。

③脾脏的检查：要注意其形态、大小、质度；然后纵行切开，检查脾小梁、脾髓的颜色，红、白髓的比例，脾髓是否容易刮脱。

④肝脏的检查：先检查其肝门部的动脉、静脉、胆管和淋巴结。然后检查肝脏的形态、大小、色泽、包膜性状、有无出血、结节、坏死等。最后切开肝组织，观察切面的色泽、质度和含血量等情况。注意切面是否隆突，肝小叶结构是否清晰，有无脓肿、寄生虫性结节和坏死等。

⑤肾脏的检查：将肾脏纵切为相等的两半（禽除外），检查包膜是否容易剥离，肾表面是否光滑，皮质和髓质的颜色、质度、比例、结构，肾盂黏膜及肾盂内有无结石等。

（3）胸腔的剖开和胸腔脏器的视检　首先将横膈膜左半部切离左胸壁，然后切离左侧肋骨上、下两端的软组织并锯断肋骨上、下两端，剖开胸腔，注意检查胸腔液的数量和性状，胸腔内有无异常内容物，胸膜的性状，肺脏，胸腺，心脏等。

①肺脏的检查：首先注意其大小、色泽、质量、质度、弹性、有无病灶及表面附着物等。然后用剪刀将支气管剪开，注意检查支气管黏膜的色泽、表面附着物的数量、黏稠度。最后将整个肺脏纵横切割数刀，观察切面有无病变，切面流出物的数量、色泽变化等。

②心脏的检查：先检查其心脏纵沟、冠状沟的脂肪量和性状，有无出血。然后检查心脏的外形、大小、色泽及心外膜的性状。最后切开心脏检查心腔。沿左侧纵沟切开右心室及肺动脉，同样再切开左心室及主动脉。检查心腔内血

液的性状、心内膜、心瓣膜是否光滑，有无变形、增厚，心肌的色泽、质度，心壁的厚薄等。

（4）内脏器官的采出

①腹腔脏器的采出：腹腔脏器的采出与检查可以同时进行，也可以先采出后检查。腹腔脏器的采出包括胃、肠、肝、脾、胰、肾和肾上腺等的采出。

切取网膜：检查网膜的一般情况，然后将两层网膜撕下。

空肠和回肠的采出：提起盲肠，沿盲肠体向前，在三角形的回盲韧带处切断，分离一段回肠，在距盲肠约15cm处做双重结扎，从结扎间切断。再抓住回肠断端向前牵引，使肠系膜呈紧张状态，在接近小肠部切断肠系膜。分离至十二指肠空肠曲，再作双重结扎，于两结扎间切断，即可取出全部空肠和回肠。与此同时，要检查肠系膜和淋巴结等有无变化。

【2018年执业兽医资格考试真题】猪的尸体剖检，摘出空肠和回肠时应先（　　）

A. 在贲门部做双重结扎　　B. 在十二指肠起始部做双重结扎

C. 在空肠的末端做双重结扎　　D. 在空肠起始部和回肠末端分别做双重结扎

E. 在盲肠起始部做双重结扎

大肠的采出：在骨盆口处将直肠内粪便向前挤压并在直肠末端作一次结扎，在结扎后方切断直肠。抓住直肠断端，由后向前分离直肠、结肠系膜至前肠系膜根部。再把横结肠、肠盘与十二指肠回行部之间的联系切断。最后切断前肠系膜根部的血管、神经和结缔组织，可取出整个大肠。

胃、十二指肠和脾脏的采出：先将胆管、胰管与十二指肠之间的联系切断，然后分离十二指肠系膜。将瘤胃向后牵引，露出食管，并在末端结扎切断。再用力向后下方牵引瘤胃，用刀切离瘤胃与背部联系的组织，切断脾膈韧带，将胃、十二指肠及脾脏同时采出。

胰、肝、肾和肾上腺的采出：胰脏可从左叶开始逐渐切下或将胰脏附于肝门部和肝脏一同取出，也可随动脉、肠系膜一并采出。

肝脏的采出：先切断左叶周围的韧带及后腔静脉，然后切断右叶周围的韧带、门静脉和肝动脉（勿伤右肾），便可采出肝脏。

采出肾脏和肾上腺时，首先应检查输尿管的状态，然后先取左肾，即沿腰肌剥离其周围的脂肪囊，并切断肾门处的血管和输尿管，采出左肾。右肾用同样方法采出。肾上腺可与肾脏同时采出，也可单独采出。

②胸腔脏器的采出：

心脏的采出：先在心包左侧中央作十字形切口，将手洗净，把食指和中指插入正包腔，提取心尖，检查心包液的量和性状；然后沿心脏的左侧纵沟左右各1cm处，切于左、右心室，检查血量及其性状；最后将左手拇指和食指分别伸入左、右心室的切口内轻轻提取心脏，切断心基部的血管，取出心脏。

肺脏的采出：先切断纵隔的背侧部，检查胸腔液的量和性状；然后切断纵隔的后部；最后切断胸腔前部的纵隔、气管、食管和前腔动脉，并在气管轮上做一小切口，将左指和中指伸入切口牵引气管，将肺脏取出。

腔动脉的采出：从前腔动脉至后腔动脉的最后分支部，沿胸椎、腰椎的下面切断肋间动脉，即可将腔动脉和肠系膜一并采出。

（5）口腔和颈部器官的采出　先切开咬肌，再在下颌骨的第一臼齿前，锯断左侧下颌支；再切开下颌支内面的肌肉和后缘的腮腺、下颌关节的韧带及冠状突周围的肌肉，将左侧下颌支取下；然后用左手握住舌头，切断舌骨支及其周围组织，再将喉、气管和食管的周围组织切离，直至胸腔入口处，即可采出口腔及颈部器官。

（6）骨盆腔脏器的采出和检查

①雄性动物的检查：先分离直肠并进行检查，从腹侧剪开膀胱、尿管、阴茎，检查输尿管开口及膀胱、尿道黏膜，尿道中有无结石，包皮、龟头有无异常分泌物；切开睾丸、附睾和输精管、精囊及尿道球腺等副性腺，检查有无异常。

②雌性动物的检查：检查直肠、膀胱、尿道、阴道、子宫、输卵管和卵巢的状态。沿腹侧剪开膀胱，沿背侧剪开子宫及阴道，检查黏膜、内腔有无异常；检查卵巢形状，卵泡、黄体的发育情况，输卵管是否扩张等。如剖检妊娠子宫，要注意检查胎儿、羊水、胎膜和脐带等。

（7）脑的采出和检查　首先切断头部，沿环枕关节切断颈部，使头与颈分离，然后除去下颌骨体及右侧下颌支，切除颅顶部附着的肌肉。然后取脑，先沿两眼的后缘用锯横行锯断，再沿两角外缘与第一锯相接锯开，并于两角的中间纵锯一正中线，然后两手握住左右两角，用力向外分开，使颅顶骨分成左右两半，即可将脑取出。取出后先观察脑膜有无充血、出血和淤血。再检查脑回和脑沟的状态（禽除外），然后切开大脑，检查脉络丛的性状和脑室有无积水。最后横切脑组织，检查有无出血及溶解性坏死等变化。

（8）鼻腔的剖开和检查　用骨锯（大、中型动物）或骨剪（小动物和禽）纵行把头骨分成两半，其中的一半带有鼻中隔，或剪开鼻腔，检查鼻中隔、鼻道黏膜、额窦、鼻甲窦、眶下窦等。

（9）脊椎管的剖开、脊髓的采出和检查　剖开脊柱取出脊髓，检查软脊膜、脊髓液、脊髓表面和内部。

（10）肌肉、关节的检查　肌肉的检查通常只是对肉眼上有明显变化的部分进行，注意其色泽、硬度，有无出血、水肿、变性、坏死、炎症等病变；关节的检查通常只对有关节炎的关节进行，看关节部是否肿大，可以切开关节囊，检查关节液的含量、性质和关节软骨表面的状态。

（11）骨和骨髓的检查　主要对骨组织发生疾病的病例进行，先进行肉眼观察，检验其硬度及其断面的形象。骨髓的检查对于与造血系统有关的各种疾病极为重要。检查骨干和骨端的状态，红骨髓、黄骨髓的性质、分布等。

（12）淋巴结的检查　要特别注意颌下淋巴结、颈浅淋巴结、髂下淋巴结、肠系膜淋巴结、肺门淋巴结等的检查。注意检查其大小、颜色、硬度，与其周围组织的关系及横切面的变化。

4. 家禽的尸体剖检术式

（1）外部检查　包括全身羽毛的状况，是否光泽，有无污染、蓬乱、脱毛等现象；泄殖腔周围的羽毛有无粪便沾污，有无脱肛和血便，营养状况和尸体变化；皮肤有无肿胀和外伤；关节及脚趾有无肿胀或其他异常；骨骼有无增粗和骨折；冠和髯的颜色，厚度，有无痘疹，脸部和颜色及有无肿胀；口腔和鼻腔有无分泌物及其性状，两眼的分泌物及虹膜的颜色。最后触摸腹部是否变软或有积液。

（2）内部检查　外部检查后，用1%苯酚溶液或清水或消毒液将禽体羽毛浸湿，防止剖检时有绒毛和尘埃飞扬。

①皮下检查：尸体仰卧，用力掰开两腿，使髋关节脱位，使禽的尸体固定。在胸骨嵴部纵行切开皮肤，然后向前、后延伸，剪开颈、胸、腹部皮肤，剥离皮肤，暴露颈、胸、腹部和腿部肌肉，观察皮下脂肪含量，皮下血管状况，有无出血和水肿；观察胸肌的丰满程度和颜色，胸部和腿部肌肉有无出血和坏死，观察龙骨是否弯曲和变形；检查颈椎两侧的胸腺大小及颜色，有无出血和坏死；检查嗉囊是否充盈食物，内容物的数量及性状。

【2014年执业兽医资格考试真题】鸡病理剖检时，通常将尸体（　　　）
A. 右侧卧位　　　　　B. 俯卧位　　　　　C. 左侧卧位
D. 仰卧位　　　　　　E. 悬挂位

②内脏检查：在后腹部，将腹壁横行切开（或剪开）顺切口的两侧分别向前剪断胸肋骨，乌喙骨和锁骨，掀除胸骨、暴露体腔。

a. 注意观察各脏器的位置、颜色。浆膜的情况（是否光滑、有无渗出物及性状，血管分布状况），体腔内有无液体及其性状，各脏器之间有无粘连。

b. 检查胸、腹气囊是否增厚、混浊、有无渗出物及其性状，气囊内有无干酪样团块，团块上无霉菌菌丝。

c. 检查肝脏大小、颜色、质度、边缘是否钝，形状有无异常，表面有无出血点、出血斑，坏死点或大小不等的圆形坏死灶。然后在肝门处剪断血管。再剪断胆管、肝与心包囊、气囊之间的联系，取出肝脏。纵行切开肝脏，检查肝脏切面及血管情况，肝脏有无变性，坏死点及肿瘤结节。检查胆囊大小，胆汁的多少，颜色，黏稠度及胆囊黏膜的状况。

d. 在腺胃和肌胃交界处的右方，找到脾脏。检查脾脏的大小、颜色、表面有无出血点和坏死点，有无肿瘤结节；剪断脾动脉取出脾脏，将其切开，检查淋巴滤泡及脾髓状况。

e. 在心脏的后方剪断食道，向后牵拉腺胃，剪断肌胃与其背部的联系，再顺序地剪断肠道与肠系膜的联系，在泄殖腔的前端剪断直肠，取出腺胃、肌胃和肠道。

检查肠系膜是否光滑，有无肿瘤结节。

剪开腺胃、检查内容物的性状，黏膜及腺乳头有无充血和出血，胃壁是否增厚，有无肿瘤。

观察肌胃浆膜上有无出血，肌胃的硬度，然后从大弯部切开，检查内容物及角质膜的情况，再撕去角质膜，检查角质膜下的情况，看有无出血和溃疡。

从前向后，检查小肠、盲肠和直肠，观察各段肠管有无充气和扩张，浆膜血管是否明显，浆膜上有无出血、结节或肿瘤。然后沿肠系膜附着部剪开肠道，检查各段肠内容物的性状，黏膜有无出血和溃疡，肠壁是否增厚，肠壁上的淋巴结和盲肠起始部的盲肠扁桃体是否肿胀，有无出血、坏死，盲肠腔中有无出血或土黄色干酪样的栓塞物，横向切开栓塞物，观察其断面情况。

f. 将直肠从泄殖腔拉出，在其背侧可看到腔上囊，剪去与其相连的组织，摘取腔上囊。检查腔上囊的大小，观察其表面有无出血，然后剪开腔上囊，检查黏膜是否肿胀，有无出血，皱襞是否明显，有无渗出物及其性状。

g. 纵行剪开心包囊，检查心囊液的性状，心包膜是否增厚和混浊；观察心脏外形，纵轴和横轴的比例，心外膜是否光滑，有无出血、渗出物、尿酸盐沉积、结节和肿瘤，随后将进出心脏的动、静脉剪断，取出心脏，检查心冠脂肪有无出血点，心肌有无出血和坏死点，剖开左右两心室，注意心肌断面的颜色和质度，观察心内膜有无出血。

h. 其他脏器检查。

从肋骨间挖出肺脏，检查肺的颜色和质度，有无出血、水肿、炎症、实变、坏死、结节和肿瘤，观察切面上支气管及肺泡囊的性状。

检查肾脏的颜色、质度、有无出血和花斑状条纹、肾脏和输尿管有无尿酸盐沉积及其含量。

检查睾丸的大小和颜色，观察有无出血、肿瘤、两者是否一致。

检查卵巢发育情况，卵泡大小，颜色和形态，有无萎缩、坏死和出血，卵巢是否发生肿瘤，剪开输卵管，检查黏膜情况，有无出血及涌出物。产蛋母鸡，在泄殖腔的右侧常见一水泡样的结构，这是退化的右侧输卵管。

③口腔及颈部器官的检查：在两鼻孔上方横向剪断鼻腔，检查鼻腔和鼻甲

骨,压挤两则鼻孔,观察鼻腔分泌物及其性状。

剪开一侧口角,观察后鼻孔、腭裂及喉头,黏膜有无出血,有无伪膜,痘斑,有无分泌物堵塞。再剪开喉头、气管和食道,检查黏膜的颜色,有无充血和出血,有无伪膜和痘斑,管腔内有无渗出物、黏液及渗出物的性状。

④周围神经的检查:在脊柱的两侧,仔细地将肾脏剔除,露出腰荐神经丛。在大腿内侧,剥离内收肌,找出坐骨神经。将尸体翻转,使背朝上,在肩胛和脊椎之间切开皮肤,找出臂神经。在颈椎的两侧找到迷走神经。对比观察上述两侧神经的粗细、横纹及色彩、光滑度。

⑤脑部检查:切开顶部皮肤,剥离皮肤,露出颅骨,用剪刀在两侧眼眶后缘之间剪断额骨,再从两侧剪开顶骨至枕骨大孔,掀去脑盖,暴露大脑、丘脑及小脑。观察脑膜有无充血、出血、脑组织是否软化等。

(三)病料的采集与送检

为了能够查明发病原因,及时对病例做出正确的诊断,在剖检的同时选取相应的病料,及时固定,送至病理实验室进行病理学检查。送检时,应严格按病料的采取、保存和寄送方法进行。

1. 病理组织学病料的采集与送检

采取的病理材料,必须新鲜;要采样全面,而且具有代表性。对尚未诊断的疾病,尽量采集各个器官的组织标本材料,标本要保持其组织结构的完整性。采取的病料应选择病变明显的部位,且应包括病变组织和周围正常的健康组织,并应多取几块。切取组织块时,刀要锋利,应注意不要使组织受到挤压和损伤,切割组织不可来回拉锯样操作,保证切面平整。要求组织块厚度不得超过5mm,面积1.5~3cm^2,易变形的组织应平放在纸片上,一同放入固定液中。不应将动物组织冷冻后送检,因为冷冻会破坏组织结构。

病理组织材料固定液用10%福尔马林溶液或95%酒精溶液。固定液量为组织体积的5~10倍。容器底应垫脱脂棉或纱布,以防组织粘贴瓶底固定不良或变形,固定时间为12~24h。肺脏等含气的组织器官易漂浮于固定液面,需要在其上盖一薄片的脱脂棉花,以保证固定的效果。已固定的组织块,可用固定液浸湿的脱脂棉或纱布包裹,置于广口瓶封固或用不透水塑料袋包装于木匣内送检。送检的病理组织材料要有编号、组织块名称、数量、送检说明书和送检报告单,供检验单位诊断时参考。

【2018年执业兽医资格考试真题】10%的福尔马林组织固定液中的甲醛含量是( )

A. 36% B. 10% C. 7%

D. 4% E. 1%

【2019年执业兽医资格考试真题】最常用的组织固定液是（　　）

A. 10%福尔马林　　　　B. 20%酒精　　　　C. 50%酒精

D. 4%福尔马林　　　　E. 80%酒精

【2019年执业兽医资格考试真题】在养殖场剖检取材时，如果无甲醛，可选用的固定液是（　　）

A. 10%福尔马林　　　　B. 20%酒精　　　　C. 50%酒精

D. 4%福尔马林　　　　E. 80%酒精

2. **微生物学病料的采集与送检**

采取病料应于动物死后立即进行，或于动物临死前扑杀后采取，尽量避免外界环境污染，以无菌操作采取所需组织，采后放在事先消毒好的容器内。所采组织的种类，要根据诊断目的而定。如急性败血性疾病，可采取心、血、脾、肝、肾、淋巴结等组织供检验；生前有神经症状的疾病，可采取脑、脊髓或脑脊液；局部性疾病，可采取病变部位的组织如坏死组织、脓肿病灶、局部淋巴结及渗出液等材料。

在与外界接触过的脏器采取病料时，可先用烧红的热金属片在器官表面烧烙，然后除去烧烙过的组织，从深部采取病料，迅速放在消毒好的容器内封好；采集体腔液时可用注射器吸取；脓汁可用消毒棉球收集，放入消毒试管内；胃肠内容物可收集放入消毒广口瓶内或剪一段肠管两端扎好，直接送检；血液涂片固定后，两张涂片涂面向内，用火柴或硬纸板隔开扎好送检；小动物整个尸体可在冷却后用塑料袋送检；对疑似病毒性疾病的病料，应放入50%甘油生理盐水溶液中，置于灭菌的玻璃容器内密封、送检。

采取病料用的刀、剪、镊子等设备、器械，使用前、后均应严格消毒。送检微生物检验材料要有编号、检验说明书和送检报告单。同时，应在冷藏条件下派专人送检。

3. **毒物学病料的采集与送检**

应采取肝、胃等脏器的组织、血液和较多的胃肠内容物和食后剩余的饲草、饲料，分别装入清洁的容器内，并且注意切勿与任何化学药剂接触混合，密封后在冷藏的条件下送检。

（四）剖检和送检报告的书写

1. **剖检病变的描述**

对于病理变化的描述，需要客观地用通俗易懂的语言进行表述，切不可用病理术语或名词来代替病变的描述。如果病变比较复杂、难以用文字描述时，可绘图补充说明，尽可能地客观地反映病变的真实情况。为了描述不失真，用词必须明确，不可用也许、大约、可能、或许、好像、似乎等含糊不清的词进行描述。

（1）位置　指各组织器官的位置有无异常表现，组织器官之间或组织器官与体腔壁之间有无粘黏等。如胃扭转时可用扭转180°、360°等来表示扭转的程度。

（2）大小、质量、体积　一般用数字表示，其单位有厘米、克、毫升。如因条件限制而不能测量时，可用常见实物进行比拟，如针尖大、米粒大、黄豆大、蚕豆大、鸡蛋大等，切不可用"肿大""缩小""增多""减少"等主观判断的术语。

（3）形状　一般用实物进行比拟，如圆形、椭圆形、菜花状、葡萄状、结节状等。

（4）颜色　单一的颜色可用鲜红、淡红、苍白、灰色、暗黄等词来描述；复合色彩可用紫红、蓝紫、灰白、黄绿等词来描述，这些复合词前者表示次色，后者表示主色。为了描述病变或颜色的分布情况，常用弥漫性、块状、点状、条状等来描述。

（5）表面　指组织器官表面及浆膜的异常表现，可采用絮状、绒毛状、凹陷或突出、虎斑状、粉末样、晦暗、光滑或粗糙等来形容。

（6）湿度　一般用湿润、干燥等来描述。

（7）透明度　一般用澄清、浑浊、透明、半透明等来描述。

（8）切面　常用平滑或突起、结构不清、景象模糊、血样物流出、呈海绵状等来描述。

（9）质度和结构　常用坚硬、柔软、脆弱、胶样、水样、粥样、干酪样、髓样、肉样、砂粒样、颗粒样等来形容。

（10）气味　常用恶臭、酸败味等来描述。

（11）管状结构　常用扩张、狭窄、闭塞、弯曲等来描述。

（12）正常与否　对于无肉眼变化的器官，一般不用"正常""无变化"等名词来描述，因为无肉眼变化，不一定就说明组织结构无变化，通常用"无肉眼可见变化""未发现异常"等词来概括。

2. 尸体剖检报告

尸体剖检报告主要包括概述、尸体剖检记录、病理剖检学诊断和结论四部分。

（1）概述　记载动物主人的信息，包括名字、电话、地址等；动物的信息，包括种类、性别、年龄、毛色、特征、用途等；临床诊疗的信息，包括病史、发病时间、发病经过、主要症状、临床诊断、治疗经过以及有关流行病学材料和实验室的各项检查结果、死亡时间等；剖检的有关信息，包括剖检时间、剖检地点、剖检人员、记录人员等。

（2）尸体剖检记录　尸体剖检记录是尸体剖检报告的重要依据，也是进行综合分析研究时的原始科学资料。记录的内容要力求完整详细，如实地反映尸体的各种病理变化，且要做到主次分明，重点详写，次点简写。记录应与剖检同时进行，由术者口述，专人记录，次序与剖检顺序一致；条件不允许时，应在剖检结束后立马补记，不可凭记忆事后补记，以免遗漏或错误。完整的剖检记录，应包括各系统器官的变化，突出重点，有主有次。尸检记录可用事先印制的剖检报告书写。

（3）病理剖检学诊断　病理剖检学诊断根据剖检时肉眼可见变化，结合病理组织学检查，进行综合分析，判断病理变化的主次，用病理学术语对病变做出描述，确定病变的性质。

（4）结论　根据病理解剖学诊断，结合患病动物生前临床症状及其他有关的临床诊断材料进行综合分析，找出各病变之间的内在联系、病变与临床症状之间的关系，最后做出结论性判断，进一步做出疾病的诊断，阐明患病动物发病和致死的原因，提出处理意见和建议。如无法做出疾病诊断的，列出病理剖检学诊断即可。剖检人员签字并注明报告日期。

> 技能训练

尸体剖检技术

1. 准备工作

动物病理实验室，鸡、猪动物尸体、剥皮刀、解剖刀、手术剪、手术镊、骨钳、板锯、骨斧、量尺、橡胶手套、防护服、口罩、手术帽、0.1%新洁尔灭溶液、3%来苏儿等消毒液、瓷盘、多媒体教学设备。

2. 训练方法

（1）鸡的尸体剖检技术

①外部检查：营养状态、可视黏膜、体表一般检查、尸体变化。

②消毒：剖检前最好用消毒液将尸体表面及羽毛浸湿，以防剖检时有绒毛和尘埃飞扬。

③固定：分别剪开大腿内侧皮肤，然后一手抓住大腿向背侧用力扭转，使髋关节脱臼。用同样的方法作用另一大腿，使鸡腹部朝上。也可直接一手抓住一大腿，用力向背部扭转，使鸡腹部朝上。

④内部检查：剥皮；皮下及肌肉检查；打开腹腔及腹腔脏器检查；打开胸腔及胸腔脏器检查；剪开食管、气管，并观察其是否有病理变化。

⑤归纳病变，综合分析，确立诊断：对所观察的病理变化进行综合分析，

根据病理变化，做出初步诊断。

⑥病料采取、保存和送检：若不能进行诊断或为进一步确诊，可采取病料送检。若不能立即送检，则将病料置入固定液中进行保存。

⑦尸体处理：尸体部检结束后，必须对剖检场地消毒，剖检的尸体一般进行深埋，以防止污染扩大。

(2) 猪的尸体剖检技术

①尸体剖检顺序：

常规剖检一般应遵循下列顺序：新鲜猪尸体→外表检查→剥皮和皮下检查→剖开腹腔先作一般视查→剖开胸腔作一般视查→摘出腹腔脏器→摘出胸腔脏器→摘出口腔和颈部器官→颈部、胸腔和腹腔脏器的检查→骨盆腔脏器的摘出和检查→剖开颅腔，摘出大脑检查→剖开鼻腔检查→剖开脊椎管，摘出脊髓检查→肌肉、关节和淋巴结的检查→骨和骨髓的检查。

②某些组织器官检查的方法：

皮下检查：在剥皮过程中进行。要注意检查皮下有无出血、水肿、脱水、炎症和脓肿，并观察皮下脂肪组织的多少、颜色、性状及病理变化性质等。

淋巴结：要特别注意下颌淋巴结、颈浅淋巴结、带下淋巴结等体表淋巴结，肠系膜淋巴结、肺门淋巴结等内脏器官附属淋巴结，注意其大小、颜色、硬度、与其周围组织的关系及横切面的变化。

胸膜腔：观察有无液体，液体的数量、透明度、色泽、性质、浓度和气味，注意浆膜是否光滑，有无粘连等病变。

肺脏：首先注意其大小、色泽、质量、质地、弹性、有无病灶及表面附着物等。然后用剪刀将支气管剪开，注意观察支气管黏膜的色泽，表面附着物的数量、黏稠度。最后将整个肺脏纵横切割数刀，观察切面有无病变，切面流出物的数量、色泽变化等。

心脏：检查心脏时，注意检查心腔内血液的含量及性状。检查心内膜的色泽、光滑度、有无出血，各个瓣膜、腱索是否肥厚，有无血栓形成和组织增生或缺损等病变。对心肌的检查，应注意心肌各部的厚度、色泽、质地，有无出血、瘢痕、变性和坏死等。

脾脏：观察其形态和色彩，包膜的紧张度，有无肥厚、梗死、脓肿及瘢痕形成，用手触摸脾的质地，然后作一两个纵切，检查脾髓、滤泡和脾小梁的状态，有无结节、坏死、梗死和脓肿等。

肝脏：先检查肝门部的动脉、静脉、胆管和淋巴结。然后检查肝脏的形态、大小、色泽、包膜性状、有无出血、结节、坏死等。最后切开肝组织，观察切面的色泽、质地和含血量等情况。注意切面是否隆突，肝小叶结构是否清晰，有无脓肿、寄生虫性结节和坏死等。

肾脏：先检查肾脏的形态、大小、色泽和质地。注意包膜的状态，是否光滑透明和容易剥离。包膜剥离后，检查肾表面的色泽，有无出血、瘢痕、梗死等病变。然后由肾的外侧向肾门部将肾纵切为相等的两半，检查皮质和髓质的厚度、色泽，交界部血管状态和组织结构纹理。最后检查肾盂，注意其容积，有无积尿、积脓、结石等，以及黏膜的性状。

胃：先观察其大小，浆膜面的色泽，有无粘连，胃壁有无破裂和穿孔等，然后由贲门沿大弯剪至幽门。胃剪开后，检查胃内容物的数量、性状、含水量、气味、色泽、成分，有无寄生虫等。最后检查胃黏膜的色泽，注意有无水肿、充血、溃疡、肥厚等病变。

肠管：对十二指肠、空肠、回肠、大肠、直肠分段进行检查。在检查时，先检查肠管浆膜面的色泽，有无粘连、肿瘤、寄生虫结节等。然后剪开肠管，随时检查肠内容物的数量、性状、气味，有无血液、异物、寄生虫等。除去肠内容物后，检查肠黏膜的性状，注意有无肿胀、发炎、充血、出血、寄生虫和其他病变。

生殖器官：公猪检查睾丸和附睾，检查其外形、大小、质地和色泽，观察切面有无充血、出血、瘢痕、结节、化脓和坏死等。母猪检查子宫、卵巢和输卵管，先注意卵巢的外形、大小、卵黄的数量、色泽、有无充血、出血、坏死等病变。

将学生分为每组5人，以小组为单位进行训练，每组的成员在训练的过程中互帮互助并互相之间进行逐项考核，最后老师对各组进行抽考，以提高技能训练的效果。

尸体剖检技术的考核项目见表13-4。

表13-4　　　　　　考核项目十二　尸体剖检技术

单项内容	考核标准	标准分	得分
尸体剖解的准备	熟练掌握剖检时间的选择、剖检场地的选择、尸体运送方法、剖检器材药品的准备、剖检者自身的准备，每错一个扣6分	30	
尸体剖检的术式	掌握猪、马、牛、羊、禽尸体剖检的程序、方法、要领，每错一个扣5分	40	
尸体处理	掌握动物尸体做无害化处理方法，每错一个扣5分	10	
尸体剖检报告	掌握尸体剖检报告的正确书写，每错一个扣5分	20	
合计		100	

考核人：_____　　指导教师：_____　　日期：___年___月___日

3. 归纳总结

尸体剖检是执业兽医在临床上诊断疾病必不可少的步骤，通过剖检发现动物尸体所表现的病理变化，从而更快、更正确地对疾病进行诊断。本次技能训练主要掌握鸡和猪的尸体剖检技术，并能够举一反三掌握鸭、鹅、鹌鹑等家禽和马、牛、羊、犬、猫等哺乳动物的尸体剖检技术。

4. 实验报告

完成尸体剖检报告。

> 项目思考

1. 动物死亡后尸体可发生哪些变化？
2. 如何选择剖检场地？
3. 剖检人员的自我防护需要注意哪些？
4. 尸体剖检报告包括哪几个部分？
5. 简述羊的尸体剖检术式。
6. 简述鸡的尸体剖检术式。

参考文献

[1] 王子轼,刘俊栋.动物病理[M].南京:江苏教育出版社,2012.
[2] 陈宏智.动物病理[M].北京:化学工业出版社,2016.
[3] 王金福.动物病理[M].北京:中国农业出版社,2016.
[4] 杨慧萍,俞宁,张建文.动物病理[M].西安:西安交通大学出版社,2015.
[5] 姜八一.动物病理[M].北京:中国农业出版社,2014.
[6] 中国兽医协会.执业兽医资格考试应试指南[M].北京:中国农业出版社,2019.
[7] 郑世民.动物病理学[M].北京:高等教育出版社,2009.
[8] 李春花,王海洋.动物病理学[M].延吉:延边大学出版社,2017.
[9] 于洋,陈文钦.动物病理[M].北京:中国农业大学出版社,2017.
[10] 于金玲,李金岭.动物病理[M].北京:中国轻工业出版社,2014.
[11] 赵德明.兽医病理学[M].3版.北京:中国农业大学出版社,2012.
[12] 周铁忠,陆桂平.动物病理[M].北京:中国农业出版社,2006.
[13] 何希君,尹晓敏,张险峰.小动物临床病理学[M].北京:中国农业科学技术出版社,2019.
[14] 刘志军,廖成水.动物病理学实验指导彩色图谱[M].北京:中国农业出版社,2018.
[15] 林曦.家畜病理学[M].北京:中国农业出版社,2005.